水利水电工程施工技术与管理丛书

地基与基础工程施工

无锡国富通科技集团有限公司 组编

中国水利水电出版社
www.waterpub.com.cn
·北京·

内 容 提 要

本书包括地基处理、浅基础施工、灌注桩基础施工、预制桩基础施工、沉井工程施工、基坑施工、灌浆工程施工、防渗墙施工等。

本书具有较强的针对性、实用性和通用性,可供工程技术人员学习参考。

图书在版编目(CIP)数据

地基与基础工程施工 / 无锡国富通科技集团有限公司组编. -- 北京 : 中国水利水电出版社, 2025. 5.
(水利水电工程施工技术与管理丛书). -- ISBN 978-7-5226-3403-6

Ⅰ. TU47;TU753

中国国家版本馆CIP数据核字第20254JJ545号

书 名	水利水电工程施工技术与管理丛书 **地基与基础工程施工** DIJI YU JICHU GONGCHENG SHIGONG	
作 者	无锡国富通科技集团有限公司 组编	
出版发行	中国水利水电出版社 (北京市海淀区玉渊潭南路1号D座 100038) 网址:www.waterpub.com.cn E-mail:sales@mwr.gov.cn 电话:(010)68545888(营销中心)	
经 售	北京科水图书销售有限公司 电话:(010)68545874、63202643 全国各地新华书店和相关出版物销售网点	
排 版	中国水利水电出版社微机排版中心	
印 刷	天津嘉恒印务有限公司	
规 格	184mm×260mm 16开本 13.25印张 322千字	
版 次	2025年5月第1版 2025年5月第1次印刷	
印 数	0001—1500册	
定 价	**48.00元**	

凡购买我社图书,如有缺页、倒页、脱页的,本社营销中心负责调换
版权所有·侵权必究

《地基与基础工程施工》编委会

主　任	刘　权	无锡国富通科技集团有限公司
委　员	何佩诗	湖北卓越工程管理有限责任公司
	陈　娜	无锡国富通科技集团有限公司
	李　梅	无锡国富通科技集团有限公司
	刘　威	无锡国富通科技集团有限公司
	邓　文	无锡国富通科技集团有限公司
	凌　江	无锡国富通科技集团有限公司
	陈　洋	无锡国富安安全技术咨询服务有限公司
主　编	武　豪	云南建投第一水利水电建设有限公司
	洪玉科	山东天鑫水利集团股份有限公司
	赖林彬	宁波弘汇生态建设有限公司
	方　向	黄山徽建工程有限公司
	郑怀龙	五莲润兴建设工程有限公司
参　编	郭　帅	重庆德生鼎盛实业发展有限公司
	詹赛军	桃江县水利水电建设开发有限公司
	王　成	凤台县水利建筑安装工程有限公司
	邱　杰	新疆永汇成水利水电工程有限公司
	王传波	山东省第二水利工程局有限公司
	徐承志	安徽展坤建设工程有限公司
	钟凯平	新疆卓越工程项目管理有限公司
	姚祥山	新疆水利水电建设集团有限公司
	马豆豆	宁夏新彩工程建设有限公司
	宋亚兰	重庆昊廷众诚实业有限公司
	侯　敏	四川锦华泰建设工程有限公司
	艾孜买提·阿布都热衣木	新疆鸿源润泽建设工程有限公司
	张东琛	安徽苏安建设有限公司
	许　飞	安徽若禹建设有限公司
	石晶涵	安徽筑蓝建设有限公司
	罗立旭	甘肃鑫洋水电工程建筑有限公司
	关　雷	新疆福利建筑有限公司
	张　旭	宁波晟景生态建设有限公司
	高　敏	新疆君帝建设有限公司
	郑逢格	河南美肯建设工程有限公司

罗晓梅	宁夏宜源建设工程有限公司
孙道强	枣阳市水利水电工程公司
蒋光桓	贵州建天下建筑工程有限公司
彭海燕	西藏亿扬建设有限公司
周 亮	吐鲁番市清源水利水电勘测设计院有限公司
翁史燕	宁波泰智生态工程有限公司
孙天宝	新疆环宇建设工程（集团）有限责任公司
孙宗花	山东世鑫建设工程有限公司
吴 江	金华市广缘建设工程有限公司
韩新安	山东中泽水利建筑工程有限公司
蔡宜宴	菏泽市胜达水利工程有限公司
刘晓飞	中原永泰建设工程有限公司
王 雨	天津市大港水利工程有限公司
靳 龙	伊犁众景工程建设有限责任公司
王丽琴	嘉兴市乾禹建设工程有限公司
陈燕芳	慈溪市易龙建设有限公司
叶如意	青田荣斌建筑工程有限公司
陈雅丽	河南金财建筑工程有限公司
华德宝	安徽尚泰建筑工程有限公司
王雷雷	湖北阳禾建设工程有限公司
马 欣	宁夏筑厦建设工程有限公司
汪小亮	铜陵中磊建筑工程有限责任公司
丁 春	浙江金灏建设有限公司
路 峰	新疆金烨工程项目管理咨询有限公司
应鹏俊	仙居长广建设工程有限公司
任小鹏	银川第一市政工程有限责任公司
赵凤雷	新疆润丰建设工程有限责任公司
杨 洋	湖北路源水利水电建筑工程有限公司
张 菊	宁夏翔实建设工程有限公司

前言

  本书包括地基处理、浅基础施工、灌注桩基础施工、预制桩基础施工、沉井工程施工、基坑施工、灌浆工程施工、防渗墙施工等。

  地基与基础工程施工工艺、操作方法随着施工条件、对象和使用的原材料的不同而经常变化，施工工艺和机具也日新月异，本书着重介绍目前施工中采用过而又比较有成效和典型意义的施工方法，以及近几年来出现的新技术、新工艺、新材料、新机具，希望为项目现场施工人员提供一份实用的参考资料。

  本书由无锡国富通科技集团有限公司组编，由湖北水利水电职业技术学院钟汉华教授主审。

  本书参考和引用了有关专业文献和资料，未在书中一一注明出处，在此对有关文献的作者表示感谢。

  由于编者水平有限，积累资料不全，书中难免存在不足之处，诚恳地希望读者与同行批评指正。

编　者

2025 年 5 月

目 录

前言

第一章 地基处理 ... 1
- 第一节 灰土地基 ... 1
- 第二节 砂和砂石地基 ... 3
- 第三节 粉煤灰地基 ... 6
- 第四节 夯实地基 ... 7
- 第五节 挤密桩地基 ... 13
- 第六节 注浆地基 ... 21
- 第七节 预压地基 ... 29
- 第八节 土工合成材料地基 ... 38

第二章 浅基础施工 ... 44
- 第一节 浅基础构造 ... 44
- 第二节 浅基础施工方法 ... 54

第三章 灌注桩基础施工 ... 63
- 第一节 泥浆护壁成孔灌注桩 ... 64
- 第二节 干作业钻孔灌注桩 ... 80
- 第三节 沉管灌注桩 ... 82
- 第四节 夯扩桩 ... 84
- 第五节 PPG灌注桩后压浆法 ... 85

第四章 预制桩基础施工 ... 90
- 第一节 打桩前的准备工作 ... 90
- 第二节 锤击沉桩 ... 93
- 第三节 静力压桩 ... 101
- 第四节 振动沉桩 ... 103

第五章 沉井工程施工 ... 107
- 第一节 沉井构造 ... 107
- 第二节 沉井制作 ... 111
- 第三节 沉井下沉 ... 114

第四节　沉井接高及封底 119
第六章　基坑施工 121
　　第一节　基坑排水与降水 121
　　第二节　基坑支护 137
　　第三节　基础开挖 157
第七章　灌浆工程施工 164
　　第一节　灌浆设备 164
　　第二节　岩基灌浆 167
　　第三节　土基及土坝灌浆 173
　　第四节　化学灌浆 178
第八章　防渗墙施工 180
　　第一节　概论 180
　　第二节　施工准备 182
　　第三节　混凝土防渗墙墙体材料 186
　　第四节　混凝土防渗墙施工机械 188
　　第五节　混凝土防渗墙造孔 191
　　第六节　混凝土防渗墙成墙 196
参考文献 204

第一章

地 基 处 理

地基是承受上部结构荷载的土层，若建筑物直接建造在地基土层上，该土层不经过人工处理能直接承受建筑物荷载作用，称为天然地基。若建筑物所在场地地基为软土、软弱土、人工填土等土层，这些土层不能承受建筑物荷载作用，必须经过人工处理后才能使用，这种经人工处理后的地基称为人工地基。基础垫层就是对基础底面下要求范围内的软弱土进行处理，起到加固地基、确保基础底板筋的有效位置、使底筋和土壤隔离不受污染等作用。

第一节 灰 土 地 基

灰土地基是将基础底面下要求范围内的软弱土层挖去，用一定比例的石灰、土，在最优含水量的情况下充分拌和，分层回填夯实或压实而成。

灰土地基具有一定的强度、水稳定性和抗渗性，施工工艺简单、取材容易、费用较低，是一种应用广泛、经济、实用的地基加固方法。适用于加固厚度为 1～4m 的软弱土、湿陷性黄土、杂填土等，还可用作结构的辅助防渗层。

一、材料要求与施工准备

（一）材料要求

灰土地基是用石灰与土料的拌和料经压实而成的。灰土地基对材料的主要要求如下。

（1）石灰。应用Ⅲ级以上新鲜的块灰，含氧化钙、氧化镁越高越好。使用前 1～2d 消解并过筛，其颗粒不得大于 5mm，且不应夹有未熟化的生石灰块粒及其他杂质，也不得含有过多水分。

（2）土料。采用就地挖掘的黏性土及塑性指数大于 14 的粉土。土内不得含有松软杂质和耕植土。土料应过筛，其颗粒不应大于 15mm。严禁采用冻土、膨胀土、盐渍土等活动性较强的土料。

灰土的配合比采用体积比，除设计有特殊要求外，一般为 2∶8 或 3∶7。基础垫层灰土必须过标准斗，严格控制配合比。拌和时必须均匀一致，至少翻拌两次，拌和好的灰土颜色应一致。

灰土土质、配合比、龄期对强度的影响见表 1-1。

表 1-1　　　　　　　灰土土质、配合比、龄期对强度的影响　　　　　　单位：MPa

配合比		黏土	粉质黏土	粉土
7d	4∶6	0.507	0.411	0.311
	3∶7	0.669	0.533	0.284
	2∶8	0.526	0.537	0.163

灰土施工时，应适当控制含水量。现场检验方法是用手将灰土紧握成团，两指轻捏即碎为宜。如土料水分过大或不足，应晾干或洒水润湿。

（二）施工准备

1. 技术准备

（1）收集场地工程地质资料和水文地质资料。

（2）编制施工方案，经审批后进行技术交底。

（3）施工前应合理确定填料含水量控制范围、铺土厚度和夯打遍数等参数。重要灰土工程的参数应通过压实试验确定。

2. 机具设备

压路机、木夯、蛙式或柴油打夯机、手推车、筛子（孔径有 6～10mm 和 16～20mm 两种）、标准斗、靠尺、耙子、平头铁锹、胶皮管、小线和木折尺等。

3. 作业条件

（1）基坑（槽）在铺灰土前必须先行钎探验槽，并按要求处理完地基，办理隐蔽工程检验手续。

（2）当地下水位高于基坑（槽）底时，施工前应采取排水或降低地下水位的措施，使地下水位经常保持在施工面以下 0.5m 左右。

（3）基础施工前，应做好水平高程的标志。如在基坑（槽）或管沟的边坡上每隔 3m 钉上表示灰土上平面的木橛，在室内和散水的边墙上弹上水平线或在地坪上钉好控制标高的标准木桩。

（4）房心灰土和管沟灰土，应在完成上下水管道的安装或管沟墙间加固等之后进行施工，并且将管沟、槽内、地坪上的积水或杂物、垃圾等清除干净。

（5）基础外侧打灰土，必须对基础、地下室墙和地下防水层、保护层进行检查，发现损坏时应及时修补处理，办完隐检手续。现浇的混凝土基础墙、地梁等均应达到规定的强度，不得碰坏或损伤混凝土。

二、工艺流程与施工要点

（一）工艺流程

灰土地基施工工艺流程如图 1-1 所示。

（二）施工要点

（1）对基槽（坑）应先验槽。消除松土，并打两遍底夯，要求平整干净。如有积水、淤泥应晾干；局部有软弱土层或孔洞，应及时挖除后用灰土分层回填夯实。

（2）土应分层摊铺并夯实。灰土每层最大虚铺厚度，可根据不同夯实机具按照表 1-2 选用。每层灰土的夯压遍数，应根据设计要求的灰土干密度在现场试验确定，一般不少于 3 遍。人工打夯应一夯压半夯，做到夯夯相接、行行相接、纵横交叉。

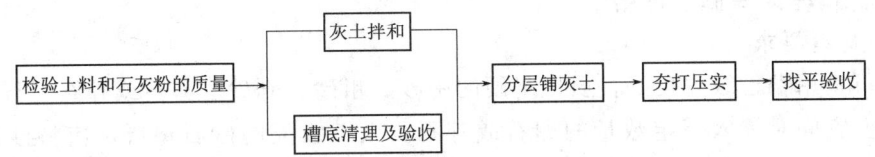

图 1-1　灰土地基施工工艺流程

表 1-2　　　　　　　　　灰土最大虚铺厚度

序号	夯实机具	重量/t	虚铺厚度/mm	备注
1	轻型夯实机械	0.12~0.4	200~250	蛙式打夯机或柴油打夯机，夯实后的厚度为100~150mm
2	压路机	6~10	200~300	双轮

（3）灰土回填每层夯（压）实后，应根据规范规定进行质量检验。达到设计要求时，才能进行上一层灰土的铺摊。

（4）当日铺填夯压，入槽（坑）灰土不得隔日夯打。夯实后的灰土在3d内不得受水浸泡，并及时进行基础施工与基坑回填，或在灰土表面做临时性覆盖，避免日晒雨淋。

（5）灰土分段施工时，不得在墙角、柱基及承重窗间墙下接缝，上下两层的接缝距离不得小于500mm，接缝处应夯压密实，并做成直槎。

（6）对基础、基础墙或地下防水层、保护层以及从基础墙伸出的各种管线，均应妥善保护，防止回填灰土时碰撞或损坏。

（7）灰土最上一层完成后，应拉线或用靠尺检查标高和平整度，超高处用铁锹铲平；低洼处应及时补打灰土。

（8）施工时应注意妥善保护定位桩、轴线桩，防止碰撞位移，并应经常复测。

第二节　砂和砂石地基

砂和砂石地基是采用砂或砂砾石（碎石）混合物，经分层夯实，作为地基的持力层，提高基础下部地基强度，并通过垫层的压力扩散作用降低地基的压应力，减少变形量，如图 1-2 所示。砂垫层还可起到排水作用，地基土中的孔隙水可通过垫层快速排出，能加速下部土层的沉降和固结。

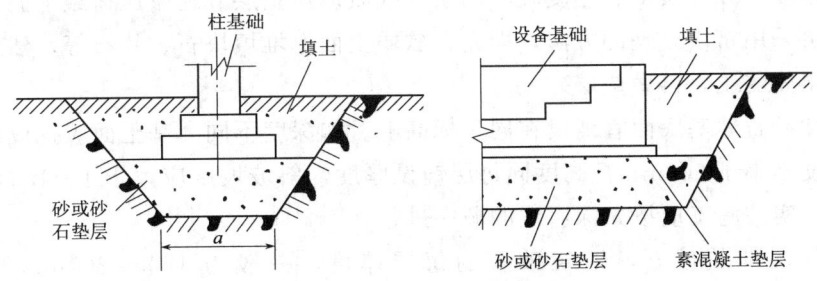

图 1-2　施工做法

一、材料要求与施工准备

(一) 材料要求

砂、石宜用颗粒级配良好,质地坚硬的中砂、粗砂、砾砂、卵石或碎石、石屑,也可用细砂,但宜同时掺入一定数量的卵石或碎石。人工级配的砂石垫层,应将砂石拌和均匀。沙砾中石子的含量应在50%以内,石子的最大粒径不宜大于50mm。砂、石子中均不得含有草根、垃圾等杂物,含泥量不应超过5%;用作排水垫层时,含泥量不得超过3%。

(二) 施工准备

1. 机具设备

木夯、蛙式或柴油打夯机、推土机、压路机、手推车、标准斗、平头铁锹、喷水用胶皮管、2m靠尺、小线或细铅丝、钢尺或木折尺等。

2. 作业条件

(1) 砂石地基铺筑前应验槽,包括轴线尺寸、水平标高、地质情况。如有无孔洞、沟、井、墓穴等,应在未做地基前处理完毕并办理隐检手续。

(2) 设置控制铺筑厚度的标志,如水平标准木桩或标高桩,或在固定的建筑物墙上、槽和沟的边坡上弹上水平标高线或钉上水平标高木橛。

(3) 在地下水位高于基坑(槽)底面的工程中施工时,应采取排水或降低地下水位的措施,使基坑(槽)保持无水状态。

(4) 铺设垫层前,应将基底表面浮土、淤泥、杂物清除干净,两侧应设一定坡度,防止振捣时塌方。

二、工艺流程与施工要点

(一) 工艺流程

砂和砂石地基施工工艺流程如图1-3所示。

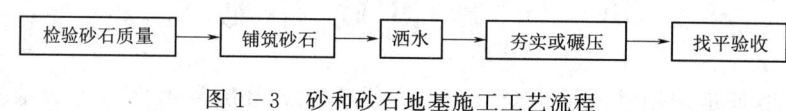

图1-3 砂和砂石地基施工工艺流程

(二) 施工要点

(1) 垫层铺设时,严禁扰动垫层下卧层及侧壁的软弱土层,防止被践踏、受冻或受浸泡,降低其强度。如垫层下有厚度较小的淤泥或淤泥质土层,在碾压荷载下抛石能被挤入该层底面,可采用挤淤处理的方法,即先在软弱土面上堆填块石、片石等,然后将其压入以置换和挤出软弱土,再做垫层。

(2) 砂和砂石地基底面宜铺设在同一标高上。如深度不同,基土面应挖成踏步和斜坡形,踏步宽度不小于500mm,高度同每层铺设厚度,斜坡坡度应大于1:1.5,搭槎处应注意压(夯)实。施工应按先深后浅的顺序进行。

(3) 应分层铺筑砂石,铺筑砂石的每层厚度,一般为150~200mm,不宜超过300mm,也不宜小于100mm。分层厚度可用样桩控制。视不同条件,可选用夯实或压实的方法。大面积的砂石垫层，铺筑厚度可达 350mm，宜采用 6～10t 的压路机碾压。

（4）砂和砂石地基的压实，可采用平振法、插振法、水撼法、夯实法、碾压法。

各种施工方法的每层铺筑厚度及最优含水量见表 1-3。

表 1-3　　　　　各种施工方法的每层铺筑厚度及最优含水量

项次	捣实方法	每层铺筑厚度/mm	施工时最优含水量/%	施工说明	备注
1	平振法	200～250	15～20	用平板式振捣器往复振捣	—
2	插振法	振捣器插入深度	饱和	（1）用插入式振捣器； （2）插入间距可根据机械振幅大小确定； （3）不应插至下卧黏性土层； （4）插入振捣器后所留的孔洞，应用砂填实	不宜使用于细砂或含泥量较大的砂所铺的砂垫层
3	水撼法	250	饱和	（1）注水高度应超过每次铺筑面； （2）钢叉摇撼捣实，插入点间距为 100mm； （3）钢叉分四齿，齿的间距为 30mm，长度为 30mm；柄长为 900mm，重量为 4kg	湿陷性黄土、膨胀土地区不得使用
4	夯实法	150～200	8～12	（1）用木夯或机械夯； （2）木夯重 40kg，落距为 400～500mm； （3）一夯压半夯，全面夯实	适用于砂石垫层
5	碾压法	250～350	8～12	6～10t 压路机往复碾压，一般不少于 4 遍	（1）适用于大面积砂垫层； （2）不宜用于地下水位以下的砂垫层

注　在地下水位以下的地基，其最下层的铺筑厚度可比表 1-3 增加 50mm。

（5）砂垫层每层夯实后的密实度应达到中密标准，即孔隙比不应大于 0.65，干密度不小于 1.60g/cm³。测定方法是用容积不小于 200cm³ 的环刀取样。如为砂石垫层，则在砂石垫层中设纯砂检验点，在同样条件下用环刀取样鉴定。现场简易测定方法是：将直径为 20mm、长度为 1250mm 的平头钢筋距离砂面 700mm 处时，使其自由下落。插入深度不大于根据该砂的控制干密度测定的深度为合格。

（6）分段施工时，接槎处应做成斜坡，每层接槎处的水平距离应错开 0.5～1.0m，并应充分压（夯）实。

（7）铺筑的砂石应级配均匀。如发现砂窝或石子成堆的现象，应将该处砂子或石子挖出，分别填入级配好的砂石。同时，铺筑级配砂石，在夯实碾压前，应根据其干湿程度和气候条件，适当地洒水以保持砂石的最佳含水量，一般为 8%～12%。

（8）夯实或碾压的遍数，由现场试验确定。用木夯或蛙式打夯机时，应保持 400～500mm 的落距，要求一夯压半夯、行行相接、全面夯实，一般不少于 3 遍。采用压路机往复碾压，一般碾压不少于4遍，其轮距搭接不小于500mm。边缘和转角处应用人工或蛙式打夯机补夯密实。

（9）当采用水撼法或插振法施工时，以振捣棒振幅半径的1.75倍间距（一般为400～500mm）插入振捣，依次振实，以不再冒气泡为准，直至完成。同时应采取措施做到有控制地注水和排水。

第三节 粉煤灰地基

粉煤灰地基是以粉煤灰为垫层，经压实而成的地基。粉煤灰可用于道路、堆场和小型建筑、构筑物等的地基换填。

一、材料要求

（1）粉煤灰作为建筑物基础时应符合有关放射性安全标准的要求。

（2）大量填筑时应考虑对地下水和土壤环境的影响。

（3）可用电厂排放的硅铝型低钙粉煤灰，SiO_2、Al_2O_3、Fe_2O_3的含量越高越好，SO_2的含量宜小于0.4%，以免对地下金属管道等产生腐蚀。

（4）颗粒粒径宜为0.001～2.00mm。

（5）烧失量宜低于12%。

（6）粉煤灰中严禁混入植物、生活垃圾及其他有机杂质。

（7）粉煤灰进场时，其含水量应控制在31%±4%。

二、施工准备

（一）技术准备

（1）收集场地工程地质资料和水文地质资料。

（2）施工前应合理确定粉煤灰含水量控制范围、铺土厚度和夯打遍数等参数。

（二）机具设备

平碾、平板振动器、振动碾或羊足碾、木夯、铁夯、石夯、蛙式或柴油打夯机、推土机、压路机（6～10t）、手推车、筛子、标准斗、靠尺、耙子、铁锹、胶皮管、小线和钢尺等。

（三）作业条件

（1）基坑（槽）内换填前，应先进行钎探并按要求处理完基层，办理验槽隐检手续。

（2）当地下水位高于基坑（槽）底时，应采取排水或降水措施，使地下水位保持在基底以下500mm左右，并在3d之内不得受水浸泡。

（3）基础外侧换填前，必须对基础、地下室墙和地下防水层、保护层进行检查，发现损坏时应及时修补，并办理隐检手续；现浇的混凝土基础墙、地梁等均应达到规定的强度，施工中不得损坏混凝土。

三、工艺流程

粉煤灰地基施工工艺流程如图1-4所示。

四、施工要点

（1）铺设前应先验槽，清除地基表面垃圾杂物。

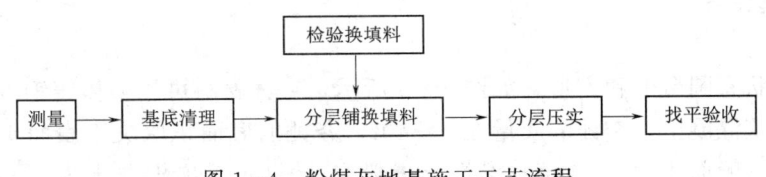

图 1-4 粉煤灰地基施工工艺流程

（2）粉煤灰地基应分层铺设与碾压。铺设厚度，用机械夯为 200～300mm，夯完后厚度为 150～200mm；用压路机为 300～400mm，压实后为 250mm 左右。对小面积基坑（槽）垫层，可用人工分层摊铺，用平板振动器或蛙式打夯机进行振（夯）实，每次振（夯）板应重叠 1/3～1/2 板，往复压实，由两侧或四侧向中间进行，夯实不少于 3 遍。大面积垫层应采用推土机摊铺，先用推土机预压两遍，然后用 8t 压路机碾压，施工时压轮重叠 1/3～1/2 轮宽，往复碾压，一般碾压 4～6 遍。

（3）粉煤灰铺设时的含水量应控制在 31%±4%（最优含水量）。

（4）每层铺完经检测合格后，应及时铺筑上层，以防干燥、松散、起尘、污染环境，并应禁止车辆在其上行驶。

（5）粉煤灰地基全部铺设完成并经验收合格后，应及时浇筑混凝土垫层，以防日晒、雨淋的破坏。

（6）夯实或碾压时，如出现"橡皮土"现象，应暂停压实，可采用将垫层开槽、翻松、晾晒或换灰等办法处理。

（7）在软弱地基上填筑粉煤灰地基时，应先铺设 200mm 厚的中、粗砂或高炉干渣，这样不仅可以避免下卧软土层表面受到扰动，而且有利于下卧软土层的排水固结，以切断毛细水的上升通道。

（8）冬季施工的最低气温不得低于 0℃，以免粉煤灰含水冻胀。

第四节 夯实地基

夯实地基采用较多的是重锤夯实地基和强夯法地基。

一、重锤夯实地基

重锤夯实是利用起重机械将夯锤提升到一定高度，然后自由落下，重复夯击基土表面，使地基表面形成一层比较密实的硬壳层，从而使地基得到加固。

本法使用轻型设备，施工简便，费用较低；但布点较密，夯击遍数多，施工期相对较长，同时夯击能量小，孔隙水难以消散，加固深度有限，当土的含水量较高时，易夯成橡皮土，处理较困难。因此，重锤夯实适用于地下水位在 0.8m 以上、稍湿的黏性土、沙土、饱和度 $S_r \leqslant 60$ 的湿陷性黄土、杂填土以及分层填土地基的加固处理，但当夯击对邻近建筑物有影响，或地下水位高于有效夯实深度时，不宜采用。重锤表面夯实的加固深度一般为 1.2～2.0m。湿陷性黄土地基经重锤表面夯实后，透水性会显著降低，可消除湿陷性，地基土密度增大，强度可提高 30%；对杂填土则可以降低其不均匀性，提高承载力。

(一) 机具设备

1. 夯锤

夯锤的形状有圆台形和方形,如图1-5所示,夯锤材料可用整体铸钢(或铸铁),或在钢板壳内填筑混凝土,夯锤的质量在8~40t,夯锤的底面积取决于表面土层,对砂石、碎石、黄土,一般面积为2~4m²;黏性土一般为3~4m²,淤泥质土为4~6m²。为消除作业时夯坑对夯锤的气垫作用,夯锤上应对称性设置4~6个直径为250~300mm、上下贯通的排气孔。

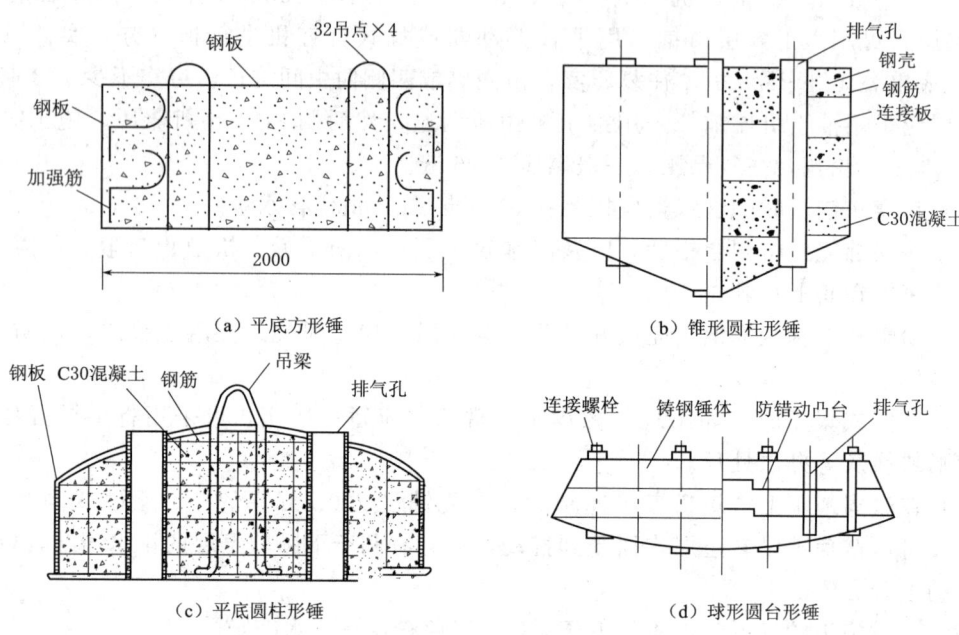

图1-5 钢筋混凝土夯锤的构造(单位:mm)

2. 起重机

起重机可采用配置有摩擦式卷扬机的履带式起重机、打桩机、悬臂式桅杆起重机或龙门式起重机等。其起重能力:当采用自动脱钩时,应大于夯锤重量的1.5倍;当直接用钢丝绳悬吊夯锤时,应大于夯锤重量的3倍。

(二) 施工要点

(1) 施工前应进行试夯,确定有关技术参数,如夯锤重量、底面直径及落距、最后下沉量及相应的夯击遍数和总下沉量。落距宜大于4m,一般为4~6m。最后下沉量是指最后两击平均每击土面的夯沉量,对黏性土和湿陷性黄土取10~20mm;对沙土取5~10mm;对细颗粒土不宜超过10~20mm。夯击遍数由试验确定,通常取比试夯确定的遍数增加1~2遍,一般为8~12遍。土被夯实的有效影响深度,一般约为重锤直径的1.5倍。

(2) 夯实前,槽、坑底面的标高应高出设计标高,预留土层的厚度可为试夯时的总下沉量再加50~100mm;基槽、坑的坡度应适当放缓。

(3) 夯实时地基土的含水量应控制在最优含水量范围内,一般相当于土的塑限含水量

±12％。现场简易测定方法是：以手捏紧后，松手土不散，易变形而不挤出，抛在地上即呈碎裂为合适。如表层含水量过大，可采取撒干土、碎砖、生石灰粉或换土等措施；如土含水量过小，应适当洒水，加水后待全部渗入土中，一昼夜后方可夯打。

（4）夯实大面积基坑或条形基槽时，应以"一夯换一夯"顺序进行，即第一遍按一夯换一夯进行，在一次循环中间同一夯位应连夯两下，下一循环的夯位，应与前一循环错开1/2锤底直径的搭接，如此反复进行，在夯打最后一循环时，可以采用"一夯压半夯"的打法，如图1-6（a）所示。在独立柱基夯打时，可采用先周边后中间或先外后里的跳打法，如图1-6（b）和图1-6（c）所示，以使夯锤底面落下时与土接触严密，各次夯迹之间不互相压叠，而是相切或靠近。因为压叠易使锤底面倾斜，与土接触不严，功能消耗，降低夯实效率。当采用悬臂式、桅杆式起重机或龙门式起重机夯实时，可采用图1-6（d）所示的顺序，以提高功效。

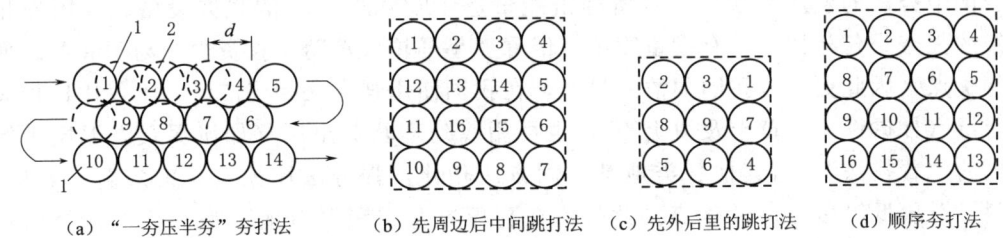

(a) "一夯压半夯"夯打法　　(b) 先周边后中间跳打法　　(c) 先外后里的跳打法　　(d) 顺序夯打法

图1-6　重锤夯打顺序

1—夯位；2—重叠夯；d—重锤直径（mm）

（5）基底标高不同时，应按先深后浅的程序逐层挖土夯实，不宜一次挖成阶梯形，以免夯打时在高低相交处发生坍塌。夯打时要做到落距正确、落锤平稳、夯位准确，基坑的夯实宽度应比基坑每边宽0.2～0.3m。对基槽底面边角不易夯实的部位应适当增大夯实宽度。

（6）重锤夯实填土地基时，应分层进行，每层的虚铺厚度以相当于锤底直径为宜。夯实层数不宜少于2层。夯实完成后，应将基坑、槽表面修整至设计标高。

（7）重锤夯实在10～15m以外时对建筑物振动影响较小，可不采取防护措施，在10～15m以内时应进行隔振处理，如挖防震沟等。

（8）冬期施工，如土已冻结，应将冻土层挖去或通过烧热法将土层融解。若基坑挖好后不能立即夯实，则应采取防冻措施，如在表面覆盖草垫、锯屑或松土保温。

（9）夯实结束后，应及时将夯松的表层浮土清除或将浮土在接近最优含水量的状态下重新用1m的落距夯实至设计标高。

（10）根据经验，当锤重为2.5～3.0t、锤底直径为1.2～1.4m、落距为4.0～4.5m、锤底静压力为20～25MPa时，消除湿陷性土层的厚度为1.2～1.75m，对非自重湿陷性黄土地区，采用重锤夯实表面的效果明显。

二、强夯法地基

强夯法是用起重机械吊起重8～30t的夯锤，从6～30m高处自由落下，以强大的冲击能量夯击地基土，使土中出现冲击波和冲击应力，迫使土层孔隙压缩，土体局部液化，在夯击点周围产生裂隙，形成良好的排水通道，孔隙水和气体逸出，使土粒重新排列，经时效压密达到固结，从而提高地基承载力，降低其压缩性的一种有效的地基加固方法。强夯法在国内外应用十分广泛，是目前最常用和最经济的深层地基处理方法之一。

强夯法的特点是施工方法和设备简单、施工速度快、功效高。强夯置换法的特点是节约原材料、节省投资、使用经济。强夯法噪声和振动较大，不宜在建筑物密集的地区使用。

强夯法适用于处理碎石土、沙土、低饱和度的粉土与黏性土、湿陷性黄土、素填土和杂填土等地基，也可用于防止粉土、粉砂的液化以及高饱和度的粉土与软塑、流塑的黏性土等地基上对变形控制要求不严的工程。

强夯置换法适用于高饱和度的粉土与软塑、流塑的黏性土等地基上对变形控制要求不严的工程。

我国强夯法的发展较快，已具备夯击能量达 12000kN·m 的强夯设备，与国外相当能量级的强夯设备相比，具有设备简单（俗称"小马拉大车"）、投资少、易于装备、便于推广等优点，因此更适合我国国情。目前，在我国使用强夯法相当广泛，不仅用以加固松散的土层（如砂性土、黄土及填土等），也可用以处理软弱土层（如淤泥及淤泥质土等），即所谓的"置换法"。与其他各类地基加固方法相比，强夯法往往具有工效高、效果好、省材料、造价低等多方面的优点。此外，在高填方及"围海造地"等一类土方处理工程中，强夯法还在技术、经济及工期等多方面具有无可比拟乃至不可替代的作用。例如，贵阳龙洞堡机场跑道，最大填方高度达 42m，经与分层碾压等多种方案进行试验比较，发现还是以采用强夯法为最佳。又如，大连石油化工厂、威海电厂及珠海机场等工程需要填海造地时，也是采用强夯法加固抛（或堆）填土石方的，都取得了良好的技术经济效益。

（一）机具设备

夯锤常采用钢板做外壳，内部焊接钢骨架后浇筑 C30 混凝土，如图 1-7 所示。锤底形状有圆形和方形两种，圆形不易旋转，定位方便，稳定性和重合性好，消耗量少，采用较广。夯锤的锤底尺寸取决于表层土质，对于砂质土和碎石类土，锤底面积一般宜为 3～4m^2；对于黏性土或淤泥质土等软弱土，不宜小于 6m^2。锤重一般为 8t、10t、12t、16t、25t。夯锤中宜设 1～4 个直径为 250～300mm、上下贯通的排气孔，以利空气排出和减小坑底的吸力。

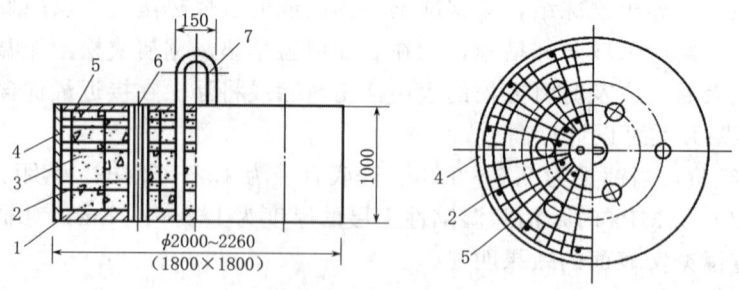

图 1-7 混凝土夯锤（单位：mm）

1—30mm 厚钢板底板；2—钢筋骨架 ϕ146@400；3—C30 混凝土；4—18mm 厚钢板外壳；
5—水平钢筋网片 ϕ16@200；6—6×ϕ159 钢管；7—ϕ50 吊环

起重设备可用15t、20t、25t、30t、50t带有离合摩擦器的履带式起重机。当履带式起重机的起重能力不够时,为增大机械设备的起重能力和提升高度,防止落锤时臂杆回弹后仰,也可采用加钢制辅助人字桅杆或龙门架的方法,如图1-8和图1-9所示。

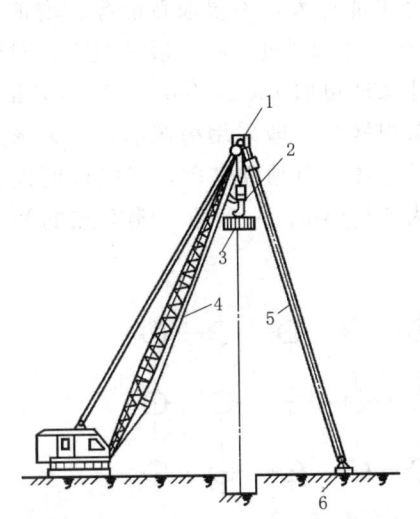
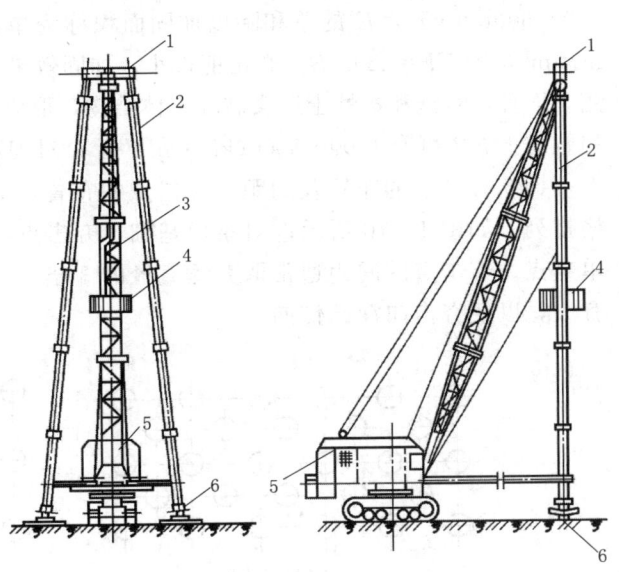

图1-8 履带式起重机加钢制辅助人字桅杆

1—弯脖接头;2—自动脱钩器;3—夯锤;
4—拉绳;5—钢管辅助桅杆;6—底座

图1-9 履带式起重机加钢制龙门架

1—龙门架横梁;2—龙门架支杆;3—自动脱钩器;
4—夯锤;5—履带式起重机;6—底座

(二)施工要点

1. 施工技术参数的确定

强夯施工参数包括有效加固深度、锤重和落距、单位夯击能、夯击点布置及间距、夯点的夯击数与夯击遍数、两遍夯击的间歇时间、加固处理范围等。

(1)强夯法的有效加固深度应根据现场试夯或当地经验确定。在缺少试验资料或经验时可按表1-4预估。

表1-4　　　　　强夯法的有效加固深度

单击夯击能/(kN·m)	碎石土、沙土等粗颗粒土/m	粉土、黏性土、湿陷性黄土等细颗粒土/m
1000	5.0～6.0	4.0～5.0
2000	6.0～7.0	5.0～6.0
3000	7.0～8.0	6.0～7.0
4000	8.0～9.0	7.0～8.0
5000	9.0～9.5	8.0～8.5
6000	9.5～10.0	8.5～9.0
8000	10.0～10.5	9.0～9.5

注 强夯法的有效加固深度应从最初起夯面算起。

(2) 锤重和落距。锤重（M）和落距（h）是影响夯击能和加固深度的重要因素，直接决定每一击的夯击能。M 一般不宜小于 8t，h 不宜小于 6m。

(3) 单击夯击能。M 与 h 的乘积称为夯击能，即 $E=Mh$，单位为 kN·m，一般取 500～600kN·m，E 的总和除以加固面积称为单击夯击能，用 EP 表示，单位为 (kN·m)/m²，即 $EP=\Sigma E/S$。夯击能过小，加固效果差；夯击能过大，不仅浪费能源、增加费用，而且，对饱和黏性土还会破坏土体结构，形成橡皮土，降低强度。在一般情况下，对于粗颗粒土 EP 可取 1000～3000(kN·m)/m²；对细颗粒土 EP 可取 1500～4000(kN·m)/m²。

(4) 夯击点的布置及间距。夯击点的布置，对大面积地基一般采用梅花形或正方形网格排列，如图 1-10 所示；对条形基础，夯击点可成行布置；对独立基础，可按柱网设置单夯点。夯击点的间距通常取夯锤直径的 3 倍，一般为 5～15m；一般第一遍夯点的间距宜大，以便夯击向深部传递。

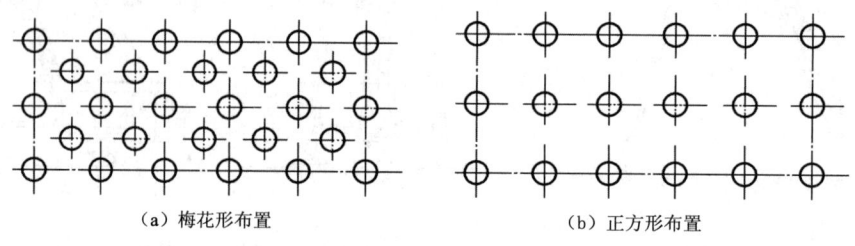

（a）梅花形布置　　　　（b）正方形布置

图 1-10　夯击点的布置

(5) 夯点的夯击数与夯击遍数。夯击遍数应根据地基土的性质确定，可采用点夯 2～3 遍，对于渗透性较差的细颗粒土，必要时夯击遍数可适当增加。最后再以低能量满夯 2 遍，满夯可采用轻锤或低落距锤多次夯击，锤印应搭接。

(6) 两遍夯击的间歇时间。两遍夯击之间应有一定的时间间隔，间隔时间取决于土中超静孔隙水压力的消散时间，当缺少实测资料时，可根据地基土的渗透性确定，对于渗透性较差的黏性土地基，间隔时间不应少于 3～4 周；对于渗透性好的地基可连续夯击。

(7) 加固处理范围。强夯的处理范围应大于建筑物的基础范围，每边超出基础外缘的宽度宜为基底下设计处理深度的 1/2～2/3，并不宜小于 3m。

2. 强夯法施工程序

(1) 清理、平整场地。

(2) 标出第一遍夯点位置、测量场地高程。

(3) 起重机械就位。

(4) 夯锤对准夯点位置。

(5) 将夯锤吊到预定高度后脱钩，自由下落进行夯击。

(6) 往复夯击，按规定的夯击次数及控制标准完成一个夯点的夯击。

(7) 重复以上工序，完成第一遍全部夯点的夯击。

(8) 用推土机将夯坑填平，测量场地高程。

(9) 在规定的间隔时间后，按上述程序完成全部夯击遍数。

(10) 用低能量满夯将场地表层松土夯实，并测量夯后场地高程。

3. 强夯法的施工要点

(1) 强夯施工前，应先平整场地，查明场地范围内的地下构筑物和各种管线的位置及标高等，并采取必要措施，以免因强夯施工而造成破坏。填土前应清除表层腐殖土、草根等。场地整平挖方时，应在强夯范围预留夯沉量相当的土层。

(2) 当地下水位较高、夯坑底积水影响施工时，宜采用人工降水或铺填一定厚度的松散材料（一般为 0.5～2.0m 的中砂或砂石垫层）。夯坑内或场地积水应及时排除。

(3) 强夯应分段进行，从边缘夯向中央。强夯法的加固顺序是先深后浅，即先加固深层土，再加固中层土，最后加固表层土。最后一遍夯完后，再以低能量满夯一遍。

(4) 雨季填土区强夯，应在场地四周设排水沟、截洪沟，防止雨水流入场内；填土应使中间稍高，认真分层回填，分层推平、碾压，并使表面保持 1%～2% 的排水坡度。回填土应控制含水量在最优含水量范围内，如低于最优含水量，可钻孔灌水或洒水浸渗。

(5) 夯击时应按试验和设计确定的强夯参数进行，落锤应保持平稳，夯位应准确。在每一遍夯击后，要用新土或周围的土将夯击坑填平，再进行下一遍夯击。

(6) 冬季施工时应先清除地表的冻土层后再强夯，夯击次数要适当增加，如有硬壳层，要适当增加夯次或提高夯击功能。

(7) 做好施工过程中的检测和记录工作，包括检查夯锤重和落距，对夯点放线进行复核，检查夯坑位置，按要求检查每个夯点的夯击次数和每击的夯沉量等，并对各项参数及施工情况进行详细记录，作为质量控制的根据。

第五节 挤密桩地基

挤密桩法是用冲击或振动方法，把圆柱形钢质桩管打入原地基，拔出后形成桩孔，然后进行素土、灰土、石灰土、水泥土等物料的回填和夯实，从而形成增大直径的桩体，并同原地基一起形成复合地基。其特点在于不取土，挤压原地基成孔；回填物料时，夯实物料进一步扩孔。

挤密桩法与其他地基处理方法比较，有如下主要特征。

(1) 灰土、素土等挤密桩法是横向挤密，可同样达到所要求加密处理后的最大干密度的指标。

(2) 与土垫层相比，无须开挖回填，因而节约了开挖和回填土方的工作量，比换填法缩短约一半的工期。

(3) 由于不受开挖和回填的限制，一般处理深度可达 12～20m。

(4) 由于填入桩孔的材料均属就地取材，因而比其他处理湿陷性黄土和人工填土的方法造价更低，效益更好。

灰土、素土等挤密桩法适用于处理地下水位以上的湿陷性黄土、素填土和杂填土等地基，可处理地基的深度为 5～20m。当以消除地基土的湿陷性为主要目的时，宜选用素土挤密桩法。当以提高地基土的承载力或增强其水稳性为主要目的时，宜选用灰土挤密桩法。当地基土的含水量大于 24%、饱和度大于 65% 时，不宜选用灰土挤密桩法或素密桩法。

一、灰土桩地基

灰土挤密桩是利用锤击将钢管打入土中侧向挤密成孔,将管拔出后,在桩孔中分层回填 2∶8 或 3∶7 灰土夯实而成,与桩间土共同组成复合地基以承受上部荷载。

灰土挤密桩与其他地基处理方法比较有以下特点:灰土挤密桩成桩时为横向挤密,可同样达到所要求加密处理后的最大干密度指标,可消除地基土的湿陷性,提高承载力,降低压缩性;与换土垫层相比,不需大量开挖回填,可节省土方开挖和回填土方工程量,工期可缩短 50% 以上;处理深度较大,可达 12~15m;可就地取材,应用廉价材料,降低工程造价 2/3;机具简单,施工方便,工效高。灰土挤密桩适用于加固地下水位以上、天然含水量为 12%~25%、厚度为 5~15m 的新填土、杂填土、湿陷性黄土以及含水率较大的软弱地基。当地基土含水量大于 23% 及其饱和度大于 0.65 时,打管成孔质量不好,且易对邻近已回填的桩体造成破坏,拔管后容易缩颈,遇此情况时不宜采用灰土挤密桩。

灰土强度较高,桩身强度大于周围地基土,可以分担较大部分荷载,使桩间土承受的应力减小,而到深度 2~4m 以下则与土桩地基相似。一般情况下,如果为了消除地基湿陷性或提高地基的承载力或水稳性,降低压缩性,宜选用灰土桩。

(一) 桩的构造和布置

(1) 桩孔直径。桩孔直径根据工程量、挤密效果、施工设备、成孔方法及经济等情况而定,一般选用 300~600mm。

(2) 桩长。桩长根据土质情况、桩处理地基的深度、工程要求和成孔设备等因素确定,一般为 5~15m。

(3) 桩距和排距。桩孔一般按等边三角形布置,其间距和排距由设计确定。

(4) 处理宽度。处理地基的宽度一般大于基础的宽度,由设计确定。

(5) 地基的承载力和压缩模量。灰土挤密桩处理地基的承载力标准值,应由设计通过原位测试或结合当地经验确定。

灰土挤密桩地基的压缩模量应通过试验或结合本地经验确定。

(二) 机具设备及材料要求

(1) 成孔设备。成孔设备一般采用 0.6t 或 1.2t 柴油打桩机或自制锤击式打桩机,也可采用冲击钻机或洛阳铲成孔。

(2) 夯实机具。常用夯实机具有偏心轮夹杆式夯实机和卷扬机提升式夯实机两种,后者在工程中应用较多。夯锤用铸钢制成,重量一般选用 100~300kg,其竖向投影面积的静压力不小于 20kPa。夯锤最大部分的直径应较桩孔直径小 100~150mm,以便填料顺利通过夯锤四周。夯锤形状下端应为抛物线形锥体或尖锥形锥体,上段呈弧形。

(3) 桩孔内的填料。桩孔内的填料应根据工程要求或处理地基的目的确定。在土料、石灰的质量要求和工艺要求、含水量控制等方面同灰土垫层。夯实质量应用压实系数 λ_c 控制,λ_c 应不小于 0.97。

(三) 施工工艺要点

(1) 施工前应在现场进行成孔、夯填工艺和挤密效果试验,以确定分层填料厚度、夯击次数和夯实后干密度等要求。

(2) 桩施工时一般应先将基坑挖好,预留 20~30cm 厚的土层,然后在坑内施工灰土桩。桩的成孔方法可根据现场机具条件选用沉管（振动、锤击）法、爆扩法、冲击法等。沉管法是用打桩机将与桩孔同直径的钢管打入土中，使土向孔的周围挤密，然后缓慢拔管成孔的方法。桩管顶设桩帽，下端做成锥形（约呈60°角），桩尖可以上下活动，以利空气流动，减小拔管时的阻力，避免坍孔，如图1-11所示。成孔后应及时拔出桩管，不应在土中搁置时间过长。成孔施工时，地基土的含水量宜接近最优含水量，当含水量低于12%时，宜加水增湿至最优含水量。本法简单易行，孔壁光滑平整，挤密效果好，应用最广。但处理深度受桩架限制，一般不宜超过8m。爆扩法是用钢钎打入土中形成直径为25～40mm的孔或用洛阳铲打成直径为60～80mm的孔，然后在孔中装入条形炸药卷和2～3个雷管，爆扩成直径为20～45cm的桩孔的方法。本法工艺简单，但孔径不易控制。冲击法是使用冲击钻钻孔，将0.6～3.2t重的锥形锤头提升0.5～2.0m高后落下，反复冲击成孔，用泥浆护壁，直径可达50～60cm，深度可达15m以上，适合处理湿陷性较大的土层。

（3）桩的施工顺序为应先外排后里排，同排内应间隔1～2孔进行；对大型工程可分段施工，以免因振动挤压造成相邻孔缩孔或坍孔。成孔后应清底夯实、夯平，夯实次数不应少于8击，并立即夯填灰土。

（4）桩孔应分层回填夯实，每次回填厚度为250～400mm，人工夯实时用重量为25kg带长柄的混凝土锤，机械夯实时用偏心轮夹杆或夯实机或卷扬机提升式夯实机（图1-12），或链条传动摩擦轮提升连续式夯实机，一般落锤高度不小于2m，每层夯实不少于10锤。施打时，逐层以量斗定量向孔内下料，逐层夯实。当采用连续夯实机时，将灰土用铁锹不间断地下料，每下2锹夯2击，均匀地向桩孔下料、夯实。桩顶应高出设计标高15cm，挖土时将高出部分铲除。

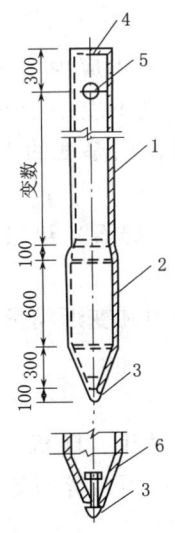

图1-11 桩管构造（单位：mm）

1—10mm厚封头板（设φ300排气孔）；2—φ45管焊于桩管内，穿M40螺栓；3—φ275无缝钢管；4—φ300×10无缝钢管；5—活动桩尖；6—重块

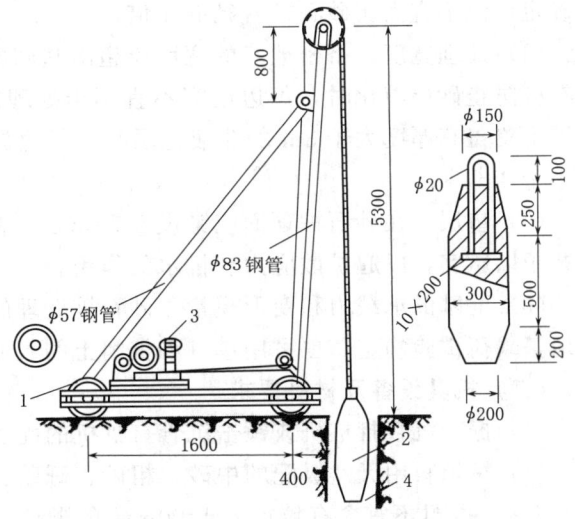

图1-12 灰土桩夯实机构造（桩直径为350mm）（单位：mm）

1—机架；2—1t卷扬机；3—铸钢夯锤，重45kg；4—桩孔

(5) 当孔底出现饱和软弱土层时，可加大成孔间距，以防由于振动而造成已打好的桩孔内挤塞；当孔底有地下水流入时，可采用井点降水后再回填填料或向桩孔内填入一定数量的干砖渣和石灰，经夯实后再分层填入填料。

二、砂石桩地基

砂桩和砂石桩统称砂石桩，是指用振动、冲击或水冲等方式在软弱地基中成孔后，再将砂或砂卵石（或砾石、碎石）挤压入土孔中，形成大直径的砂或砂卵石（碎石）所构成的密实桩体，它是处理软弱地基的一种常用方法。这种方法经济、简单且有效。对于松砂地基，可通过挤压、振动等作用使地基达到密实，从而增加地基承载力，降低孔隙比，减少建筑物沉降，提高砂基抵抗震动液化的能力；用于处理软黏土地基，可起到置换和排水砂井的作用，加速土的固结，形成置换桩与固结后软黏土的复合地基，显著提高地基抗剪强度；而且，这种桩施工机具常规，操作工艺简单，可节省水泥、钢材，就地使用廉价地方材料，速度快，工程成本低，故应用较为广泛。砂石桩适用于挤密松散沙土、素填土和杂填土等地基，对建在饱和黏性土地基上主要不以变形控制的工程，也可采用砂石桩做置换处理。

（一）一般构造要求与布置

(1) 桩的直径。桩的直径根据土质类别、成孔机具设备条件和工程情况等而定，一般为30cm，最大为50～80cm，对饱和黏性土地基宜选用较大的直径。

(2) 桩的长度。当地基中的松散土层厚度不大时，桩可穿透整个松散土层；当厚度较大时，桩的长度应根据建筑物地基的允许变形值和不小于最危险滑动面的深度来确定；对于液化砂层，桩应穿透可液化层。

(3) 桩的布置和桩距。桩的平面布置宜采用等边三角形或正方形。桩距应通过现场试验确定，但不宜大于砂石桩直径的4倍。

(4) 处理宽度。挤密地基的宽度应超出基础的宽度，每边放宽不应少于1～3排；用砂石桩防止砂层液化时，每边放宽不宜小于处理深度的1/2，并且不应小于5m。当可液化层上覆盖有厚度大于3m的非液化层时，每边放宽不宜小于液化层厚度的1/2，并且不应小于3m。

(5) 垫层。在砂石桩顶面应铺设30～50cm厚的砂或砂砾石（碎石）垫层，密布于基底并予以压实，以起扩散应力和排水的作用。

(6) 地基的承载力和变形模量。砂石桩处理的复合地基承载力和变形模量可按现场复合地基载荷试验确定，也可用单桩和桩间土的载荷试验确定。

（二）机具设备及材料要求

(1) 振动沉管打桩机或锤击沉管打桩机的配套机具有桩管、吊斗、1t机动翻斗车等。

(2) 桩填料用天然级配的中砂、粗砂、砾砂、圆砾、角砾、卵石或碎石等，含泥量不大于5%，并且不宜含有粒径大于50mm的颗粒。

（三）施工工艺要点

(1) 打砂石桩时地基表面会产生松动或隆起，砂石桩的施工标高要比基础底面高1～2m，以便在开挖基坑时消除表层松土；如基坑底仍不够密实，可辅以人工夯实或机械碾压。

(2) 砂石桩的施工顺序，应从外围或两侧向中间进行，如砂石桩间距较大，也可逐排进行，以挤密为主的砂石桩同一排应间隔进行。

（3）砂石桩的成桩工艺有振动成桩法和锤击成桩法两种。

1）振动成桩法。振动成桩法是采用振动沉桩机将与带活瓣桩尖的砂石桩同直径的钢管沉下，往桩管内灌砂石后，边振动边缓慢拔出桩管；或在振动拔管的过程中，每拔 0.5m 高停拔振动 20～30s；或将桩管压下后再拔，以便将落入桩孔内的砂石压实，并可使桩径扩大。振动力以 30～70kN 为宜，不应太大，以防过分扰动土体。拔管速度应控制在 1.0～1.5m/min。打直径为 500～700mm 的砂石桩时通常使用大吨位 $KM^2-1200A$ 型振动打桩机（图 1-13）施工，因其振动方向是垂直的，故桩径扩大有限。本法机械化、自动化水平和生产效率较高（150～200m/d），适用于松散砂土和软黏土。

2）锤击成桩法。锤击成桩法是将带有活瓣桩靴或混凝土桩尖的桩管用锤击沉桩机打入土中，往桩管内灌砂后缓慢拔出，或在拔出的过程中低锤击管，或将桩管压下再拔，砂石从桩管内排入桩孔成桩并使其密实。桩管对土有

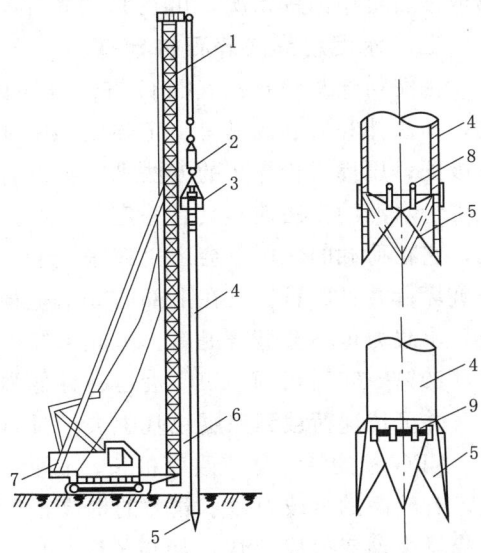

(a) 振动打桩机沉桩　　(b) 活瓣桩靴

图 1-13　振动打桩机打砂石桩

1—桩机导架；2—减震器；3—振动锤；4—桩管；
5—装砂石下料斗；6—活瓣桩尖；7—机座；
8—活门开启限位装置；9—锁轴

冲击力作用，使得桩周围的土被挤密，并使桩径向外扩展。但拔管不能过快，以免形成中断、缩颈而造成事故。对特别软弱的土层，也可采用二次打入桩管灌砂石工艺，形成扩大砂石桩。如缺乏锤击沉管机，也可采用蒸汽锤、落锤或柴油打桩机沉桩管，另配一台起重机拔管。本法适用于软弱黏性土。

（4）施工前应进行成桩挤密试验，桩数宜为 7～9 根。振动法应根据沉管和挤密情况，确定填砂石量、提升高度和速度、挤压次数和时间、电机工作电流等，作为控制质量的标准，以保证挤密均匀和桩身的连续性。

（5）灌砂石时应对含水量加以控制。对饱和土层，砂石可采用饱和状态；对非饱和土或杂填土，或能形成直立的桩孔壁的土层，含水量可采用 7%～9%。

（6）砂石桩应控制填砂石量。砂石桩孔内的填砂石量可按式（1-1）计算。

$$S=\frac{A_p l d_s}{1+e}(1+0.01w) \tag{1-1}$$

式中　S——填砂石量（以重量计）；

A_p——砂石桩的截面积，m^2；

l——桩长，m；

d_s——砂石料的相对密度；

e——地基挤密后要求达到的孔隙比；

w——砂石料的含水量，%。

砂桩的灌砂量通常按桩孔的体积和砂在中密状态时的干密度计算（一般取2倍桩管入土体积）。砂石桩实际灌砂石量（不包括水重）不得少于设计值的95%。如发现砂石量不够或砂石桩中断等情况，可在原位复打灌砂石。

三、水泥粉煤灰碎石桩地基

水泥粉煤灰碎石桩（CFG桩）是在碎石桩的基础上掺入适量石屑、粉煤灰和少量水泥，加水拌和后制成具有一定强度的桩体。其骨料仍为碎石，用掺入石屑的方法来改善颗粒级配；用掺入粉煤灰的方法来改善混合料的和易性，并利用其活性减少水泥用量；用掺入少量水泥的方法使其具有一定的黏结强度。它不同于碎石桩，碎石桩是由松散的碎石组成，它在荷载的作用下会产生鼓胀变形，当桩周土为强度较低的软黏土时，桩体易产生鼓胀破坏；并且碎石桩仅在上部约3倍桩径长度的范围内传递荷载，超过此长度后再增加桩长，承载力也不会显著提高。由此可知，碎石桩加固黏性土地基时，承载力提高的幅度不大（20%~60%）。而CFG桩是一种低强度混凝土桩，可充分利用桩间土的承载力共同作用，并可传递荷载到深层地基中去，具有较好的技术性能和经济效益。

CFG桩的特点是：改变桩长、桩径、桩距等设计参数，可使承载力在较大范围内调整；有较高的承载力，承载力的提高幅度为250%~300%，对软土地基承载力提高更大；沉降量小，变形稳定快，如将CFG桩落在较硬的土层上，可较严格地控制地基沉降量（在10mm以内）；工艺性好，由于大量采用粉煤灰，桩体材料具有良好的流动性与和易性，灌筑方便，易于控制施工质量；可节约大量水泥、钢材，利用工业废料，消耗大量粉煤灰，降低工程费用，与预制钢筋混凝土桩加固相比，可节省投资30%~40%。

CFG桩适用于多层和高层建筑地基，如沙土、粉土、松散填土、粉质黏土、黏土、淤泥质黏土等的处理。

（一）构造要求

(1) 桩径。桩径根据振动沉桩机的管径大小而定，一般为350~400mm。

(2) 桩距。桩距根据土质、布桩形式、场地情况选用。

(3) 桩长。桩长根据需挤密加固深度而定，一般为6~12m。

（二）机具设备

CFG桩成孔、灌筑一般采用振动式沉管打桩机架（配DZJ90型变矩式振动锤），主要技术参数为：电动机功率90kW；激振力0~747kN；质量6700kg；也可根据现场土质情况和设计要求的桩长、桩径，选用其他类型的振动锤；也可采用履带式起重机、走管式或轨道式打桩机（配有挺杆、桩管），此外还需配置混凝土搅拌机、电动气焊设备、手推车、吊斗等机具。

（三）材料要求及配合比

(1) 碎石。碎石粒径为20~50mm，松散密度为1.39t/m³，杂质含量小于5%。

(2) 石屑。石屑粒径为2.5~10mm，松散密度为1.47t/m³，杂质含量小于5%。

(3) 粉煤灰。用Ⅲ级粉煤灰。

(4) 水泥。用强度等级为32.5的普通硅酸盐水泥，要求新鲜无结块。

(5) 混合料配合比。混合料配合比根据拟加固场地的土质情况及加固后要求达到的承载力而定。水泥、粉煤灰、碎石混合料的配合比相当于抗压强度为C1.2~C7的低强度等级混凝土,密度大于 $2.0t/m^3$。在最佳石屑率(石屑量与碎石和石屑总重量之比)约为 25％的情况下,当 w/c(水与水泥用量之比)为 1.01～1.47,F/c(粉煤灰与水泥重量之比)为 1.02～1.65 时,混凝土的抗压强度为 1.42～8.80MPa。

(四)施工工艺要点

(1) CFG 桩施工工艺流程如图 1-14 所示。

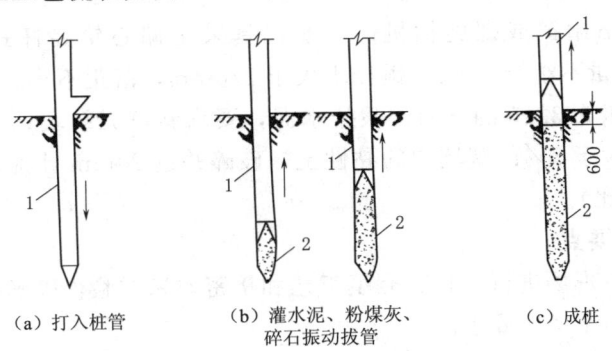

图 1-14 CFG 桩施工工艺流程(单位:mm)
1—桩管；2—水泥、粉煤灰、碎石桩

(2) 桩施工程序为：桩机就位→沉管至设计深度→停振下料→振动捣实后拔管→留振 10s→振动拔管、复打。应考虑隔排隔桩跳打,新打桩与已打桩的间隔时间不应短于 7d。

(3) 桩机就位须平整、稳固,沉管与地面保持垂直,垂直度偏差不大于 1.5％；如带预制混凝土桩尖,则需埋入地面以下 300mm。

(4) 在沉管过程中用料斗在空中向桩管内投料,待沉管至设计标高后须尽快投料,直至混合料与钢管上部投料口齐平。如上料量不够,可在拔管过程中继续投料,以保证成桩标高、密实度要求。混合料应按设计配合比配制,投入搅拌机加水拌和,搅拌时间不少于 2min,加水量由混合料坍落度控制,一般坍落度为 30～50mm；成桩后桩顶浮浆厚度一般不超过 200mm。

(5) 当混合料加至钢管投料口齐平后,沉管在原地留振 10s 左右,即可边振动边拔管,拔管速度控制在 1.2～1.5m/min,每提升 1.5～2.0m,留振 20s。桩管拔出地面,确认成桩符合设计要求后,用粒状材料或黏土封顶。

(6) 桩体经 7d 达到一定强度后,才可进行基槽开挖；如桩顶离地面 1.5m 以内,宜用人工开挖；如大于 1.5m,下部 700mm 宜用人工开挖,以避免损坏桩头部分。为使桩与桩间土更好地共同工作,宜在基础下铺一层 150～300mm 厚的碎石或灰土垫层。

四、夯实水泥土复合地基

夯实水泥土复合地基是用洛阳铲或螺旋钻机成孔,在孔中分层填入水泥、土混合料,经夯实成桩,与桩间土共同组成复合地基。

夯实水泥土复合地基具有提高地基承载力(50％～100％),降低压缩性；材料易于解决；施工机具设备、工艺简单,施工方便,工效高,地基处理费用低等优点。它适合加固地下水位以上,天然含水量为 12％～23％、厚度在 10m 以内的新填土、杂填土、湿陷性黄土以及含水率较大的软弱土地基。

(一)桩的构造与布置

桩孔直径根据设计要求、成孔方法及技术经济效果等情况而定,一般选用 300～

500mm；桩长根据土质情况、处理地基的深度和成孔工具设备等因素确定，一般为 3～10m，桩端进入持力层的深度应不小于 1～2 倍桩径。桩多采用条基（单排或双排）或满堂布置；桩体间距为 0.75～1.0m，排距为 0.65～1.0m；在桩顶铺设 150～200mm 厚 3:7 灰土褥垫层。

（二）机具设备及材料要求

成孔机具采用洛阳铲或螺旋钻机；夯实机具采用偏心轮夹杆式夯实机。当桩径为 330mm 时，夯锤重量不小于 60kg，锤径不大于 270mm，落距不小于 700mm。

水泥用强度等级为 32.5 的普通硅酸盐水泥，要求新鲜无结块；土料应用不含垃圾杂物，有机质含量不大于 8% 的基坑中的黏性土，破碎并过 20mm 孔筛。水泥土拌和料的配合比为 1:7（体积比）。

（三）施工工艺要点

(1) 施工前应在现场进行成孔、夯填工艺和挤密效果试验，以确定分层填料厚度、夯击次数和夯实后桩体干密度要求。

(2) 夯实水泥土桩的工艺流程为：场地平整→测量放线→基坑开挖→布置桩位→第一批桩梅花形成孔→水泥、土料拌和→填料并夯实→剩余桩成孔→水泥、土料拌和→填料并夯实→养护→检测→铺设灰土褥垫层。

(3) 按设计顺序定位放线，严格布置桩孔，并记录布桩的根数，以防止遗漏。

(4) 采用人工洛阳铲或螺旋钻机成孔时，按梅花形布置并及时成桩，以避免大面积成孔后，再成桩。由于夯机自重和夯锤的冲击，地表水易灌入孔内而造成塌孔。

(5) 回填拌和料的配合比应用量斗计量准确，拌和均匀；含水量控制应以手握成团、落地散开为宜。

(6) 向孔内填料前，先夯实孔底，采用"二夯一填"的连续成桩工艺。每根桩要求一气呵成，不得中断，防止出现松填或漏填现象。桩身密实度要求成桩 1h 后，击数不小于 30 击，用轻便触探检查"检定击数"。

(7) 其他施工工艺要点及注意事项同灰土桩地基有关部分。

五、振冲地基

振冲地基，又称振冲桩复合地基，是以起重机吊起振冲器，启动潜水电机带动偏心块，使振冲器产生高频振动，同时开动水泵，通过喷嘴喷射高压水成孔，然后分批填以砂石骨料形成一根根桩体，桩体与原地基构成的复合地基。振冲地基法是提高地基承载力，减小地基沉降和沉降差的一种快速、经济有效的加固方法。该法具有技术可靠、机具设备简单、操作技术易于掌握、施工简便、省三材（钢材、木材、水泥）、加固速度快、地基承载力高等特点。

其施工要点如下。

(1) 施工前应先在现场进行振冲试验，以确定成孔合适的水压、水量、成孔速度、填料方法、达到土体密实时的密实电流值、填料量和留振时间。

(2) 振冲前，应按设计图定出冲孔的中心位置并编号。

(3) 启动水泵和振冲器，使振冲器以 1～2m/min 的速度徐徐沉入土中。每沉入 0.5～1.0m，宜留振 5～10s 进行扩孔，待孔内泥浆溢出时再继续沉入。当下沉达到设计深度时，振冲器应在孔底适当停留并减小射水压力，以便排除泥浆进行清孔。如此往复1～2次，使孔内泥浆变稀，排泥清孔1～2min后，将振冲器提出孔口。

（4）成桩的操作过程。成孔后，先将振冲器提出孔口，从孔口往下填料，然后再下降振冲器至填料中进行振密，待密实电流达到规定的数值时将振冲器提出孔口，如此自下而上反复进行直至孔口时，成桩操作即告完成，如图1-15所示。

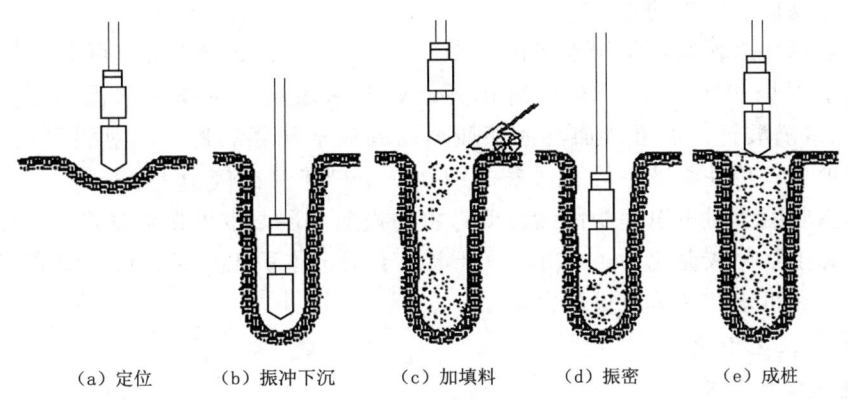

　　(a) 定位　　(b) 振冲下沉　　(c) 加填料　　(d) 振密　　(e) 成桩

图1-15　振冲法制桩施工工艺

（5）振冲桩施工时桩顶部约1m范围内的桩体密实度难以保证，一般应予挖除，另做地基，或用振动碾压使之压实。

第六节　注　浆　地　基

一、水泥注浆地基

水泥注浆地基是将水泥浆通过压浆泵、灌浆管均匀地注入土体中，以填充、渗透和挤密等方式驱走岩石裂隙中或土颗粒间的水分和气体，并填充其位置，硬化后将岩土胶结成一个整体，形成一个强度大、压缩性低、抗渗性高和稳定性良好的新的岩土体，从而使地基得到加固。水泥注浆地基可以防止或减少渗透和不均匀的沉降，在建筑工程中的应用较为广泛。

水泥注浆法的特点是：能与岩土体结合形成强度高、渗透性小的结石体；取材容易，配方简单，操作易于掌握；无环境污染，价格低等。

水泥注浆适用于软黏土、粉土、新近沉积黏性土、沙土提高强度的加固和渗透系数大于2～10cm/s的土层的止水加固以及已建工程局部松软地基的加固。

（一）机具设备

灌浆设备主要是压浆泵，其选用原则是能满足灌浆压力的要求，一般为1.2～1.5倍；能满足岩土吸浆量的要求；压力稳定，能保证安全可靠地运转；机身轻便，结构简单，易于组装、拆卸、搬运。水泥压浆泵多用泥浆泵或砂浆泵代替。国产泥浆泵、砂浆泵类型较多，常用于灌浆的有BW-250/50型、TBW-200/40型、TBW-250/40型、NSB-100/30型泥浆泵以及100/15（C-232）型砂浆泵等。配套机具有搅拌机、灌浆管、阀门、压力表等，此外还有钻孔机等机具设备。

（二）材料要求及配合比

（1）水泥。用强度等级为32.5或42.5的普通硅酸盐水泥；在特殊条件下也可使用矿渣水泥、火山灰质水泥或抗硫酸盐水泥，要求新鲜无结块。

（2）水。一般用饮用淡水，不应采用含硫酸盐大于0.1%、氯化钠大于0.5%以及含过量糖、悬浮物质、碱类的水。

灌浆一般用净水泥浆，常用水灰比为1∶1～8∶1；如要求快凝，可采用快硬水泥或在水中掺入水泥用量为1%～2%的氯化钙；如要求缓凝，可掺加水泥用量为0.1%～0.5%的木质素磺酸钙；也可掺加其他外加剂以调节水泥浆的性能。对裂隙或孔隙较大、可灌性好的地层，可在浆液中掺入适量的细砂，或粉煤灰比例为1∶3～1∶0.5，以节约水泥，并减少收缩。对不以提高固结强度为主的松散土层，也可在水泥浆中掺加细粉质黏土配成水泥黏土浆。灰泥比为1∶（3～8）（水泥∶土，体积比）时，可以提高浆液的稳定性，防止沉淀和析水，使填充更加密实。

（三）施工工艺要点

1. 高压旋喷地基施工

高压喷射注浆法就是利用钻机把带有喷嘴的注浆管钻入（或置入）至土层预定的深度，以20～40MPa的压力把浆液或水从喷嘴中喷射出来，形成喷射流冲击破坏土层及预定形状的空间，当能量大、速度快和脉动状的喷射流的动压力大于土层结构强度时，土颗粒便从土层中剥落下来，一部分细粒土随浆液或水冒出地面，其余土颗粒在射流的冲击力、离心力和重力等作用下，与浆液搅拌混合，并按一定的浆土比例和质量大小，有规律地重新排列。这样注入的浆液将冲下的部分土混合凝结成加固体，从而达到加固土体的目的。它具有增大地基强度、提高地基承载力、止水防渗、减小支挡结构物的土压力、防止沙土液化和降低土的含水量等多种功能。其施工顺序为：开始钻进（a）→钻进结束（b）→高压旋喷开始（c）→边旋转边提升（d）→喷射完毕，桩体形成（e），如图1-16所示。

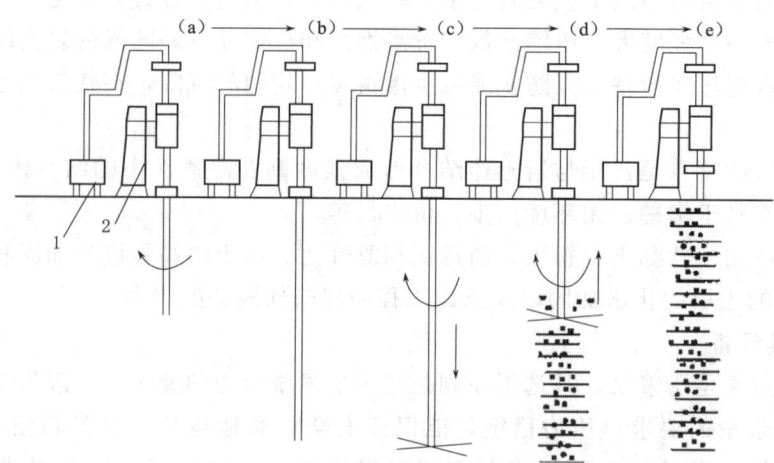

图1-16 旋喷法的施工顺序
1—超高压力水泵；2—钻机

高压喷射注浆法的注浆形式分为旋转喷射注浆（旋喷）、定向注浆喷射（定喷）和在某一角度范围内摆动喷射注浆（摆喷）三种。其中，旋转喷射注浆形成的水泥土加固体呈圆柱状，称旋喷桩。

高压喷射注浆法适用于淤泥、淤泥质土、黏性土、粉土、黄土、沙土、人工填土和碎石等地基。当土中含有较多的大粒径块石、坚硬黏性土、大量植物根茎或过多的有机质时，应根据现场试验结果确定其适用程度。

高压喷射注浆法的施工工艺流程如图1-17所示，操作要点如下。

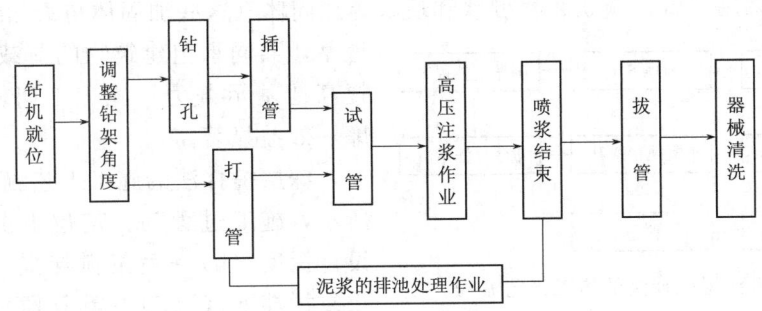

图1-17 高压喷射注浆法的施工工艺流程

（1）钻机就位。钻机需平置于牢固坚实的地方，钻杆（注浆管）对准孔位中心，偏差不超过10cm，打斜管时需按设计调整钻架角度。

（2）钻孔下管或打管。钻孔的目的是将注浆管顺利置入预定位置，可先钻孔后下管，也可直接打管，在下（打）管过程中，需防止管外泥沙或管内的小块水泥浆堵塞喷嘴。

（3）试管。当注浆管置入土层预定深度后应用清水试压，若注浆设备和高压管路安全正常，则可搅拌制作水泥浆，开始高压注浆作业。

（4）高压注浆作业。浆液的材料、种类和配合比要视加固对象而定，在一般情况下，水泥浆的水灰比为1∶2～1∶1，若用以改善灌注桩的桩身质量，则应减小水灰比或采用化学浆。高压射浆自上而下连续进行，注意检查浆液的初凝时间、注浆流量、风量、压力、旋转和提升速度等参数，应符合设计要求。喷射压力高即射流能量大、加固长度大、效果好，若提升速度和旋转速度适当降低，则加固长度会随之增加，在射浆过程中参数可随土质的不同而改变，若参数一直不变，则容易使浆量增大。

（5）喷浆结束与拔管。喷浆由下而上至设计高度后，拔出喷浆管，喷浆即告结束。把浆液填入注浆孔中，将多余的清除掉，为了防止浆液凝固时发生收缩，拔管要及时，切不可久留孔中，否则浆液凝固后将不能被拔出。

（6）器械冲洗。当喷浆结束后，应立即清洗高压泵、输浆管路、注浆管及喷头。

2. 深层搅拌地基施工

水泥土搅拌法是以水泥作为固化剂的主剂，通过特制的搅拌机械边钻边往软土中喷射浆液或雾状粉体，在地基深处将软土和固化剂（浆液或粉体）强制搅拌，使喷入软土中的固化剂与软土充分拌和在一起，利用固化剂和软土之间产生的一系列物理化学反应形成抗压强度比天然土强度高得多，并具有整体性、水稳定性和一定强度的水泥加固土桩柱体，由若干根这类加固土桩柱体和桩间土构成复合地基，从而达到提高地基承载力和增大变形模量的目的。

深层搅拌法是用于加固饱和黏性土地基的一种新技术。

深层搅拌法的特点是：将固化剂和原地基软土就地搅拌混合，最大限度地利用了原土；施工过程中无振动、无噪声、无污染；施工时对土无侧向挤压，因而对周围既有建筑物的影响很小；按照不同地基土性质及工程设计要求，合理选择固化剂及其配方，设计比较灵活；土体加固后重度基本不变，对软弱下卧层不致产生附加沉降；根据上部结构的需要，可灵活地采用柱状、壁状、格栅状和块状等加固体（这些加固体与天然地基形成复合地基，共同承担建筑物的荷载）；可有效地提高地基承载力；施工工期较短，造价低廉，效益显著。

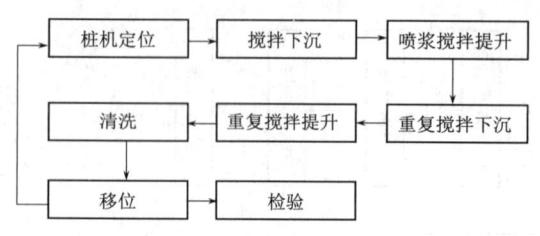

图1-18 深层搅拌法的施工工艺流程

深层搅拌法的施工工艺流程如图1-18所示，施工过程为：定位下沉（a）→沉入设计深度（b）→喷浆搅拌提升（c）→原位重复搅拌下沉（d）→重复搅拌提升（e）→搅拌完毕形成加固体（f），如图1-19所示。

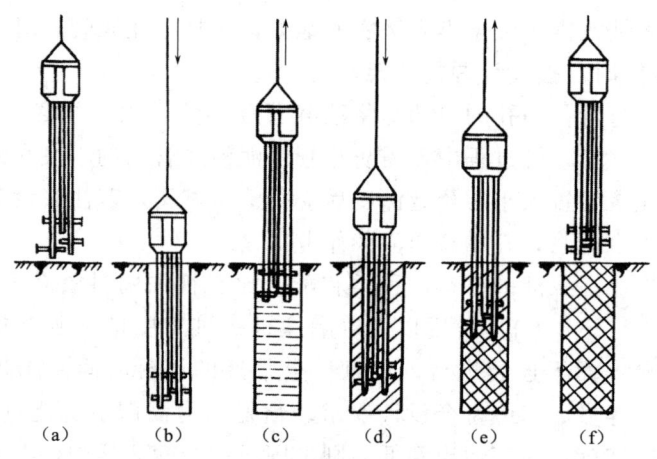

图1-19 深层搅拌法的施工过程

深层搅拌法的操作要点如下。

(1) 桩机定位。利用起重机或绞车将桩机移动到指定桩位。为保证桩位准确，必须使用定位卡，桩位偏差不大于50mm，导向架和搅拌轴应与地面垂直，垂直度的偏差不应超过1.5%。

(2) 搅拌下沉。当冷却水循环正常后，启动搅拌机电机，使搅拌机沿导向架切土搅拌下沉，下沉速度由电机的电流表监控；同时按预定配比拌制水泥浆，并将其倒入集料斗备喷。

(3) 喷浆搅拌提升。搅拌机下沉到设计深度后，开启灰浆泵，使水泥浆连续自动喷入地基，并保持出口压力为0.4~0.6MPa，搅拌机边旋转、边喷浆、边按已确定的速度提升,直至设计要求的桩顶标高。搅拌头如被软黏土包裹,应及时清除。

(4) 重复搅拌下沉。为使土中的水泥浆与土充分搅拌均匀,再次将搅拌机边旋转边沉入土中,直到设计深度。

(5) 重复搅拌提升。将搅拌机边旋转、边提升,再次至设计要求的桩顶标高,并上升至地面,制桩完毕。

(6) 清洗。向已排空的集料斗注入适量清水,开启灰浆泵清洗管道,直至基本干净,同时将黏附于搅拌头上的土清洗干净。

(7) 移位。重复上述(1)~(6)步,进行下根桩的施工。

施工注意事项有以下几点。

1) 所使用的水泥浆应过筛,制备好的浆液不得离析,泵送必须连续。

2) 喷浆量及搅拌深度必须采用经国家计量部门认证的检测仪器自动记录。

3) 当水泥浆液到达出浆口后,应喷浆搅拌30s,在水泥浆与桩端土充分搅拌后,再开始提升搅拌头。

4) 施工中因故停浆时,应将搅拌头下沉至停浆点以下0.5m处,待恢复供浆时再喷浆搅拌提升。

二、硅化注浆地基

硅化注浆地基是将以硅酸钠(水玻璃)为主剂的混合溶液(或水玻璃水泥浆)通过注浆管均匀地注入地层,浆液赶走土粒间或岩土裂隙中的水分和空气,并将岩土胶结成一整体,形成强度较大、防水性能较好的结石体,从而使地基得到加强,本法也称硅化注浆法或硅化法。

硅化法根据浆液注入的方式分为压力硅化法、电动硅化法和加气硅化法三类。

(1) 压力硅化法。压力硅化法根据溶液的不同,又可分为压力双液硅化法、压力单液硅化法和压力混合液硅化法三种。

1) 压力双液硅化法。它是将水玻璃与氯化钙溶液用泵或压缩空气通过注液管轮流压入土中,溶液接触反应后生成硅胶,将土的颗粒胶结在一起,使其具有强度和不透水性的方法。氯化钙溶液的作用主要是加速硅胶的形成,其反应式为

$$Na_2O \cdot nSiO_2 + CaCl_2 + mH_2O \longrightarrow nSiO_2 \cdot (m-1)H_2O + Ca(OH)_2 + 2NaCl$$

2) 压力单液硅化法。它是将水玻璃单独压入含有盐类(如黄土)的土中,同样使水玻璃与土中钙盐起反应生成硅胶,将土粒胶结的方法,其反应式为

$$Na_2O \cdot nSiO_2 + CaSO_4 + mH_2O \longrightarrow nSiO_2 \cdot (m-1)H_2O + Na_2SO_4 + Ca(OH)_2$$

3) 压力混合液硅化法。它是将水玻璃和铝酸钠混合液一次压入土中,水玻璃与铝酸钠反应,生成硅胶和硅酸铝盐的凝胶物质,黏结沙土,起到加固和堵水作用的方法,其反应式为

$$3(Na_2O \cdot nSiO_2) + Na_2OAl_2O_3 \longrightarrow Al(SiO_3)_3 + 3(n-1)SiO_2 + 4Na_2O$$

(2) 电动硅化法。电动硅化法又称电动双液硅化法、电化学加固法,是在压力双液硅化法的基础上设置电极通入直流电,经过电渗作用扩大溶液的分布半径的方法。施工时,把有孔灌浆液管作为阳极,铁棒作为阴极(也可用滤水管进行抽水),将水玻璃和氯化钙溶液先后由阳极压入土中,通电后,孔隙水由阳极流向阴极,而化学溶液也随之渗流分布

于土的孔隙中，经化学反应后生成硅胶，经过电渗作用还可以使硅胶部分脱水，加速加固过程，并增加其强度。

（3）加气硅化法。它是先在地基中注入少量二氧化碳（CO_2）气体，使土中空气部分被 CO_2 所取代，从而使土体活化，然后将水玻璃压入土中，其后又灌入 CO_2 气体，由于碱性水玻璃溶液强烈地吸收 CO_2 形成自真空作用，水玻璃溶液在土中能够均匀分布，并渗透到土的微孔隙中，使 95%～97% 的孔隙被硅胶所填充，在土中起到胶结作用，从而使地基得到加固的方法，加气硅化的化学反应方程式为

$$Na_2SiO_3 + 2CO_2 + nH_2O \longrightarrow SiO_2 \cdot nH_2O + 2NaHCO_3$$

硅化法设备工艺简单，使用机动灵活，技术易于掌握，加固效果好，可提高地基强度，消除土的湿陷性，降低压缩性。根据检测，双液硅化的沙土的抗压强度可达 1.0～5.0MPa；单液硅化的黄土的抗压强度可达 0.6～1.0MPa；压力混合液硅化的沙土强度可达 1.0～1.5MPa；用加气硅化法比压力单液硅化法加固的黄土的强度高 50%～100%，可有效减少附加下沉，加固土的体积可增大 1 倍，水稳性可提高 1～2 倍，渗透系数可降低至数百分之一，水玻璃用量可减少 20%～40%，成本可降低 30%。

各种硅化法的适用范围应根据被加固土的种类、渗透系数而定，可参见表 1-5。硅化法多用于局部加固新建或已建的建（构）筑物基础、稳定边坡以及做防渗帷幕等。但硅化法不宜用于被沥青、油脂和石油化合物浸透和地下水 pH 值大于 9.0 的土。

表 1-5　　　　　　　各种硅化法的适用范围及化学溶液的浓度

硅化方法	土的种类	土的渗透系数 /(m/d)	溶液的密度（$t=18℃$）	
			水玻璃（模扩 2.5～3.3）	氯化钙
压力双液硅化法	砂类土和黏性土	0.1～10	1.35～1.38	1.26～1.28
		10～20	1.38～1.41	—
		20～80	1.41～1.44	—
压力单液硅化法	湿陷性黄土	0.1～2	1.13～1.25	
压力混合液硅化法	粗砂、细砂	—	水玻璃与铝酸钠按体积比 1:1 混合	
电动双液硅化法	各类土	≤0.1	1.13～1.21	1.07～1.11
加气硅化法	沙土、湿陷性黄土、一般黏性土	0.1～2	1.09～1.21	

注　压力混合液硅化所用水玻璃模数为 2.4～2.8，浓度为 40 波美度；水玻璃铝酸钠浆液温度为 13～15℃，凝胶时间为 13～15s，浆液初期黏度为 $4×10^{-3}Pa·s$。

（一）机具设备及材料要求

（1）硅化灌浆主要机具设备有振动打拔管机（振动钻或三脚架穿心锤）、注浆花管、压力胶管、$\phi 42$ 连接钢管、齿轮泵或手摇泵、压力表、磅秤、浆液搅拌机、贮液罐、三脚架、倒链等。

（2）灌浆材料。

1）水玻璃，模数宜为 2.5～3.3，不溶于水的杂质含量不得超过 2%，颜色为透明或

稍带混浊。

2) 氯化钙溶液，pH 值不得小于 5.5～6.0，每 1L 溶液中杂质不得超过 60g，悬浮颗粒不得超过 1%。

3) 硅化所用化学溶液的浓度，可按规范选取。

4) 铝酸钠的含铝量为 180g/L，苛化系数为 2.4～2.5。

5) 二氧化碳采用工业用二氧化碳（压缩瓶装）。

采用水玻璃水泥浆注浆时，水泥用强度等级为 32.5 的普通水泥，要求新鲜无结块；水玻璃模数一般用 2.4～3.0，浓度以 30～45 波美度合适。水泥水玻璃配合比为：水泥浆的水灰比为 0.8：1～1：1；水泥浆与水玻璃的体积比为 1：1～1：0.6。对孔隙较大的土层也可采用"三水浆"，常用配合比为水泥：水：水玻璃：细砂＝1：(0.7～0.8)：适量：0.8。

（二）施工工艺要点

（1）施工前，应先在现场进行灌浆试验，确定各项技术参数。

（2）灌注溶液的钢管可采用内径为 20～50mm、壁厚大于 5mm 的无缝钢管。它由管尖、有孔管、无孔接长管及管头等组成。管尖做成 25°～30°圆锥体，尾部带有丝扣与有孔管连接；有孔管的长度一般为 0.4～1.0m，每米长度内有 60～80 个直径为 1～3mm 的向外扩大成喇叭形的孔眼，分 4 排交错排列；无孔接长管的长度一般为 1.5～2.0m，两端有丝扣。电极采用直径不小于 22mm 的钢筋或直径为 33mm 的钢管。在通过不加固土层的注浆管和电极表面须涂沥青绝缘，以防电流的损耗和腐蚀。灌浆管网系统包括输送溶液和输送压缩空气的软管、泵、软管与注浆管的连接部分、阀等，其规格应适应灌注溶液所采用的压力。泵或空气压缩设备应以 0.2～0.6MPa 的压力向每个灌浆管供应 1～5L/min 的溶液，灌浆管的平面布置如图 1-20 所示。灌浆管的间距为 1.73R，各行间距为 1.5R（R 为一根灌浆管的加固半径，其数值见表 1-6）；电极沿每行注液管设置，间距与灌浆管相同。土的加固可分层进行，砂类土每一加固层的厚度为灌浆管有孔部分的长度加 0.5R，湿陷性黄土及黏土类土按试验确定。

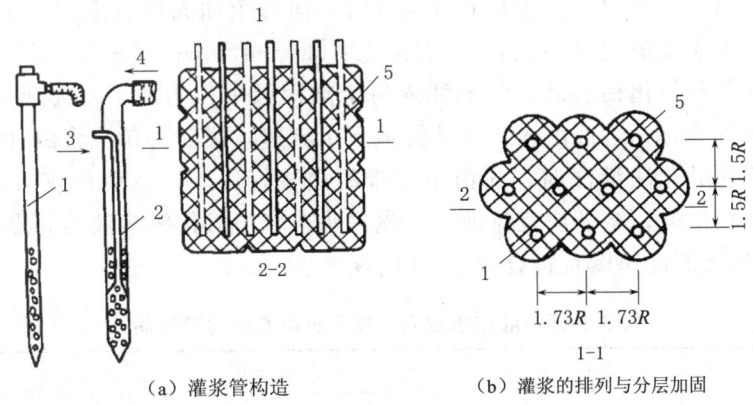

图 1-20 压力硅化注浆管排列及构造
1—单液灌浆管；2—双液灌浆管；3—第一种溶液；4—第二种溶液；5—硅化加固区

表 1-6　　土的压力硅化加固半径

项次	土的类别	加固方法	土的渗透系数/(m/d)	土的加固半径/m
1	沙土	压力双液硅化法	2~10	0.3~0.4
			10~20	0.4~0.6
			20~50	0.6~0.8
			50~80	0.8~1.0
2	粉砂	压力单液硅化法	0.3~0.5	0.3~0.4
			0.5~1.0	0.4~0.6
			1.0~2.0	0.6~0.8
			2.0~5.0	0.8~1.0
3	湿陷性黄土	压力单液硅化法	0.1~0.3	0.3~0.4
			0.3~0.5	0.4~0.6
			0.5~1.0	0.6~0.9
			1.0~2.0	0.9~1.0

（3）设置灌浆管时，借打入法或钻孔法（振动打拔管机、振动钻或三脚架穿心锤）沉入土中，保持垂直和距离正确，管子四周孔隙用土填塞夯实。电极可用打入法或先钻孔 2~3m 再打入。

（4）硅化加固的土层以上应保留 1m 厚的不加固土层，以防溶液上冒，必要时须夯填素土或打灰土层。

（5）灌注溶液的压力一般在 0.2~0.4MPa（始）到 0.8~1.0MPa（终）的范围内，采用电动硅化法时，不得超过 0.3MPa（表压）。

（6）土的加固程序一般自上而下进行，如土的渗透系数随深度而增大，则应自下而上进行。如相邻土层的土质不同，则渗透系数较大的土层应先进行加固。灌注溶液的顺序根据地下水的流速而定，当地下水流速在 1m/d 时，向每个加固层自上而下地灌注水玻璃，然后再自下而上地灌注氯化钙溶液，每层厚度为 0.6~1.0m；当地下水流速为 1~3m/d 时，轮流将水玻璃和氯化钙溶液均匀地注入每个加固层中；当地下水流速大于 3m/d 时，应同时将水玻璃和氯化钙溶液注入，以减慢地下水流速，然后再轮流将两种溶液注入每个加固层。采用双液硅化法灌注时，先由单数排的灌浆管压入，然后从双数排的灌浆管压入；采用单液硅化法时，溶液应逐排灌注。灌注水玻璃与氯化钙溶液的间隔时间不得超过表 1-7 规定。溶液灌注速度宜符合表 1-8 的规定。

表 1-7　　向注液管中灌注水玻璃与氯化钙溶液的间隔时间

地下水流速/(m/d)	0.0	0.5	1.0	1.5	3.0
最大间隔时间/h	24	6	4	2	1

注　当加固土的厚度大于 5m，且地下水流速小于 1m/d 时，为避免超过上述间隔时间，可将加固的整体沿竖向分成几段进行。

表 1-8　　　　　　　　　土的渗透系数和灌注速度

土的名称	土的渗透系数/(m/d)	溶液灌注速度/(L/min)
砂类土	<1	1~2
	1~5	2~5
	10~20	2~3
	20~80	3~5
湿陷性黄土	0.1~0.5	2~3
	0.5~2.0	3~5

(7) 灌浆溶液的总用量 Q（单位为 L）可按式 (1-2) 确定。

$$Q \approx 1000KVn \tag{1-2}$$

式中　V——硅化土的体积，m^3；

　　　n——土的孔隙率；

　　　K——经验系数，对淤泥、黏性土、细砂，$K=0.3\sim0.5$；中砂、粗砂，$K=0.5\sim0.7$；砾砂，$K=0.7\sim1.0$；湿陷性黄土，$K=0.5\sim0.8$。

采用双液硅化时，两种溶液用量应相等。

(8) 电动硅化是在灌注溶液的同时通入直流电，电压梯度采用 $0.50\sim0.75V/cm$。电源可由直流发电机或直流电焊机供给。灌注溶液与通电工作要连续进行，通电时间最长不超过 36h。为了提高加固的均匀性，可采用每隔一定时间后变换电极改变电流方向的办法。加固地区的地表水，应注意疏干。

(9) 加气硅化工艺与压力单液硅化法基本相同，只在灌浆前先通过灌浆管加气，然后灌浆，再加一次气，即告完成。

(10) 土硅化完毕，用桩架或三脚架用倒链或绞磨将管子和电极拔出，遗留孔洞用 1∶5 水泥砂浆或黏土填实。

第七节　预　压　地　基

预压法是在建筑物建造前，对建筑场地进行预压，使土体中的水排出，逐渐固结，地基发生沉降，同时强度逐步提高的方法。预压法适用于处理淤泥质土、淤泥和冲填土等饱和黏性土地基，可使地基的沉降在加载预压期间基本完成或大部分完成，使建筑物在使用期间不致产生过大的沉降和沉降差；同时，可增加地基土的抗剪强度，从而提高地基的承载力和稳定性。真空预压法适用于超软黏性土地基、边坡、码头岸坡等地基稳定性要求较高的工程地基加固，土越软，加固效果越明显。

预压法包括堆载预压法和真空预压法两大类。堆载预压法是以建筑场地上的堆载作为加载系统，在加载预压下使地基的固结沉降基本完成，提高地基土强度的方法。对于持续荷载下体积发生很大的压缩和强度会增长的土，而又有足够的时间进行压缩时，这种方法特别适用。真空预压法是在需要加固的软黏土地基上覆盖一层不透气的密封膜使之与大气隔绝，用真空泵抽气使膜内保持较高的真空度，在土的孔隙水中产生负的孔隙水压力，孔隙水逐渐被吸出，从而达到预压效果的方法。

堆载预压法的特点是在建筑物施工前，在地基表面分级堆土或其他荷重，使地基土压实、沉降固结，从而提高强度和减少建筑物建成后的沉降量。待达到预定标准后再卸载，建造建（构）筑物。

根据排水系统的不同，堆载预压法有砂井堆载预压法、袋装砂井堆载预压法、塑料排水带堆载预压法、无竖向排水体的普通堆载预压法。

堆载材料一般以散料为主，如采用施工场地附近的土、砂、石子、砖、石块等。

真空预压法的特点是不需要堆载，省去了加载和卸载工序，节省了大量堆载材料、能源和运输费用，缩短了加固施工工期；所用设备和施工工艺比较简单，无须大量的大型设备，便于大面积使用；无噪声、无振动、无污染，可做到文明施工。

一、砂井堆载预压地基

砂井堆载预压地基是在软弱地基中用钢管打孔，灌砂设置砂井作为竖向排水通道，并在砂井顶部设置砂垫层作为水平排水通道，在砂垫层上部压载以增加土中附加应力，使土体中孔隙水较快地通过砂井和砂垫层排出，从而加速土体固结，使地基得到加固。

一般软黏土的结构呈蜂窝状或絮状，在固体颗粒周围充满水，当受到应力作用时，土体中的孔隙水慢慢排出，孔隙因体积变小而发生体积压缩，常称之为固结。由于黏土的孔隙率很小，故这一过程是非常缓慢的。一般黏土的渗透系数很小，为 $10^{-9} \sim 10^{-7}$ cm/s，而砂的渗透系数为 $10^{-3} \sim 10^{-2}$ cm/s，两者相差很大。因此，当地基黏土层的厚度很大，仅采用堆载预压而不改变黏土层的排水边界条件时，黏土层的固结将十分缓慢，地基土的强度增长过慢而不能快速堆载，使预压时间变长。当在地基内设置砂井等竖向排水体系时，可缩短排水距离，有效地加速土的固结，图 1-21 所示为典型的砂井地基剖面。

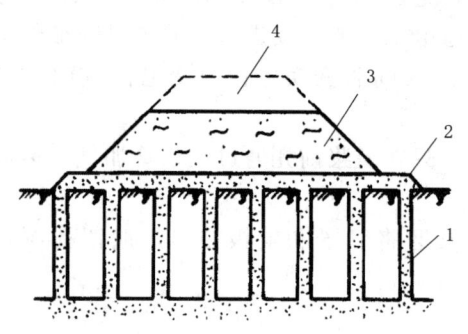

图 1-21 典型的砂井地基剖面
1—临时超载填土；2—永久性填土；
3—砂垫层；4—砂井

砂井堆载预压可加速饱和软黏土的排水固结，使沉降及早完成和稳定（下沉速度可加快 2.0～2.5 倍），同时可大大提高地基的抗剪强度和承载力，防止基土滑动破坏；而且，施工机具、方法简单，就地取材，不用"三材"，可缩短施工期限，降低造价。砂井堆载预压适用于透水性低的饱和软弱黏性土加固；用于机场跑道、油罐、冷藏库、水池、水工结构、道路、路堤、堤坝、码头、岸坡等工程地基处理。

（1）砂井的直径和间距。砂井的直径和间距由黏性土层的固结特性和施工期限确定。一般情况下，当砂井的直径和间距取细而密时，其固结效果较好，常用直径为 300～400mm。井径不宜过大或过小，过大不经济，过小施工易造成灌砂率不足、缩颈或砂井不连续等质量问题。砂井的间距一般按经验由井径比 $n = d_e/d_w = 6 \sim 10$ 确定（d_e 为每个砂井的有效影响范围的直径；d_w 为砂井直径），常用井距为砂井直径的 6～9 倍，一般不应小于 1.5m。

（2）砂井长度。砂井长度的选择与土层分布、地基中附加应力的大小、施工期限和条件等因素有关。当软土层不厚、底部有透水层时，砂井应尽可能穿透软土层；当软土层较厚，但中间有砂层或砂透镜体时，砂井应尽可能打至砂层或透镜体。当黏土层很厚，其中又无透水层时，可按地基的稳定性及建筑物变形要求处理的深度来决定。按稳定性控制的工程，如路堤、土坝、岸坡、堆料场等，砂井深度应通过稳定分析确定，砂井长度应超过最危险滑弧面的深度2m。从沉降角度考虑，砂井长度应穿过主要的压缩层。砂井长度一般为10～20m。

(3) 砂井的布置和范围。砂井常按等边三角形和正方形布置，如图1-22所示。当砂井为等边三角形布置时，砂井的有效排水范围为正六边形，而正方形排列时则为正方形，如图1-22中虚线所示。假设每个砂井的有效影响面积为圆面积，如砂井距为l，则等效圆（有效影响范围）的直径d_e与l的关系如下。

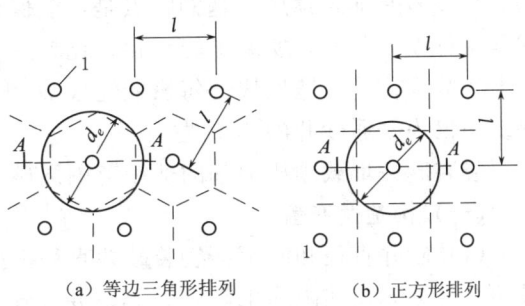

图1-22 砂井平面布置

等边三角形排列时：

$$d_e = \sqrt{\frac{2\sqrt{3}}{\pi}} l = 1.05 l \tag{1-3}$$

正方形排列时：

$$d_e = \sqrt{\frac{4}{\pi}} l = 1.13 l \tag{1-4}$$

由井径比就可算出井距l。因为等边三角形排列较正方形排列紧凑和有效，故较常采用，但理论上两种排列效果相同（当d_e相同时）。砂井的布置范围宜比建筑物基础范围稍大，因为基础以外一定范围内地基中仍然产生由于建筑物荷载而引起的压应力和剪应力。如能加速基础外地基土的固结，对提高地基的稳定性和减小侧向变形以及由此引起的沉降均有好处。扩大的范围可由基础的轮廓线向外增大2～4m。

(4) 采用锤击法沉桩管，管内砂子也可用吊锤击实，或用空气压缩机向管内通气（气压为0.4～0.5MPa）压实。

(5) 打砂井应从外围或两侧向中间进行，如砂井间距较大，可逐排进行。打砂井后基坑表层会产生松动隆起，应进行压实。

(6) 对灌砂井中砂的含水量应加以控制，对饱和水的土层，砂可采用饱和状态；对非饱和土和杂填土，或能形成直立孔的土层，含水量可采用7%～9%。

二、袋装砂井堆载预压地基

袋装砂井堆载预压地基，是在普通砂井堆载预压基础上改良和发展的一种新方法。普通砂井的施工，存在着以下普遍性问题。

(1) 砂井成孔方法易使井周围土扰动，使透水性减弱（即涂抹作用），或使砂井中混入较多泥砂，或难使孔壁直立。

(2) 砂井不连续或缩井、断颈、错位现象很难完全避免。

(3) 所用成井设备相对笨重，不便于在很软弱地基上进行大面积施工。

(4) 砂井采用大截面完全是考虑施工的需要，而从排水要求出发则不需要，因为会造成材料的大量浪费。

(5) 造价相对比较高。采用袋装砂井可基本解决大直径砂井堆载预压存在的问题，使砂井的设计和施工更趋合理和科学化，是一种比较理想的竖向排水体系。

袋装砂井堆载预压地基的特点是：能保证砂井的连续性，不易混入泥沙，或使透水性减弱；打设砂井设备实现了轻型化，比较适合在软弱地基上施工；采用小截面砂井，用砂量大为减少；施工速度快，每班能完成70根以上；工程造价降低，每$1m^2$地基的袋装砂井费用仅为普通砂井的50%左右。

袋装砂井堆载预压地基的适用范围同砂井堆载预压地基。

(一) 构造及布置

(1) 砂井直径和间距。袋装砂井直径根据所承担的排水量和施工工艺要求决定，一般采用7~12cm，间距为1.5~2.0m，井径比为15~25。袋装砂井长度应较砂井孔长度长50cm，使其放入井孔内后可露出地面，以便埋入排水砂垫层中。

(2) 砂井布置。可按等边三角形或正方形布置，由于袋装砂井直径小、间距小，因此要加固同样土所需打设袋装砂井的根数较普通砂井要多，如直径为70mm的袋装砂井按1.2m正方形布置，则每$1.44m^2$需打设一根；如直径为400mm的普通砂井按1.6m正方形布置，则每$2.56m^2$需打设一根，前者打设的根数为后者的1.8倍。

(二) 材料要求

(1) 装砂袋应具有良好的透水性、透气性，一定的耐腐蚀、抗老化性能，装砂不易漏失，并有足够的抗拉强度，能承受袋内装砂自重和弯曲所产生的拉力，一般多采用聚丙烯编织袋或玻璃丝纤维布、黄麻片、再生白布等，其技术性能见表1-9。

表1-9　　　　　　　　　　砂袋材料的技术性能

砂袋材料	渗透性 /(cm/s)	抗 拉 试 验			弯曲180°试验		
		标距 /cm	伸长率 /%	抗拉强度 /kPa	弯心直径 /cm	伸长率 /%	破坏情况
聚丙烯编织袋	>1×10^{-2}	20	25.0	1700	7.5	23	完整
玻璃丝纤维布	—	20	3.1	940	7.5	—	未到180°折断
黄麻片	>1×10^{-2}	20	5.5	1920	7.5	4	完整
再生白布	—	20	15.5	450	7.5	10	完整

(2) 砂用中、细砂，含泥量不大于3%。

(三) 施工工艺要点

袋装砂井施工工艺是先用振动、锤击或静压方式把井管沉入地下，然后向井管中放入预先装好砂料的圆柱形砂袋，最后拔起井管将砂袋填充在孔中形成砂井。也可先将管沉入土中放入袋子（下部装少量砂或吊重），然后依靠振动锤的振动灌满砂，最后拔出套管。

打设机械可采用EHZ-8型袋装砂井打设机，其一次能打设两根砂井；也可采用各种导管式的振动打设机械，如履带臂架式、步履臂架式、轨道门架式、吊机导架式等打设机械。所有钢管的内径宜略大于砂井直径，以减小施工过程中对地基的扰动。

袋装砂井的施工程序是：定位、整理桩尖（活瓣桩尖或预制混凝土桩尖）→沉入导管、将砂袋放入导管→往管内灌水（减小砂袋与管壁的摩擦力）、拔管。

袋装砂井在施工过程中应注意以下几点。

(1) 定位要准确，砂井要有较好的垂直度，以确保排水距离与理论计算一致。

(2) 袋中装砂宜用风干砂，不宜采用湿砂，避免干燥后体积减小，造成袋装砂井缩短与排水垫层不搭接等质量事故。

(3) 施工时应避免聚丙烯编织袋被太阳曝晒老化。砂袋入口处的导管口应装设滚轮，下放砂袋要仔细，防止砂袋破损漏砂。

(4) 施工中要经常检查桩尖与导管口的密封情况，避免管内进泥过多，造成井阻，影响加固深度。

(5) 确定袋装砂井施工长度时，应考虑袋内砂体积减小、袋装砂井在井内的弯曲、超深以及伸入水平排水垫层内的长度等因素，防止砂井全部沉入孔内，造成顶部与排水垫层不连接，影响排水效果。

三、塑料排水带堆载预压地基

塑料排水带堆载预压地基，是先将带状塑料排水带用插板机插入软弱土层中，组成垂直和水平排水体系，然后在地基表面堆载预压（或真空预压），土中孔隙水沿塑料带的沟槽上升溢出地面，从而加速了软弱地基的沉降过程，使地基得到压密加固，如图1-23所示。

塑料排水带堆载预压地基的特点如下。

(1) 板单孔过水面积大，排水畅通。

(2) 质量轻、强度高、耐久性好，其排水沟槽截面不易因受土压力作用而压缩变形。

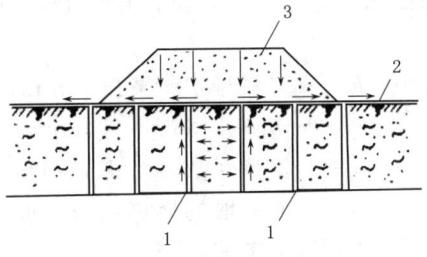

图1-23 塑料排水带堆载预压法
1—塑料排水带；2—堆载；3—土工织物

(3) 用机械埋设，效率高，运输省，管理简单，特别适合在大面积超软弱地基土上进行机械化施工，可缩短地基加固周期。

(4) 加固效果与袋装砂井相同，承载力可提高70%～100%，经100d，固结度可达到80%；加固费用比袋装砂井节省10%左右。

塑料排水带堆载预压地基的适用范围与砂井堆载预压、袋装砂井堆载预压相同。

(一) 塑料排水带的性能和规格

塑料排水带由芯带和滤膜组成。芯带是由聚丙烯和聚乙烯塑料加工而成、两面有间隔沟槽的带体，土层中的固结渗流水通过滤膜渗入沟槽内，并通过沟槽从排水垫层中排出。根据塑料排水带的结构，要求滤网膜渗透性好，与黏土接触后，其渗透系数不低于中粗砂，排水沟槽输水畅通，不因受土压力作用而减小。塑料排水带所用材料不同，结构形式也各异，主要有图1-24所示的几种。

(1) 带芯材料。沟槽型排水带，如图1-24 (a)、图1-24 (b) 和图1-24 (c) 所示，多采用聚丙烯或聚乙烯塑料带芯，聚氯乙烯制作的质地较软，延伸率大，在土压作用下易变形，使过水截面减小。多孔型带芯如图1-24 (d)、图1-24 (e)、图1-24 (f) 所示，一般用耐腐蚀的涤纶丝无纺布。

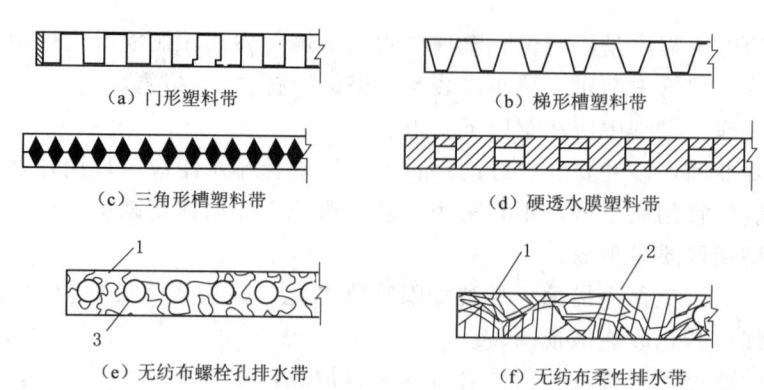

图 1-24 塑料排水带的结构形式
1—滤膜；2—无纺布；3—螺栓排水孔

(2) 滤膜材料。滤膜材料一般用耐腐蚀的涤纶衬布，涤纶布不低于 60 号，含胶量不小于 35%，既保证涤纶布泡水后的强度满足要求，又有较好的透水性。

塑料排水带的排水性能主要取决于截面周长，而很少受其截面积的影响。

塑料排水设计时，把塑料排水带换算成相当直径的砂井，根据两种排水体与周围土接触面积相等的原理，换算直径 D，可按式（1-5）计算。

$$D = 2\alpha(b+\delta)/\pi \tag{1-5}$$

式中 b——塑料排水带宽度，mm；

δ——塑料排水带厚度，mm；

α——换算系数，考虑到塑料排水带截面并非圆形，其渗透系数和砂井也有所不同而采取的换算系数，取 $\alpha=0.75\sim1.0$。

(二) 施工工艺

施工主要设备为插带机，基本上可与袋装砂井打设机械共用，只需将圆形导管改为矩形导管。IJB-16 型步履式插带机的构造如图 1-25 所示，每次可同时插设塑料排水带

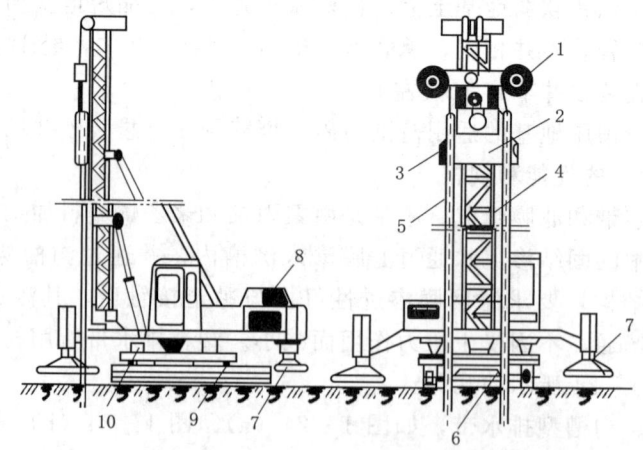

图 1-25 IJB-16 型步履式插带机的构造
1—塑料带及其卷盘；2—振动锤；3—卡盘；4—导架；5—套杆；6—履靴；
7—液压支腿；8—动力设备；9—转盘；10—回转轮

两根。

施工时也可用国内常用的打设机械,其振动打设工艺和锤击振动力大小可根据每次打设根数、导管截面大小、入土长度及地基的均匀程度而定。

打设塑料排水带的导管有圆形和矩形两种,其管靴也各异,一般采用桩尖与导管分离设置。桩尖的主要作用是防止打设塑料带时淤泥进入管内,并对塑料带起锚固作用,避免拔出。桩尖的常用形式有圆形、倒梯形和倒梯楔形三种,如图 1-26 所示。

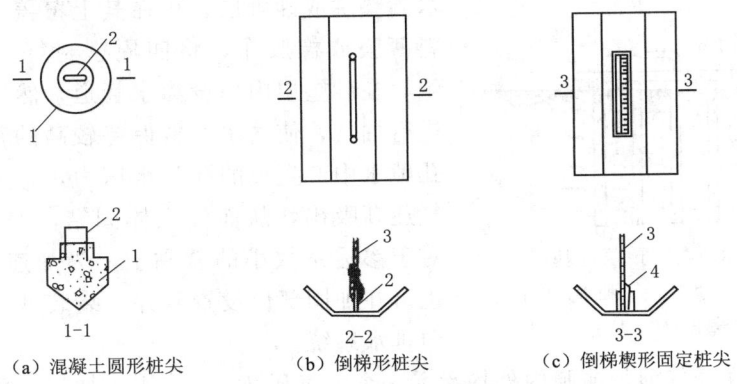

(a) 混凝土圆形桩尖　　(b) 倒梯形桩尖　　(c) 倒梯楔形固定桩尖

图 1-26　桩尖的常用形式

1—混凝土桩尖;2—塑料带固定架;3—塑料带;4—塑料楔

塑料排水带打设程序是:定位→将塑料排水带通过导管从管下端穿出→将塑料带与桩尖连接贴紧管下端并对准桩位→打设桩管插入塑料排水带→拔管、剪断塑料排水带。工艺流程为准备(a)→插设(b)→拔出导管(c)→切断塑料移动插板机(d),如图 1-27 所示。

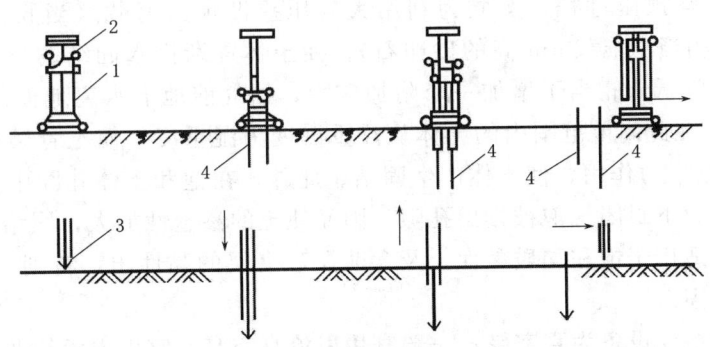

图 1-27　塑料排水带堆载预压法插板施工工艺流程

1—导管;2—塑料板卷筒;3—桩尖;4—塑料板

塑料带在施工过程中应注意以下几点。

(1) 塑料带滤水膜在转盘和打设过程中应避免损坏,防止淤泥进入带芯堵塞输水孔,影响塑料带的排水效果。

(2) 塑料带与桩尖锚旋要牢固,防止拔管时脱离,将塑料带拔出。打设时严格控制间距和深度,如塑料带拔起超过 2m,则应进行补打。

(3) 桩尖平端与导管下端要连接紧密，防止错缝，以免在打设过程中淤泥进入导管，增加对塑料带的阻力，或将塑料带拔出。

(4) 塑料带需接长时，为减小带与导管的阻力，应采用在滤水膜内平搭接的连接方法，搭接长度应在20mm以上，以保证输水畅通和有足够的搭接强度。

四、真空预压地基

真空预压法是以大气压力作为预压载荷，它是先在需加固的软土地基表面铺设一层透水砂垫层或砂砾层，再在其上覆盖一层不透气的塑料薄膜或橡胶布，将四周密封好，使其与大气隔绝，在砂垫层内埋设渗水管道，然后与真空泵连通进行抽气，使透水材料保持较高的真空度，在土的孔隙水中产生负的孔隙水压力，将土中孔隙水和空气逐渐吸出，从而使土体固结，如图 1-28 所示。对于渗透系数小的软黏土，为加速孔隙水的排出，也可在加固部位设置砂井、袋装砂井或塑料板等竖向排水系统。

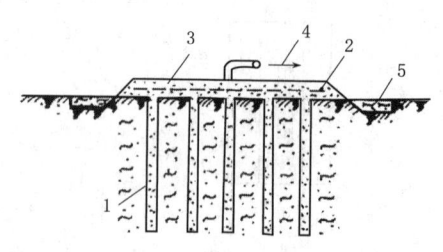

图 1-28 真空预压地基
1—砂井；2—薄膜；3—抽水、气；
4—砂垫层；5—黏土

真空预压在抽气前，薄膜内外均承受一个大气压 P_a 的作用，抽气后薄膜内气压逐渐下降，薄膜内外形成一个压力差（称为真空度），首先使砂垫层的气压降低，其次是砂井中的气压降至 P_v，使薄膜紧贴砂垫层，由于土体与砂垫层和砂井间存在压差，从而发生渗流，使孔隙水沿着砂井或塑料排水带上升而流入砂垫层内，被排出塑料薄膜外；地下水在上升的同时，形成塑料带附近的真空负压，使土内的孔隙水压形成压差，促使土中的孔隙水压力不断下降，有效应力不断增加，从而使土体固结，土体和砂井间的压差，开始时为 P_a-P_v，随着抽气时间的增长，压差逐渐变小，最终趋向于零，此时渗流停止，土体固结完成。故真空预压过程，实质为利用大气压差做预压荷载（当膜内外真空度达到 600mmHg 时，相当于堆载 5m 高的砂卵石），使土体逐渐排水固结的过程。同时，真空预压使地下水位降低，相当于增加一个附加应力，抽气前地下水离地面高 h_1，抽气后地下水位降至 h_2，在此高差范围内的土体从浮重度变为湿重度，使土骨架相应增加了水高 (h_1-h_2) 的固结压力作用，使土体产生固结。此外，在饱和土体孔隙中含有少量的封闭气泡，在真空压力下封闭气泡被排出孔隙，因而使土的渗透性加大，固结过程加速。

真空预压法适用于饱和均质黏性土及含薄层砂夹层的黏性土，特别适用于新淤填土、超软土地基的加固。

真空预压的主要设备为真空泵，一般宜用射流真空泵，它由射流箱及离心泵组成。射流箱的规格为 $\phi48$，效率应大于 96kPa，离心泵的型号为 3BA-9、$\phi50$，每个加固区宜设两台泵（每台射流真空泵的控制面积为 1000m²）。配套设备有集水罐、真空滤水管、真空管、止回阀、阀门、真空表、聚氯乙烯塑料薄膜等。滤水管采用钢管或塑料管材，应承受足够的压力而不变形。滤水孔一般采用 $\phi8\sim10$，间距为 5cm，梅花形布置。滤水孔的制作方法是：滤水管上缠绕 3mm 铁丝，间距为 5cm，外包尼龙窗纱布一层，最外面再包一层渗透性好的编织布、土工纤维或棕皮。真空预压法为保证在较短的时间内达到加固效果，一般与竖向排水井联合使用，其工艺流程如图 1-29 所示。

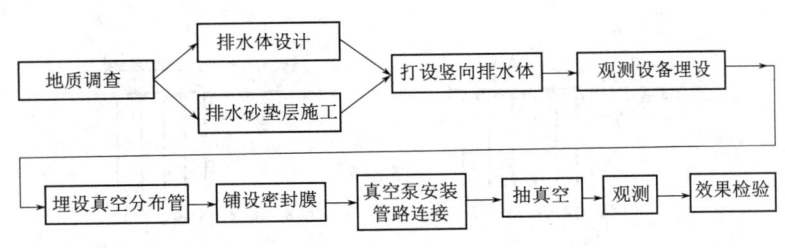

图 1-29 真空预压的工艺流程

施工工艺方法要点如下。

(1) 真空预压法中竖向排水系统的设置同砂井（或袋装砂井、塑料排水带）堆载预压法，即应先整平场地，设置排水通道，在软基表面铺设砂垫层或在土层中再加设砂井（或埋设袋装砂井、塑料排水带），再设置抽真空装置及膜内外管道，如图 1-30 所示。

(2) 砂垫层中水平分布滤管的埋设，一般宜采用条形或鱼刺形（图 1-31），铺设距离要适当，使真空度分布均匀，管上部应覆盖 100~200mm 厚的砂层。

(3) 砂垫层上密封薄膜，一般采用 2~3 层聚氯乙烯薄膜，应按先后顺序同时铺设，并在加固区四周，在离基坑线外缘 2m 处开挖深度为 0.8~0.9m 的沟槽，将薄膜的周边放入沟槽内，用黏土或粉质黏

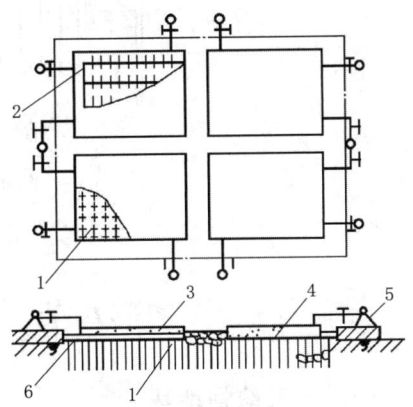

图 1-30 真空预压法中竖向
排水系统的设置
1—袋装砂井；2—膜下管道；3—封闭膜；
4—砂垫层；5—真空装置；6—回填沟槽

土回填压实，要求气密性好，密封不漏气，或采用板桩覆水封闭（图 1-32），而以膜上全面覆水较好，既密封好又减缓薄膜的老化。

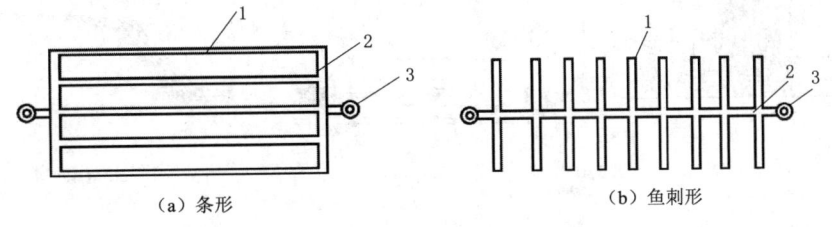

图 1-31 真空分布管排列
1—滤水管回路；2—水平接管；3—真空管路闸阀

(4) 当面积较大，宜分区预压，区与区的间隔距离以 2~6m 为佳。

(5) 做好真空度、地面沉降量、深层沉降、水平位移、孔隙水压力和地下水位的现场测试工作，掌握变化情况，作为检验和评价预压效果的依据，并随时分析。如发现异常，应及时采取措施，以免影响最终加固效果。

(6) 真空预压结束后，应清除砂槽和腐殖土层，避免在地基内形成水平渗水暗道。

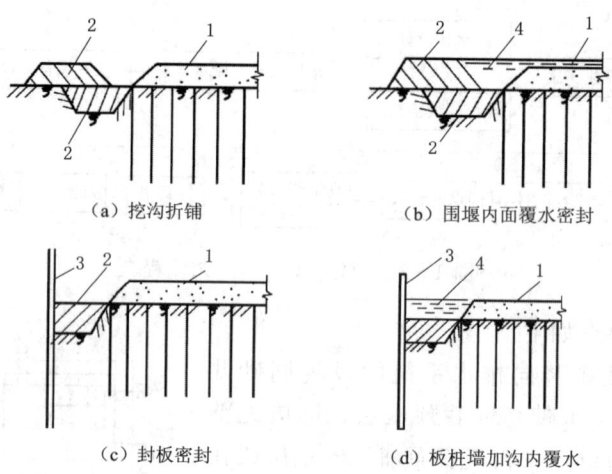

图 1-32 薄膜周边密封方法
1—密封膜；2—填土压实；3—板桩；4—覆水

第八节 土工合成材料地基

一、土工织物地基

土工织物地基又称土工聚合物地基、土工合成材料地基，是在软弱地基中或边坡上埋设土工织物作为加筋，形成弹性复合土体，起到排水、反滤、隔离、加固和补强等方面的作用，以提高土体承载力，减少沉降和增加地基的稳定。图 1-33 所示为土工织物加固地基、边坡的应用。

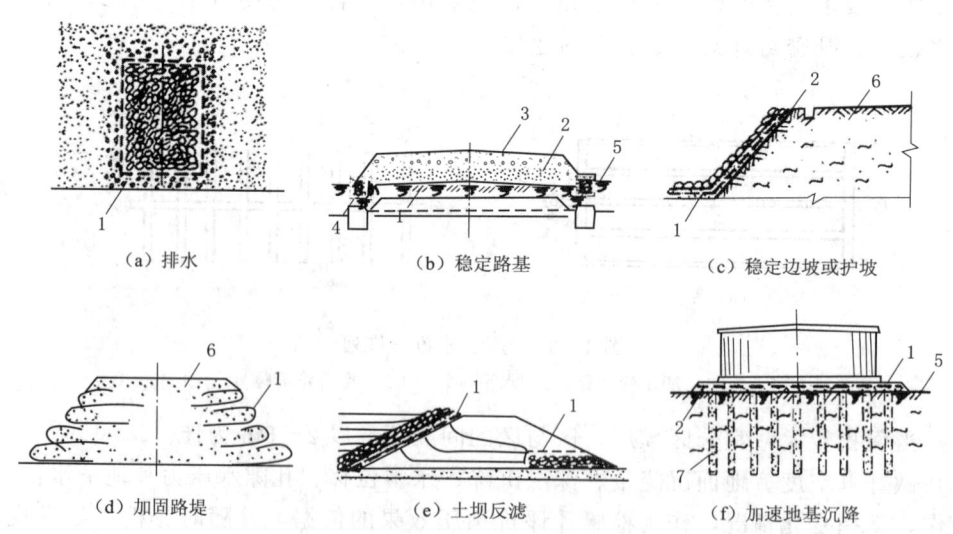

图 1-33 土工织物加固地基、边坡的应用
1—土工织物；2—渗水盲沟；3—道渣；4—砂垫；5—软土层；6—填土或填料夯实；7—砂井

土工织物是由聚酯纤维（涤纶）、聚丙纤维（腈纶）和聚丙烯纤维（丙纶）等高分子化合物（聚合物）经无纺工艺制成，它是将聚合物原料投入经过熔融挤压喷出纺丝，直接平铺成网，然后用黏合剂黏合（化学方法或湿法）、热压黏合（物理方法或干法）或针刺结合（机械方法）等方法将网联结成布。土工织物产品因制造方法和用途不一，其宽度和重量的规格变化甚大，用于岩土工程的宽度为 2～18m，重量大于或等于 $0.1kg/m^2$，开孔尺寸（等效孔径）为 0.05～0.5mm，导水性不论垂直向或水平向，其渗透系数 $k \geqslant 10^{-2}cm/s$（相当于中、细砂的渗透系数）；抗拉强度为 10～30kN/m（高强度的达 30～100kN/m）。

土工织物质地柔软，重量轻，整体连续性好；施工方便，抗拉强度高，没有显著的方向性，各向强度基本一致；弹性、耐磨、耐腐蚀性、耐久性和抗微生物侵蚀性好，不易霉烂和虫蛀；而且，土工织物具有毛细作用，内部具有大小不等的网眼，有较好的渗透性（水平向的渗透系数为 1×10^{-3}～$1 \times 10^{-1}cm/s$）和良好的疏导作用，水可竖向、横向排出。材料为工厂制品，材质易保证，施工简便，造价较低，与砂垫层相比可节省大量砂石材料，节省费用 1/3 左右。土工织物用于加固软弱地基或边坡，作为加筋形成复合地基，可提高土体强度，使承载力增大 3～4 倍，显著减少沉降，提高地基稳定性。但土工聚合物的抗紫外线（老化）能力较弱，如埋在土中，不受阳光紫外线照射，则不受影响，可使用 40 年以上。

土工织物适用于加固软弱地基，以加速土的固结，提高土体强度；用于公路、铁路路基做加强层，防止路基翻浆、下沉；用于堤岸边坡，可使结构坡角加大，又能充分压实；做挡土墙后的加固，可代替砂井；此外，还可用于河道和海港岸坡的防冲，水库、渠道的防渗以及土石坝、灰坝、尾矿坝与闸基的反滤层和排水层，可取代砂石级配良好的反滤层，达到节约投资、缩短工期、保证安全使用的目的。

施工工艺如下。

（1）铺设土工织物前，应将基土表面压实、修整平顺均匀，清除杂物、草根，表面凹凸不平的可铺一层砂找平。当作路基铺设时，表面应有 4%～5% 的坡度，以利排水。

（2）铺设应从一端向另一端进行，端部应先铺填，中间后铺填，端部必须精心铺设锚固，铺设松紧应适度，防止绷拉过紧或褶皱，同时需保持连续性、完整性，避免过量拉伸超过其强度和变形的极限而发生破坏、撕裂或局部顶破等。在斜坡上施工，应注意均匀和平整，并保持一定的松紧度；避免石块使其变形超出聚合材料的弹性极限；在护岸工程坡面上铺设时，上坡段土工织物应搭在下坡段土工织物上。

（3）土工织物的连接一般可采用搭接、胶结、缝合或U形钉钉合等方法，如图 1-34 所示。采用搭接时，应有足够的宽（长）度，一般为 0.3～0.9m，在坚固和水平的路基上，一般为 0.3m，在软和不平的地面上，则需 0.9m；在搭接处尽量避免受力，以防移动；胶结法是用胶黏剂将两块土工织物胶结在一起，最少搭接长度为 100mm，胶结后应停 2h 以上，其

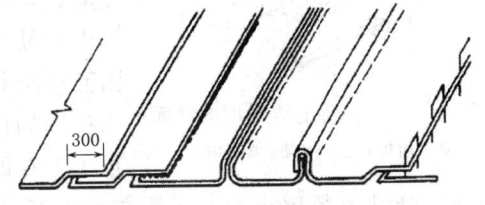

图 1-34 土工织物的连接方法（单位：mm）

接缝处的强度与土工织物的原强度相同；缝合采用缝合机面对面或折叠缝合，用尼龙或涤纶线，针距为7~8mm，缝合处的强度一般可达缝合强度的80%；用U形钉连接是每隔1.0m用一U形钉插入连接，其强度低于缝合法和胶结法。由于搭接和缝合法施工简便，故应用较多。

（4）为防止土工织物在施工中产生顶破、穿刺、擦伤和撕破等，一般在土工织物下面宜设置砾石或碎石垫层，在其上面设置砂卵石保护层，其中碎石能承受压应力，土工织物承受拉应力，充分发挥织物的约束作用和抗拉效应，铺设方法同砂、砾石垫层。

（5）铺设一次不宜过长，以免下雨渗水难以处理，土工织物铺好后应随即铺设上面的砂石材料或土料，避免长时间曝晒和暴露，使材料劣化。

（6）土工织物用作反滤层时应做到连续，不得出现扭曲、折皱和重叠。土工织物上抛石时，应先铺一层30mm厚的卵石层，并限制高度在1.5m以内，对于重而带棱角的石料，抛掷高度应不大于50cm。

（7）土工织物上铺垫层时，第一层的铺垫厚度应在50cm以下，用推土机铺垫时，应防止刮土板损坏土工织物，在局部不应加过大的集中应力。

（8）铺设时，应注意端头位置和锚固，在护坡坡顶可使土工织物末端绕在管子上，埋设于坡顶沟槽中，以防土工织物下落；在堤坝，应使土工织物终止在护坡块石之内，避免冲刷时加速坡脚冲刷成坑。

（9）对于有水位变化的斜坡，施工时对直接堆置于土工织物上的大块石之间的空隙应进行填塞或设垫层，以避免水位下降时，上坡中的饱和水因来不及渗出形成显著的水位差，使土挤向没有压载空隙，引起土工织物鼓胀而造成损坏。

（10）现场施工中发现土工织物受到损坏时，应立即修补好。

二、加劲土地基

加劲土地基是由填土和填土中布置一定量的带状筋体（或称拉筋）以及直立的墙面板三部分组成的一个整体的复合结构，如图1-35所示。这种结构内部存在着墙面土压力、拉筋的拉力以及填土与拉筋间的摩擦力等相互作用的内力，并维持平衡，从而保证这个复合结构的内部稳定。同时这一复合体又能抵抗拉筋尾部后面填土所产生的侧压力，使整个复合结构保持稳定。

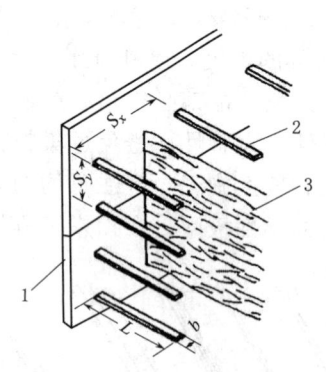

图1-35 加劲土结构物的剖面
1—面板；2—拉筋；3—填料

松散土在自重作用下堆放就成为具有天然安息角的斜坡面，但若在填土中分层布置埋设一定数量的水平带状拉筋做加筋处理，则拉筋与土层之间由于土的自重而压紧，因而使土和拉筋之间的摩擦充分起作用，在拉筋方向获得和拉筋的抗拉强度相适应的黏聚力，使其成为整体，可阻止土颗粒的移动，其横向变形等于拉筋的伸长变形，一般拉筋的弹性系数比土的变形系数大得多，故侧向变形可忽略不计，因而能使土体保持直立和稳定。

加劲土地基土与拉筋共同作用，可充分利用材料性能，使挡墙结构轻型化，其体积仅相当于重力式挡墙结构的3%~5%，对地基土的要求较低；加劲土的墙面和拉筋由工厂预制，可实现工厂化生产，加速工程进度，降低施工成本；适应性强，加劲为柔性材料，可以承受地基较大的变形，它所容许的沉降比传统的挡墙要大，因而更适合在软弱地基上进行构筑；加劲土用于重力式构筑物，墙面垂直，节省用地面积，有效减少土方量；挡墙面板薄，基础尺寸小，可节省工程投资 20%～60%；理论上可不受高度限制；用作挡土结构时，面板的形式可按需要进行美化设计，有利于美化环境；加劲土复合结构的整体性能好，结构稳定性强，有良好的抗震性能；结构简单，施工方便，除压实机械外，不需配备其他机械，施工迅速，质量易于控制。

加劲土适用于山区或城市道路的挡土墙、护坡、路堤、桥台、河坝以及水工结构和工业结构等工程，图 1-36 所示为加劲土的部分应用，此外还可用于处理滑坡。

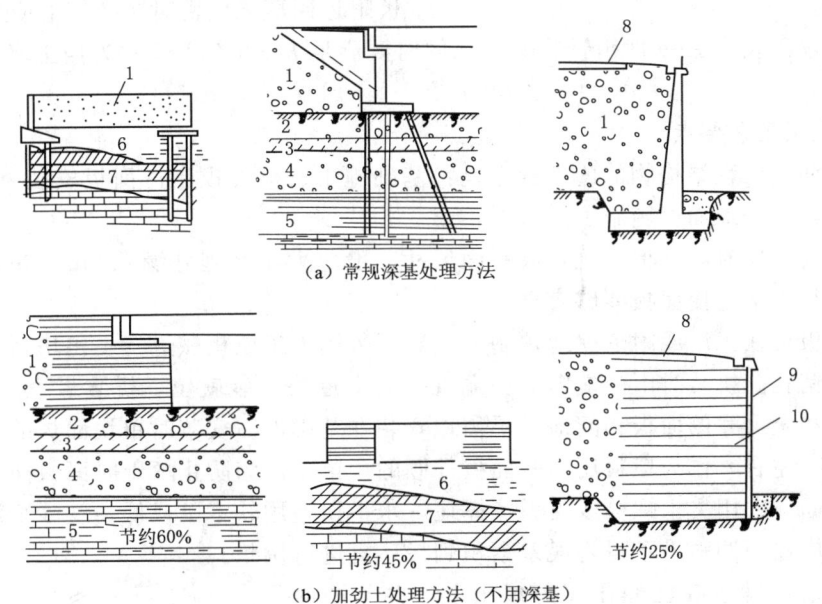

图 1-36 加劲土的应用

1—填土；2—矿渣；3—粉土；4—砾石；5—泥灰岩；6—近代冲积层；
7—白垩土；8—公路；9—面板；10—拉筋

（一）加劲土的材料和构造要求

加劲土的拉筋材料要求抗拉强度高、延伸率小、耐腐蚀和有一定的柔韧性，多采用镀锌带钢（截面尺寸为 5mm×40mm 或 5mm×60mm）、铝合金钢带和不锈带钢、钢条、尼龙绳、玻璃纤维和土工织物等。有的地区，就地取材，用竹筋、包装用塑料带、多孔废钢片、钢筋混凝土替代，效果也较好，可满足要求。

回填土料宜优先采用一定级配的砂砾土或砂类土，有利于压密和与拉筋间产生良好的摩阻力，也可采用碎石土、黄土、中低液限黏性土等，但不得使用腐殖土、冻土、白垩土及硅藻土等，以及对拉筋有腐蚀性的土。

面板一般采用钢筋混凝土预制构件，其厚度不应小于 80mm；简易的面板也可采用半圆形油桶或椭圆形钢管。面板的设计应满足坚固、美观、运输方便和安装容易等要求，同时要求能承受拉筋一定距离的内部土引起的局部应力集中。面板的形式有十字形、槽形、六角形、L形、矩形、Z形等，一般多用十字形，其高度和宽度为50～150mm；厚度为80～250mm。面板上的拉筋结点，可采用预锚拉环、钢板锚头或留穿筋孔等形式。钢板锚头采用厚度不小于3mm的钢板，露于混凝土外部分应做防锈处理；土工聚合物与钢拉环的接触面应做隔离处理。十字形面板与拉筋连接多在两侧预留小孔，内插销子，将面板竖向连锁起来，如图1-37所示。面板与拉筋的连接处必须能承受施工设备和面板附近回填土压密时所产生的应力。

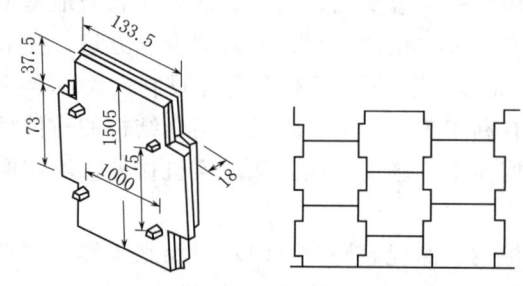

图1-37 预制混凝土面板的拼装（单位：mm）

拉筋的锚固长度 L 一般由计算确定，同时要满足 $L \geqslant 0.7H$（H 为挡土墙高度）的构造要求。

（二）施工工艺要点

(1) 加筋土工程结构物的施工程序是：基础施工、构件预制→面板安装→填料摊铺、压密和拉筋铺设→地面设施施工。

(2) 基础开挖时，基槽（坑）底平面尺寸一般应大于基础外缘0.3m，基底应整平夯实。基底必须平整，使面板能够直立。

(3) 面板可在工厂或附近就地预制。安装可采用人工或机械进行。每块板布置有安装的插销和插销孔。拼装时由一端向另一端自下而上逐块吊装就位，拼装最下一层面板时，应把半尺寸和全尺寸的面板相间地、平衡地安装在基础上。安装时单块面板的倾斜度一般宜内倾1/150左右，作为填料压实时面板外倾的预留度。为防止填土时面板向内外倾斜而不成一垂直面，宜用夹木螺栓或支斜撑撑住，水平误差用软木条或低强度砂浆调整，水平及倾斜误差应逐块调整，不得将误差累积到最后再进行调整。

(4) 拉筋应铺设在已经压实的填土上，并与墙面垂直，拉筋与填土间的空隙应用砂垫平，以防拉筋断裂。采用钢条做拉筋时，要用螺栓将它与面板连接。钢带或钢筋混凝土带与面板拉环的连接以及钢带、钢筋混凝土带间的连接，可采用电焊、扣环或螺栓。聚丙烯土工聚合物带与面板连接时，可将带一端从面板预埋拉环或预留孔中穿过，折回与另一端对齐。聚合物可采用左右环孔合拼穿过、上下穿过或单孔穿过，并绑扎防止抽动（图1-38），但避免土工聚合物带在环（孔）上绑成死结。

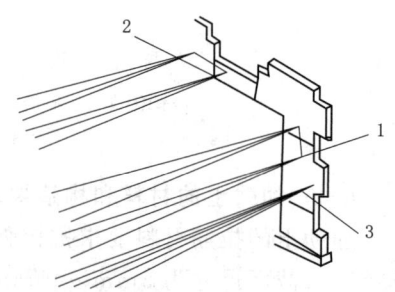

图1-38 聚丙烯土工聚合物带拉筋穿孔法
1—左右穿筋；2—单孔穿筋；3—上下穿筋

(5) 填土的铺设与压实，可与拉筋的安装同时进行，在同一水平层内，前面铺设和绑拉筋，后面即可填土和进行压密。当拉筋的垂直间距较大时，填土可分层进行。每层填土厚度应根据上下两层拉筋的间距和碾压机具的性能确定。一般一次铺设厚度不应小于200mm。压实时一般应先轻后重，但不得使用羊足碾。压实作业应先从拉筋中部开始，并沿平行于墙面板的方向逐步驶向尾部，而后再向面板方向进行碾压,严禁平行拉筋方向碾压,直到压到最佳密实度。土料在运输、铺设、碾压时,离板面不应小于 2.0m。在靠近面板区域时应使用轻型压密机械,如平板式振动器或手扶式振动压路机压实。

(6) 加劲土挡墙内填土的压实度,距面板 1.0m 以外,路槽底面以下 0～80cm 深度,对高速、一级公路应不小于 95%,对二级、三级、四级公路应不小于 93%;路槽底面 80cm 以下深度,对各级公路均应大于 90%;距面板 1.0m 以内,全部墙高,对各级公路均应不小于 90%。

第二章

浅 基 础 施 工

任何建筑物都建造在地层上，建筑物的全部荷载均由它下面的地层来承担。受建筑物荷载影响的那一部分地层称为地基；建筑物在地面以下并将上部荷载传递至地基的结构称为基础；在基础上面建造的是上部结构，如图 2-1 所示。基础底面至地面的距离，称为基础的埋置深度。直接支承基础的地层称为持力层，在持力层下方的地层称为下卧层。地基基础是保证建筑物安全和满足使用要求的关键之一。

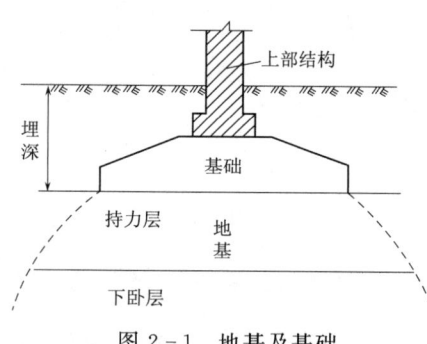

图 2-1 地基及基础

基础的作用是将建筑物的全部荷载传递给地基。和上部结构一样，基础应具有足够的强度、刚度和耐久性。对于那些开挖基坑后可以直接修筑基础的地基，称为天然地基。那些不能满足要求而需要事先进行人工处理的地基，称为人工地基。地基基础是建筑物的根基，又属于地下隐蔽工程，故它的勘察、设计和施工质量直接关系着建筑物的安危。在建筑工程事故中，地基基础方面的事故最多。而且地基基础事故一旦发生，补救异常困难。从造价或施工工期上看，基础工程在建筑物中所占比例很大，有的工程可达 30% 以上。因此，地基基础在建筑工程中的重要性是显而易见的。

浅基础一般指基础埋深小于基础宽度或深度不超过 5m 的基础。浅基础根据结构形式可分为扩展基础、柱下条形基础、柱下交叉条形基础、筏形基础、箱形基础等。

第一节 浅 基 础 构 造

一、无筋扩展基础

无筋扩展基础是基础的一种做法，它是由砖、毛石、混凝土或毛石混凝土、灰土和三合土等材料组成的，且不需配置钢筋的墙下条形基础或柱下独立基础，如图 2-2 所示。无筋扩展基础适用于多层民用建筑和轻型厂房。

无筋扩展基础（图 2-3）的高度应满足式（2-1）的要求。

$$H_0 \geqslant \frac{b-b_0}{2\tan\alpha} \tag{2-1}$$

式中 b——基础底面宽度，m；
　　 b_0——基础顶面的墙体宽度或柱脚宽度，m；
　　 H_0——基础高度，m；
　　 $\tan\alpha$——基础台阶宽高比（$b_2:H_0$），其允许值可按表 2-1 选用，b_2 为基础台阶宽度，m。

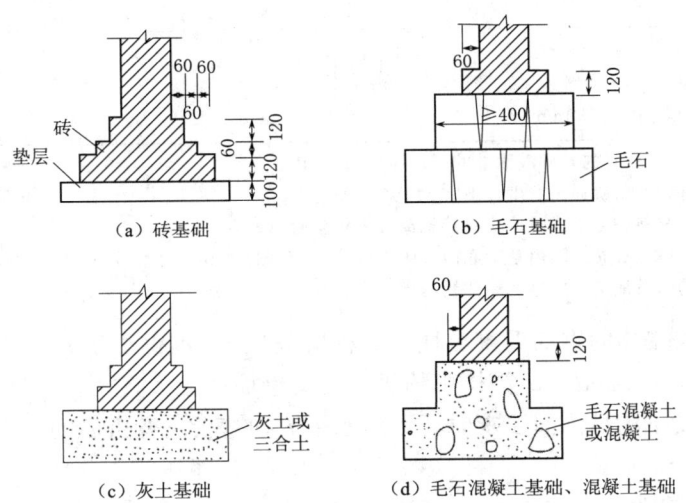

图 2-2　无筋扩展基础（单位：mm）

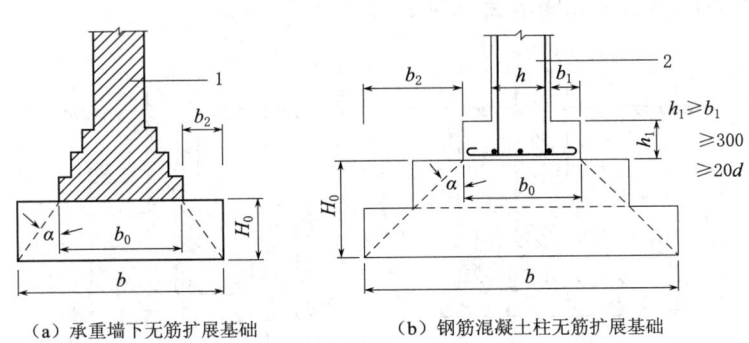

图 2-3　无筋扩展基础构造
1—承重墙；2—钢筋混凝土柱；d—柱中纵向钢筋直径（mm）

表 2-1　　　　　　　　　无筋扩展基础台阶宽高比的允许值

基础材料	质量要求	台阶宽高比的允许值		
		$p_k \leqslant 100$	$100 < p_k \leqslant 200$	$200 < p_k \leqslant 300$
混凝土基础	C20 混凝土	1：1.00	1：1.00	1：1.25
毛石混凝土基础	C20 混凝土	1：1.00	1：1.25	1：1.50
砖基础	砖不低于 MU10、砂浆不低于 M5	1：1.50	1：1.50	1：1.50
毛石基础	砂浆不低于 M5	1：1.25	1：1.50	—

45

续表

基础材料	质量要求	台阶宽高比的允许值		
		$p_k \leqslant 100$	$100 < p_k \leqslant 200$	$200 < p_k \leqslant 300$
灰土基础	体积比为 3:7 或 2:8 的灰土,其最小干密度:粉土为 1550kg/m³;粉质黏土为 1500kg/m³;黏土为 1450kg/m³	1:1.25	1:1.50	—
三合土基础	体积比为 1:2:4～1:3:6(石灰:砂:骨料),每层约虚铺 220mm 厚,夯至 150mm	1:1.50	1:2.00	—

注 1. p_k 为作用标准组合时的基础底面处的平均压力值,kPa。
   2. 阶梯形毛石基础的每阶伸出宽度,不宜大于 200mm。
   3. 当基础由不同材料叠合组成时,应对接触部分做抗压验算。
   4. 当混凝土基础单侧扩展范围内基础底面处的平均压力值超过 300kPa 时,应进行抗剪验算;对基底反力集中于立柱附近的岩石地基,应进行局部受压承载力验算。

采用无筋扩展基础的钢筋混凝土柱,其柱脚高度 h_1 不得小于 b_1(图 2-3),并不应小于 300mm 且不小于 $20d$ (d 为柱中的纵向受力钢筋的最大直径)。当柱纵向钢筋在柱脚内的竖向锚固长度不满足锚固要求时,可沿水平方向弯折,弯折后的水平锚固长度不应小于 $10d$ 也不应大于 $20d$。

(一) 砖基础构造

砖基础有条形基础和独立基础,基础下部扩大部分称为大放脚,上部为基础墙。砖基础的大放脚通常采用等高式和间隔式两种,如图 2-4 所示。

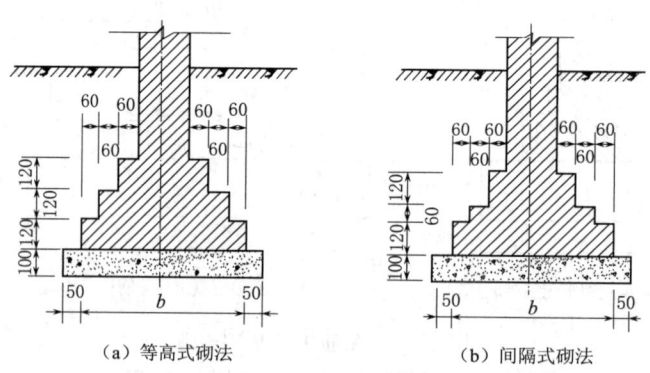

图 2-4 基础大放脚形式(单位:mm)

等高式大放脚是两皮一收,两边各收进 1/4 砖长,即高为 120mm,宽为 60mm;不等高式大放脚是两皮一收和一皮一收相间隔,两边各收进 1/4 砖长,即高为 120mm 与 60mm,宽为 60mm。

大放脚一般采用"一顺一丁"的砌法,上、下皮垂直灰缝相互错开 60mm。

在砖基础的转角处和交接处,为错缝需要应加砌配砖(3/4 砖、半砖或 1/4 砖)。在这些交接处,纵横墙要隔皮砌通;大放脚的最下一皮及每层的最上一皮应以丁砌为主。

底宽为 2 砖半的等高式砖基础大放脚转角处分皮的砌法，如图 2-5 所示。

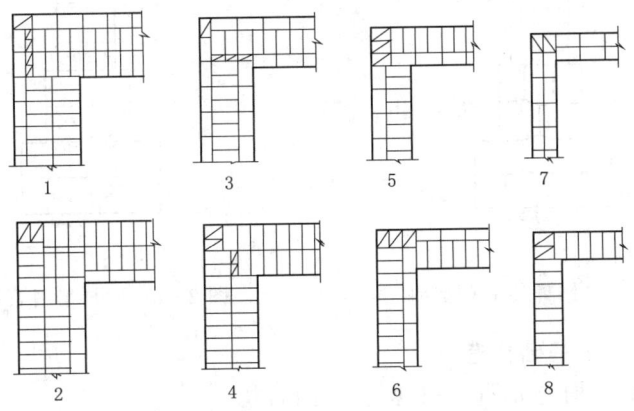

图 2-5 大放脚转角处分皮砌法
1~8—分层砌筑层数

当砖基础底标高不同时，应从低处砌起，并应由高处向低处搭砌，当设计无要求时，搭砌长度不应小于砖基础大放脚的高度，如图 2-6 所示。

砖基础的转角处和交接处应同时砌筑，当不能同时砌筑时，应留置斜槎。

对基础墙的防潮层，当设计无具体要求时，宜用 1:2 水泥砂浆加适量防水剂铺设，其厚度宜为 20mm。防潮层的位置宜在室内地面标高以下一皮砖处。

（二）石砌体基础构造

1. 毛石基础

毛石基础是用毛石与水泥砂浆或水泥混合砂浆砌成。其所用毛石强度等级一般为 MU20 以上，砂浆宜用水泥砂浆，强度等级应不低于 M5。

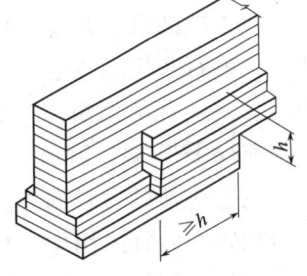

图 2-6 基底标高不同时砖基础的搭砌

毛石基础可做墙下条形基础或柱下独立基础，按其断面形式有矩形、阶梯形和梯形。基础的顶面宽度应比墙厚大 200mm，即每边宽出 100mm，每阶高度一般为 300~400mm，并至少砌二皮毛石。上级阶梯的石块应至少压砌下级阶梯的 1/2，相邻阶梯的毛石应相互错缝搭砌，如图 2-7 所示。

毛石基础必须设置拉结石，同皮内每隔 2m 左右设置一块。拉结石的长度，如基础宽度等于或小于 400mm，则应与基础宽度相等；如基础宽度大于 400mm，可用两块拉结石内外搭接，搭接长度不应小于 150mm，且其中一块拉结石的长度不应小于基础宽度的 2/3。

2. 料石基础

砌筑料石基础的第一皮石块应用丁砌层坐浆砌筑，以上各层料石可按一顺一丁进行砌筑。阶梯形料石基础，上级阶梯的料石至少压砌下级阶梯料石的 1/3，如图 2-8 所示。

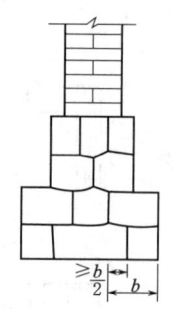
图2-7 阶梯形毛石基础

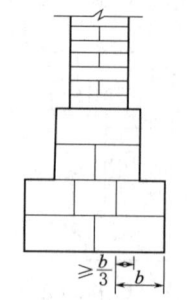
图2-8 阶梯形料石基础

(三) 灰土与三合土基础构造

灰土与三合土基础构造如图2-9所示。两者构造相似，只是填料不同。灰土基础材料的拌料宜为3∶7或2∶8（体积配合比）。土料宜采用不含松软杂质的粉质黏性土及塑性指数大于4的粉土。对土料应过筛，其粒径不得大于15mm，土中的有机质含量不得大于5%。

灰土用的熟石灰应在使用前的1d将生石灰浇水消解。熟石灰中不得含有未熟化的生石灰块和过多的水分。生石灰消解3~4d筛除生石灰块后使用。过筛粒径不得大于5mm。

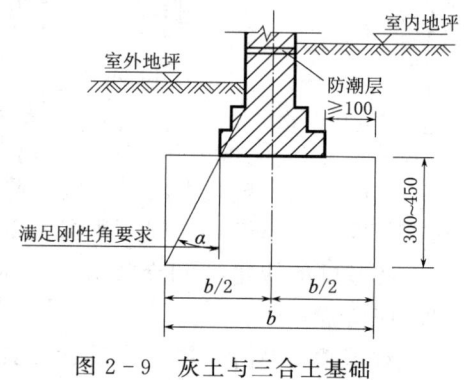
图2-9 灰土与三合土基础构造（单位：mm）

三合土基础材料的拌料宜为1∶2∶4~1∶3∶6（体积配合比），宜采用消石灰、砂、碎砖配置。砂宜采用中、粗砂和泥沙。砖应粉碎，其粒径为20~60mm。

(四) 混凝土基础与毛石混凝土基础构造

当荷载较大、地下水位较高时常采用混凝土基础。混凝土基础的强度较高，耐久性、抗冻性、抗渗性、耐腐蚀性都很好。基础的截面形式常采用台阶形，阶梯高度一般不小于300mm。

1. 构造要求

毛石混凝土基础与混凝土基础的构造相同，当基础体积较大时，为了节约混凝土的用量，降低造价，可掺入一些毛石，掺入量不宜超过30%，形成毛石混凝土基础，如图2-10所示。

2. 材料要求

毛石要选用坚实、未风化的石料，其抗压强度不低于30kPa；毛石尺寸不宜大于截面最小宽度的1/3，且不大于300mm；毛石在使用前应清洗表面泥垢、水锈，并剔除尖条和扁块。

二、扩展基础

用钢筋混凝土建造的基础抗弯能力强，不受刚性角限制，称为扩展基础，如图2-11所示。扩展基础将上部结构传来的荷载通过向侧边扩展成一定底面积，使作用在基底的压

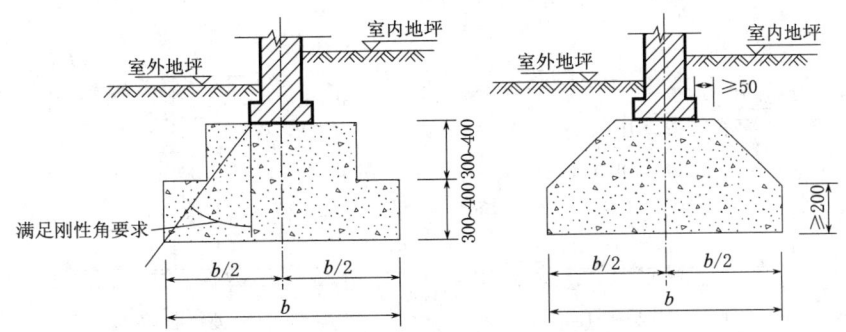

图 2-10 混凝土基础或毛石混凝土基础（单位：mm）

应力等于或小于地基土的允许承载力，而基础内部的应力应同时满足材料本身的强度要求，这种起到压力扩散作用的基础称为扩展基础，包括柱下钢筋混凝土独立基础和墙下钢筋混凝土条形基础。

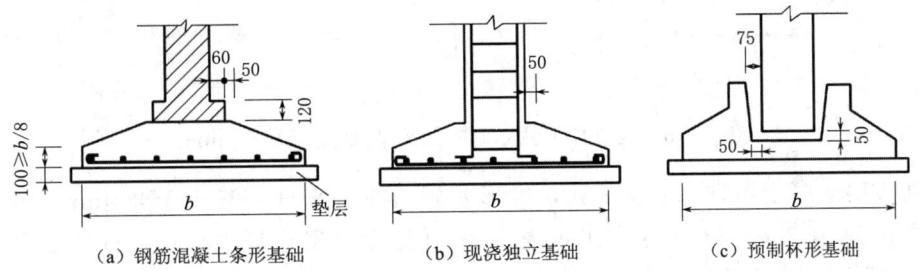

图 2-11 扩展基础（单位：mm）

（一）柱下钢筋混凝土独立基础

柱下钢筋混凝土独立基础有现浇台阶形基础、现浇锥形基础和预制柱的杯口形基础，如图 2-12 所示。杯口形基础又可分为单肢杯口形基础和双肢杯口形基础、低杯口形基础和高杯口形基础。轴心受压柱下基础的底面形状为正方形，而偏心受压柱下基础的底面形状为矩形。

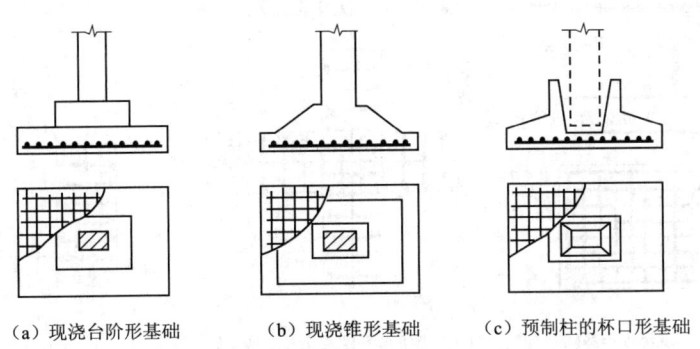

图 2-12 柱下钢筋混凝土扩展基础

现浇钢筋混凝土独立基础的构造要求如图2-13所示。

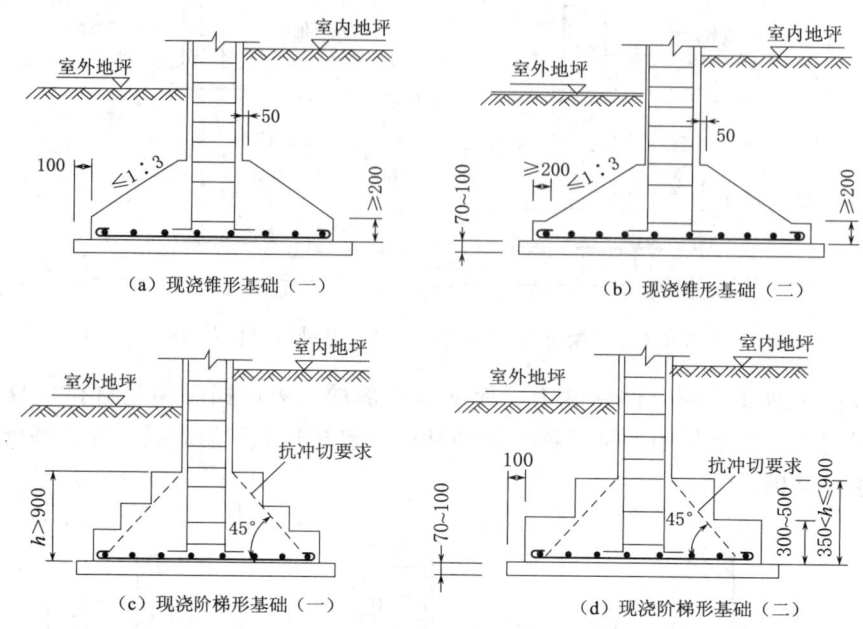

图2-13 现浇柱下独立基础的构造要求（单位：mm）

基础垫层的厚度不宜小于70mm，锥形基础边缘的高度不宜小于200mm；阶梯形基础每阶高度宜为300～500mm。扩展基础底板受力钢筋（图2-14）的直径不宜小于10mm，间距不宜大于200mm，也不宜小于100mm。当有垫层时，底板钢筋保护层的厚度为40mm，无垫层时为70mm。当基础的边长尺寸大于2.5m时，受力钢筋的长度可缩短10%，钢筋应交错布置，如图2-15所示。

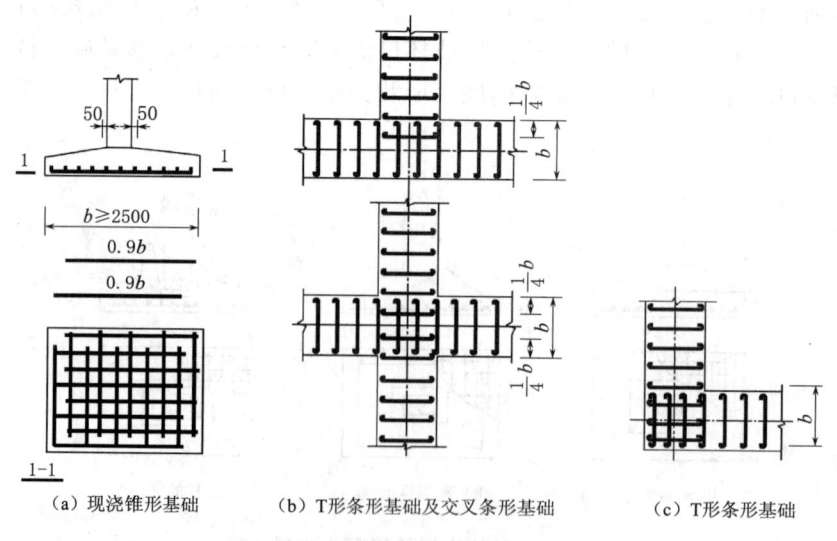

图2-14 扩展基础底板受力钢筋布置（单位：mm）

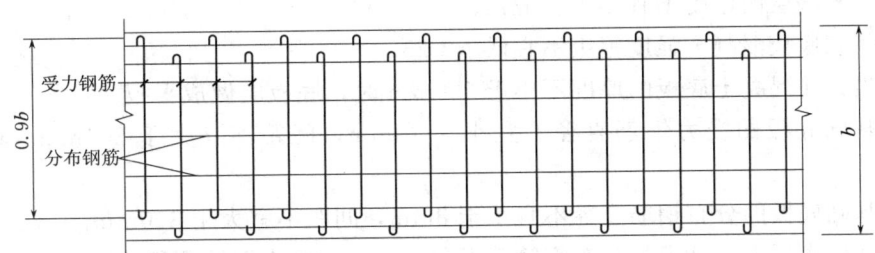

图 2-15 受力钢筋缩短后的纵向布置

(二) 墙下钢筋混凝土条形基础

墙下钢筋混凝土条形基础根据受力条件可分为不带肋和带肋两种，如图 2-16 所示。

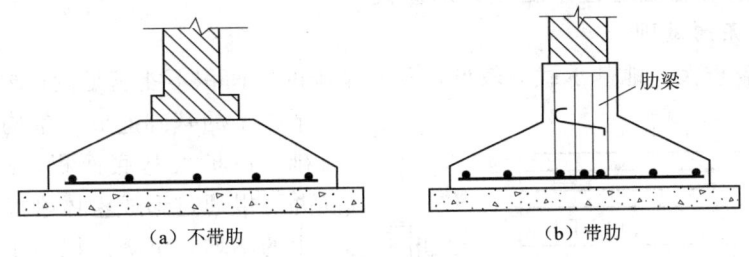

图 2-16 墙下钢筋混凝土条形基础

(1) 墙下钢筋混凝土条形基础的构造如图 2-17 (a) 所示。图 2-17 (b)、图 2-17 (c)、图 2-17 (d) 所示分别为条形基础交接处的构造处理要求。

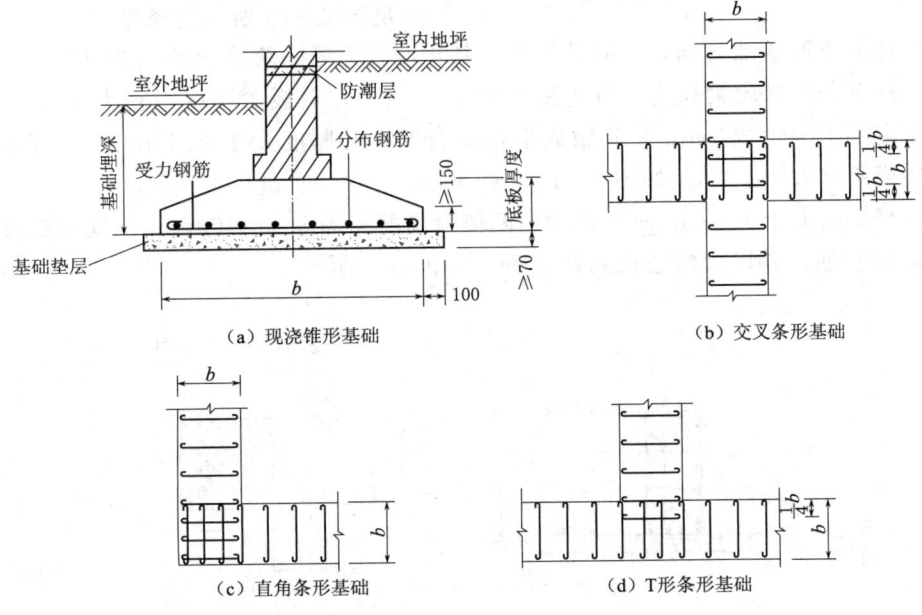

图 2-17 墙下钢筋混凝土条形基础的构造（单位：mm）

(2) 基础垫层的厚度不宜小于 70mm。

(3) 基础底板混凝土强度等级不宜低于 C25。

(4) 当钢筋混凝土底板的厚度不小于 200mm 时，底板应做成平板。

(5) 基础底板的受力钢筋直径不宜小于 10mm，间距不宜大于 200mm，也不宜小于 100mm。

(6) 基础底板的分布钢筋直径不宜小于 8mm，间距不宜大于 300mm。

(7) 基础底板内每延米的分布钢筋截面积不应小于受力钢筋面积的 1/10。

(8) 底板钢筋保护层厚度，当有垫层时为 40mm，当无垫层时为 70mm。

(9) 当条形基础底板的宽度大于或等于 2.5m 时，受力钢筋的长度可取基础宽度的 0.9 倍，并应交错布置。

三、柱下条形基础与柱下交叉条形基础

（一）柱下条形基础

当上部荷载较大，地基承载力较低，独立基础的底面积不能满足设计要求时，可把若干柱子的基础连成一条构成柱下条形基础，以扩大基底面积，减小地基反力，并可以通过形成整体刚度来调整可能产生的不均匀沉降。把一个方向的单列柱基连在一起就形成了单向（柱下）条形基础，如图 2-18 所示。

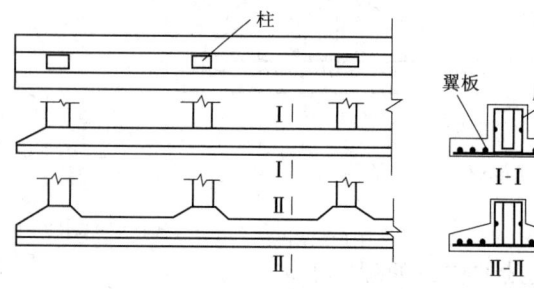

图 2-18 单向条形基础

柱下钢筋混凝土条形基础的构造除应满足墙下条形基础的构造外，还应满足图 2-19 所示的条件。

(1) 柱下条形基础梁端部应向外挑出，其长度宜为第一跨柱距的 0.25 倍。

(2) 柱下条形基础梁高度，宜为柱距的 1/8～1/4，翼板的厚度不宜小于 200mm。当翼板的厚度小于等于 250mm 时应做成平板，当翼板的厚度大于 250mm 时，宜采用变截面，其坡度不宜大于 1:3，如图 2-19（a）所示。

(3) 当梁高大于 700mm 时，在梁的两侧沿高度间隔 300～400mm 设置一根直径不小于 10mm 的腰筋，并设置构造拉筋，如图 2-19（a）所示。

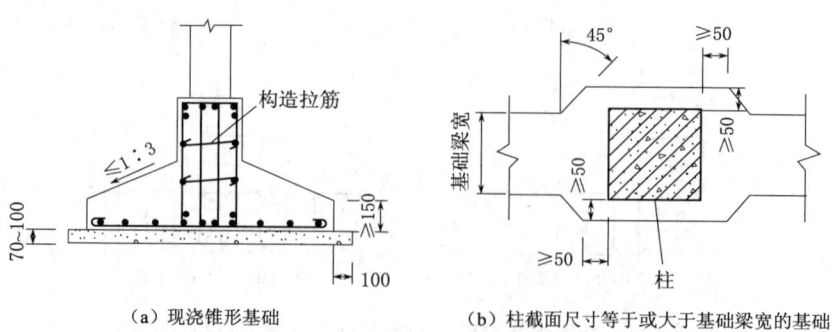

（a）现浇锥形基础　　（b）柱截面尺寸等于或大于基础梁宽的基础

图 2-19 柱下钢筋混凝土条形基础（单位：mm）

(4) 当柱截面尺寸等于或大于基础梁宽时,应满足图 2-19(b)的规定。

(5) 基础梁顶部按计算所配纵向受力钢筋应贯通全梁,底部通长钢筋不应小于底部受力钢筋总面积的 1/3。

(二)柱下交叉条形基础

当上部荷载较大,采用单向条形基础仍不能满足承载力要求时,可以把纵、横柱基础连在一起,组成十字交叉条形基础,如图 2-20 所示。

四、筏形基础

当地基承载力低,而上部结构的荷载又较大,以致十字交叉条形基础仍不能提供足够的底面积来满足地基承载力的要求时,可采用钢筋混凝土满堂板基础,这种平板基础称为筏形基础。

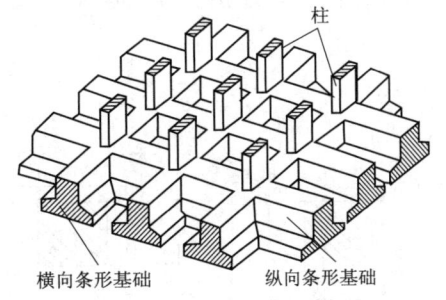

图 2-20 十字交叉条形基础

筏形基础具有比十字交叉条形基础更大的整体刚度,有利于调整地基的不均匀沉降,能较好地适应上部结构荷载分布的变化。筏形基础还可满足抗渗要求。

筏形基础分为平板式和梁板式。平板式一般采用等厚度平板,如图 2-21(a)所示;当柱荷载较大时,可局部加大柱下板厚或设墩基以防止筏板被冲剪破坏,如图 2-21(b)所示。当柱距较大、柱荷载相差也较大时,宜沿柱轴纵横向设置基础梁,如图 2-21(c)和图 2-21(d)所示。

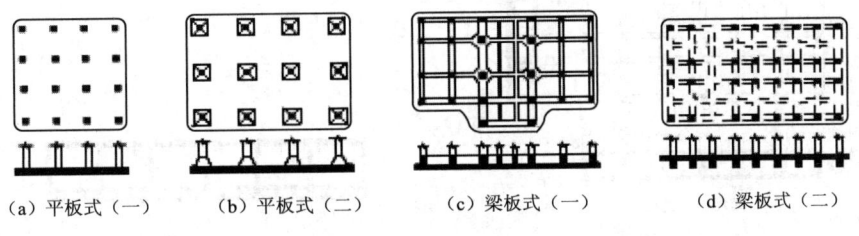

图 2-21 筏形基础

(1) 板厚。等厚度筏形基础一般取 200~400mm 厚,且板厚与最大双向板的短边之比不宜小于 1/20,由抗冲切强度和抗剪强度控制。有悬臂筏板可做成坡度,但端部厚度不小于 200mm,且悬臂长度不宜大于 2.0m。

(2) 肋梁挑出。梁板的肋梁应适当挑出 1/6~1/3 的柱距。纵横向支座配筋应有 15% 连通,跨中钢筋按实际配筋率全部连通。

(3) 配筋间距。筏形分布钢筋在板厚小于或等于 250mm 时,取 $\phi 8$ 间距为 250mm;板厚大于 250mm 时,取 $\phi 10$ 间距为 200mm。

(4) 混凝土强度等级。筏形基础的混凝土强度等级不应低于 C30。当有地下室时,筏形基础应采用防水混凝土,防水混凝土的抗渗等级应根据地下水的最大水头与防渗混凝土层厚度的比值,按现行《地下工程防水技术规范》(GB 50108—2008)选用,但不应小于 0.6MPa。必要时宜设架空排水层。

(5) 墙体。采用筏形基础的地下室,应沿地下室四周布置钢筋混凝土外墙,外墙厚度不应小于250mm，内墙厚度不应小于200mm。墙体截面应满足承载力要求，还应满足变形、抗裂及防渗要求。墙体内应设置双面钢筋，竖向钢筋和水平钢筋的直径不应小于12mm，间距不应大于300mm。

（6）施工缝。筏形与地下室外墙的连接缝、地下室外墙沿高度的水平接缝都应严格按施工缝要求采取措施，必要时设通长止水带。

（7）柱、梁连接。柱与肋梁交接处的构造处理应满足图2-22所示的要求。

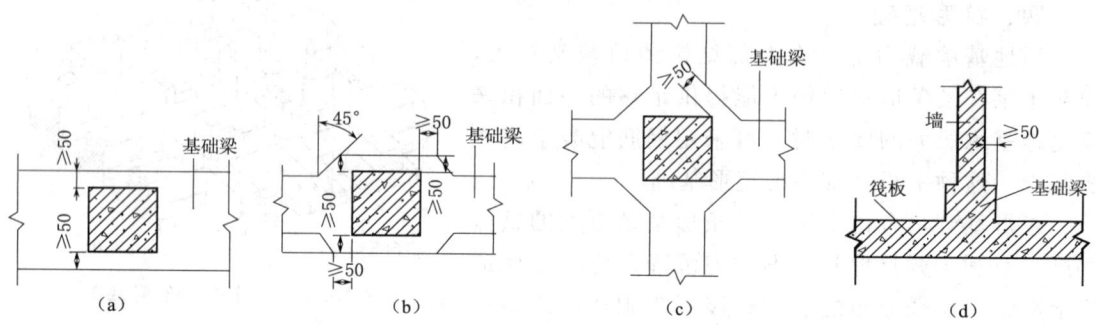

图2-22　柱与肋梁交接处的构造处理（单位：mm）

五、箱形基础

箱形基础是由现浇的钢筋混凝土底板、顶板和纵横内外隔墙组成，形成一只刚度极大的箱子，故称之为箱形基础，如图2-23（a）所示。

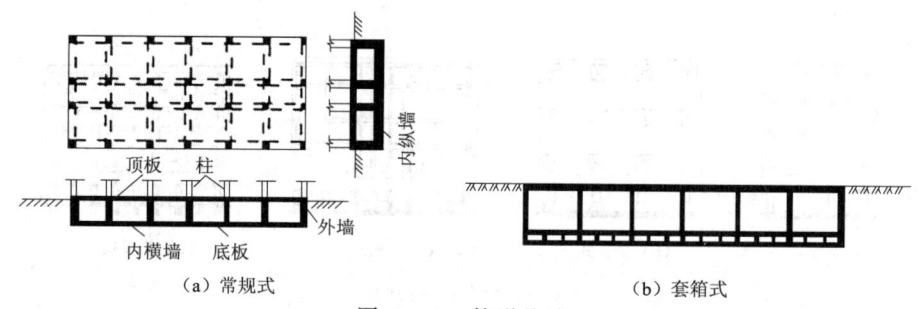

图2-23　箱形基础

箱形基础具有比筏形基础更大的抗弯刚度，相对弯曲很小，可视为绝对刚性基础。为了加大底板刚度，可进一步采用"套箱式"箱形基础，如图2-23（b）所示。箱形基础埋深较大，基础空腹，从而卸除了基底处原有地基的自重应力，因此，也就大大减小了作用于基础底面的附加应力，减少了建筑物的沉降，这种基础又称为补偿性基础。

第二节　浅基础施工方法

一、无筋扩展基础施工

（一）砖基础施工

1. 工艺流程

砖基础施工包括地基验槽、砖基放线，材料见证取样、配制砂浆，排砖撂底、墙体盘角，立杆挂线、砌砖基础，验收、养护等步骤。其工艺流程如图2-24所示。

2．施工要点

（1）砌砖基础前，应先将垫层清扫干净，并用水润湿，立好皮数杆，检查防潮层以下砌砖的层数是否相符。

（2）从相对设立的龙门板上拉上大放脚准线，根据准线交点在垫层面上弹出位置线，即为基础大放脚边线。基础大放脚的组砌法如图2-25所示。大放脚转角处要放七分头，七分头应在山墙和檐墙两处分层交替放置，一直砌到实墙。

（3）大放脚一般采用"一顺一丁"的砌筑法，竖缝至少错开1/4砖长。大放脚的最下一皮及各个台阶的上面一皮应以丁砌为主，砌筑时宜采用"三一"砌法，即一铲灰、一块砖、一挤揉。

（4）开始操作时，在墙转角和内外墙交接处应砌大角，先砌筑4~5皮砖，经水平尺检查无误后进行挂线，砌好摆底砖，再砌以上各皮砖。挂线方法如图2-26所示。

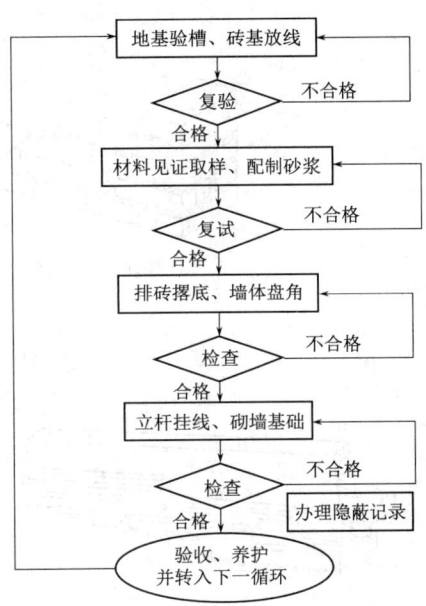

图2-24 砖基础砌筑的工艺流程

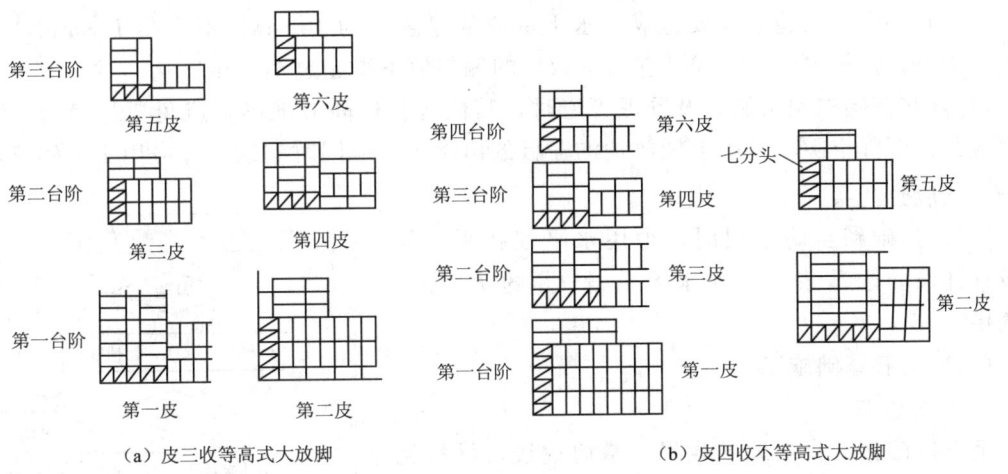

（a）皮三收等高式大放脚　　　　　　（b）皮四收不等高式大放脚

图2-25 基础大放脚的组砌法

（5）砌筑时，所有承重墙基础应同时砌筑。基础接槎必须留斜槎，高低差不得大于1.2m。预留孔洞必须在砌筑时预先留出，位置要准确。暖气沟墙可以在基础砌完后再砌，但基础墙上放暖气沟盖板的出檐砖，必须同时砌筑。

（6）有高低台的基础底面，应从低处砌起，并按大放脚的底部宽度由高台向低台搭接。如设计无规定，搭接长度不应小于基础大放脚的高度，如图2-27所示。

（7）砌完基础大放脚，开始砌实墙部位时，应重新抄平放线，确定墙的中线和边线，

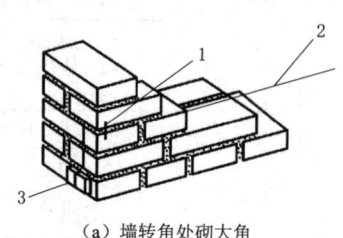
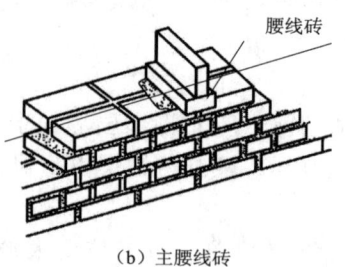

（a）墙转角处砌大角　　　　（b）主腰线砖

图 2-26　挂线方法

1—别线棍；2—准线；3—简易挂线坠

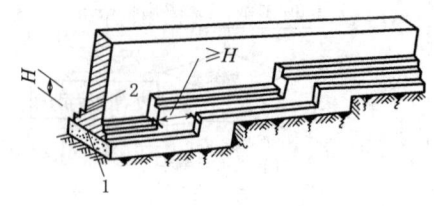

图 2-27　大放脚搭接长度做法

1—基础；2—大放脚

再立皮数杆。砌到防潮层时，必须用水平仪找平，并按图纸规定铺设防潮层。如设计未做具体规定，宜用 1∶2.5 水泥砂浆加适量的防水剂铺设，其厚度一般为 20mm。砌完基础经验收后，应及时清理基槽（坑）内的杂物和积水，并在两侧同时填土，分层夯实。

（8）在砌筑时，要做到上跟线、下跟棱；角砖要平、绷线要紧；上灰要准、铺灰要活；皮数杆要牢固垂直；砂浆饱满，灰缝均匀，横平竖直，上下错缝，内外搭砌，咬槎严密。

（9）砌筑时，灰缝砂浆要饱满，水平灰缝的厚度宜为 10mm，不应小于 8mm，也不应大于 12mm。每皮砖要挂线，它与皮数杆的偏差值不得超过 10mm。

（10）在基础中预留洞口及预埋管道时，其位置和标高应准确，避免凿打墙洞；管道上部应预留沉降空隙。基础上铺放地沟盖板的出檐砖，应同时砌筑，并应用丁砖砌筑，立缝碰头灰应打严实。

（11）基础砌至防潮层时，须用水平仪找平，并按设计铺设防水砂浆（掺加水泥重量 3% 的防水剂）防潮层。

（二）毛石基础施工

1. 工艺流程

毛石基础施工包括地基找平、基墙放线，材料见证取样、配制砂浆，基底找平、石块砌筑等步骤，其工艺流程如图 2-28 所示。

2. 施工要点

（1）砌筑前应检查基槽（坑）的尺寸、标高、土质，清除杂物，夯平槽（坑）底。

（2）根据设置的龙门板在槽底放出毛石基础底边线，在基础转角处、交接处立上皮数杆。皮数杆上应标明石块规格及灰缝厚度，砌阶梯形基础还应标明每

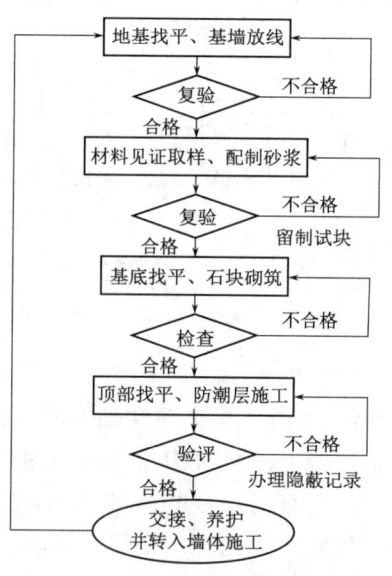

图 2-28　毛石基础砌筑的工艺流程

一台阶的高度。

（3）砌筑时，应先砌转角处及交接处，然后砌中间部分。毛石基础的灰缝厚度宜为20～30mm，砂浆应饱满。石块间的较大空隙应先用砂浆填塞后，再用碎石块嵌实，不得先嵌石块后填砂浆或干塞石块。

（4）基础的组砌形式应内外搭砌、上下错缝，拉结石、丁砌石交错设置。毛石墙中的拉结石，每0.7m² 墙面不应少于1块。

（5）砌筑毛石基础时应双面挂线，挂线方法如图2-29所示。

（6）基础外墙转角处、纵横墙交接处及基础最上一层，应选用较大的平毛石砌筑。每隔0.7m须砌一块拉结石，上下两皮拉结石位置应错开，立面形成梅花形。当基础宽度在400mm以内时，拉结石的宽度应与基础宽度相等；当基础宽度超过400mm时，可用两块拉结石内

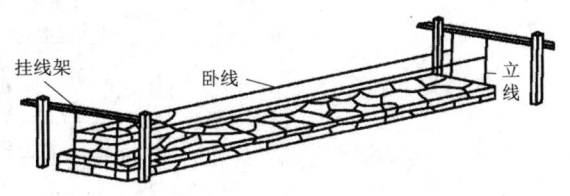

图2-29 毛石基础的挂线方法

外搭砌，搭接长度不应小于150mm，且其中一块长度不应小于基础宽度的2/3。毛石基础每天的砌筑高度不应超过1.2m。

（7）每天应在当天砌完的砌体上铺一层灰浆，表面应粗糙。夏季施工时，对刚砌完的砌体，应用草袋覆盖养护5～7d，避免风吹、日晒和雨淋。毛石基础全部砌完后，要及时在基础两边均匀分层回填，分层夯实。

（三）灰土与三合土基础施工

施工工艺流程为：清理槽底→分层回填灰土并夯实→基础放线→砌筑大放脚、基础墙→回填房心土→防潮层。

（1）施工前应先验槽，清除松土，如有积水、淤泥应清除晾干，槽底要求平整干净。

（2）拌和灰土时，应根据气温和土料的湿度搅拌均匀。灰土的颜色应一致，含水量宜控制在最优含水量±2%的范围（最优含水量可通过室内击实试验求得，一般为14%～18%）。

（3）填料时应分层回填。其厚度宜为200～300mm，夯实机具可根据工程大小和现场机具条件确定。夯实遍数一般不少于4遍。

（4）灰土上下相邻土层接槎应错开，其间距不应小于500mm。接槎不得在墙角、柱墩等部位，在接槎500mm范围内应增加夯实遍数。

（5）当基础底面标高不同时，土面应挖成阶梯或斜坡搭接，按先深后浅的顺序施工，搭接处应夯压密实。当分层分段铺设时，接头处应做成斜坡或阶梯形搭接，每层错开0.5～1.0m，并应夯压密实。

（四）混凝土基础施工

施工工艺：基础垫层→基础放线→基础支模→浇筑混凝土→拆模→回填土。

（1）清理槽底验槽并做好记录。按设计要求打好垫层。

（2）在基础垫层上放出基础轴线及边线，按线支立预先配制好的模板。模板可采用木模，也可采用钢模。模板支立要求牢固，避免浇筑混凝土时跑浆、变形，如图2-30所示。

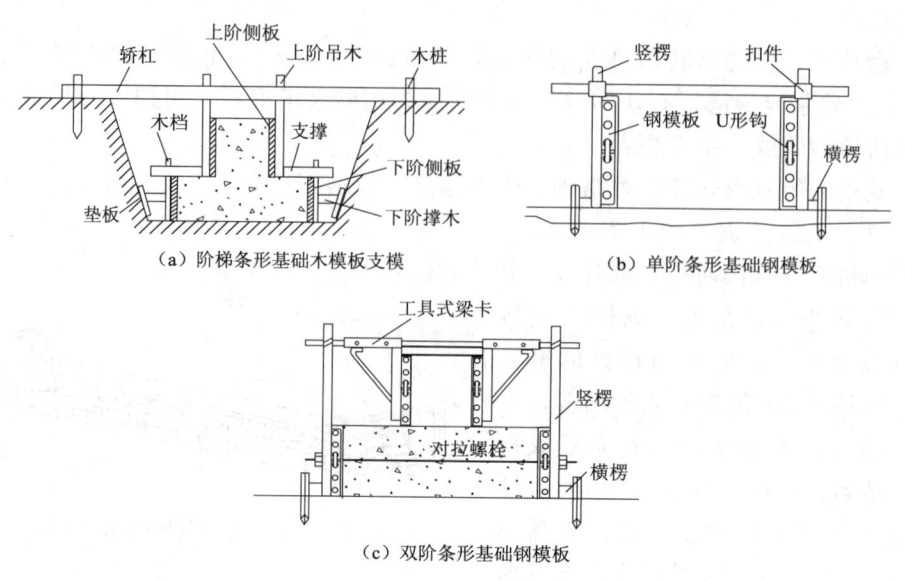

图 2-30 基础模板

（3）台阶式基础宜按台阶分层浇筑混凝土，每层可先浇筑边角后浇筑中间。第一层浇筑完成后，可停 0.5~1.0h，待下部密实后再浇筑上一层。

（4）当基础截面为锥形、斜坡较陡时，斜面部分应支模浇筑，并防止模板上浮。斜坡较平缓时，可不支模板，但应将边角部位振捣密实，人工修整斜面。

（5）混凝土初凝后，外露部分要覆盖并浇水养护，待混凝土达到一定强度后方可拆除模板。

二、钢筋混凝土基础施工

（一）钢筋混凝土独立基础的施工要点

施工工艺：基础垫层→基础放线→绑扎钢筋→支基础模板→浇筑混凝土→拆模。

（1）清理槽底验槽并做好记录。按设计要求打好垫层。

（2）在基础垫层上放出基础轴线及边线，绑扎好基础底板钢筋网片。

（3）按线支立预先配制好的模板。模板既可采用木模，如图 2-31（a）所示；也可采用钢模，如图 2-31（b）所示。先将下阶模板支好，再支好上阶模板，然后支放杯心模板。模板支立要求牢固，避免浇筑混凝土时跑浆、变形。

如为现浇柱基础，模板支完后要将插筋按位置固定好，并进行复线检查。现浇混凝土独立基础轴线位置的偏差不宜大于 10mm。

（4）基础在浇筑前，应清除模板内和钢筋上的垃圾、杂物，堵塞模板的缝隙和孔洞，木模板应浇水湿润。

（5）对阶梯形基础，基础混凝土宜分层连续浇筑完成。每一台阶高度范围内的混凝土可分为一个浇筑层。每浇完一个台阶可停 0.5~1.0h，待下层密实后再浇筑上一层。

（6）对于锥形基础，应注意保证锥体斜面的准确，斜面可随浇筑随支模板，分段支撑加固以防模板上浮。

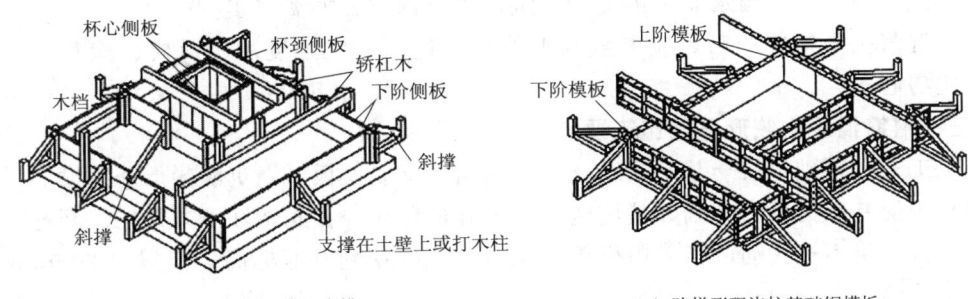

(a) 杯形基础木模板支模　　(b) 阶梯形现浇柱基础钢模板

图 2-31　现浇独立钢筋混凝土基础模板

(7) 对杯形基础，浇筑杯口混凝土时，应防止杯口模板位置移动，应从杯口两侧对称浇捣混凝土。

(8) 在浇筑杯形基础时，如杯心模板采用无底模板，则应控制杯口底部的标高位置，先将杯底混凝土捣实，再采用低流动性混凝土浇筑杯口四周；或杯底混凝土浇筑完后停顿 0.5～1.0h，待混凝土密实后再浇筑杯口四周的混凝土。混凝土浇筑完成后，应将杯口底部多余的混凝土掏出，以保证杯底的标高。

(9) 基础浇筑完成后，在混凝土终凝前应将杯口模板取出，并将混凝土内表面凿毛。

(10) 高杯口基础施工时，杯口距基底有一定的距离，可先浇筑基础底板和短柱至杯口底面位置，再安装杯口模板，然后继续浇筑杯口四周的混凝土。

(11) 基础浇筑完毕后，应将裸露的部分覆盖浇水养护。

(二) 墙下钢筋混凝土条形基础的施工要点

施工工艺：基础垫层→基础放线→绑扎钢筋→支立模板→浇筑混凝土→拆模。

(1) 清理槽底验槽并做好记录。按设计要求打好垫层。

(2) 在基础垫层上放出基础轴线及边线，绑扎好基础底板和基础梁钢筋，要将柱子插筋按位置固定好，检验钢筋。

(3) 钢筋检验合格后，按线支立预先配制好的模板。模板既可采用木模，也可采用钢模。先将下阶模板支好，再支好上阶模板，模板支立要求牢固，避免浇筑混凝土时跑浆、变形。

(4) 基础在浇筑前，应清除模板内和钢筋上的垃圾、杂物，堵塞模板的缝隙和孔洞，木模板应浇水湿润。

(5) 混凝土的浇筑，高度在 2m 以内时，可直接将混凝土卸入基槽；当混凝土的浇筑高度超过 2m 时，应采用漏斗、串筒将混凝土溜入槽内，以免混凝土产生离析分层现象。

(6) 混凝土宜分段分层浇筑，每层厚度宜为 200～250mm，每段长度宜为 2～3m，各段各层之间应相互搭接，使逐段逐层呈阶梯形推进，振捣要密实，不要漏振。

(7) 混凝土要连续浇筑，不宜间断，如若间断，其间隔时间不应超过规范规定的时间。

(8) 当需要间歇的时间超过规范规定时，应设置施工缝。再次浇筑应待混凝土强度达到 $1.2N/mm^2$ 以上时方可进行。浇筑前应进行施工缝处理，将施工缝处松动的石子清除，并用水清洗干净，浇一层水泥浆再继续浇筑，接槎部位要振捣密实。

（9）混凝土浇筑完毕后，应覆盖洒水养护，达到一定强度后，拆模、检验、分层回填、夯实房心土。

（三）钢筋混凝土筏形基础施工要点

施工工艺：基础垫层→基础放线→绑扎钢筋→支立模板→浇筑混凝土→拆模。

（1）筏形基础为满堂基础，基坑施工的土方量较大，首先做好土方开挖。开挖时注意保证基底持力层不被扰动，当采用机械开挖时，不要挖到基底标高，应保留200mm左右最后人工清槽。

（2）开槽施工中应做好排水工作，可采用明沟排水。当地下水位较高时，可预先采用人工降水措施，使地下水位降至基底500mm以下，保证基坑在无水的条件下进行开挖和基础施工。

（3）基坑施工完成后应及时进行验槽。验槽后清理槽底，进行垫层施工。垫层的厚度一般取100mm。

（4）当垫层混凝土达到一定强度后，使用引桩和龙门架在垫层上进行基础放线、绑扎钢筋、支设模板、固定柱或墙的插筋。

（5）筏形基础在浇筑前，应搭建脚手架以便运送灰料，清除模板内和钢筋上的垃圾、泥土、污物，木模板应浇水湿润。

（6）混凝土的浇筑方向应平行于次梁的方向。对于平板式筏形基础则应平行于基础的长边方向。筏形基础的混凝土浇筑应连续施工，若不能整体浇筑完成，则应设置竖直施工缝。施工缝的预留位置，当平行于次梁长度方向浇筑时，应在次梁中间1/3跨度范围内。对于平板式筏基的施工缝，可在平行于短边方向的任何位置设置。

（7）当继续浇筑时应进行施工缝处理，将施工缝处活动的石子清除，用水清洗干净，浇洒一层水泥浆，再继续浇筑混凝土。

（8）对于梁板式筏形基础，梁高出地板部分的混凝土可分层浇筑。每层浇筑厚度不宜大于200mm。

（9）基础浇筑完毕后，基础表面应覆盖并洒水养护。当混凝土强度达到设计强度的25%以上时即可拆模，待基础验收合格后即可回填土。

三、大体积混凝土基础施工

大体积混凝土要选用中低热水泥，当掺加粉煤灰或高效缓凝型减水剂时，可以减慢水化热释放速度，降低热峰值；当掺入适量的U形混凝土膨胀剂时，可防止或减少混凝土的收缩开裂，并使混凝土致密化，提高混凝土的抗渗性。在满足混凝土泵送的条件下，尽量选用粒径较大、级配良好的石子；尽量降低砂率，一般宜控制在42%~45%。为了控制混凝土的出机温度和浇筑温度，冬季在不冻结的前提下，宜采用冷骨料、冷水搅拌混凝土；夏季气温较高时，还应对砂石进行保温，砂石料场应设简易遮阳装置，必要时向骨料喷冷水。

大体积混凝土的浇筑方法有三种，如图2-32所示。

全面分层法适用于结构面积不大、混凝土拌和、运输能力强时的情况，施工时可将整体结构分为若干层进行浇筑施工，但应保证层间间隔时间尽量缩短，必须在前层混凝土初凝之前将其次层混凝土浇筑完毕，否则层间面应按施工缝的方法处理。对于全面分层浇

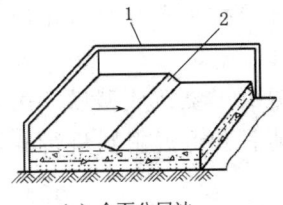 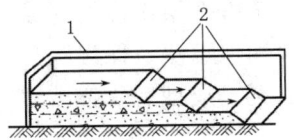 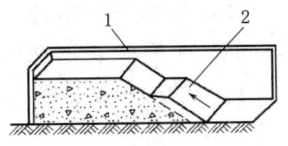

(a) 全面分层法　　　　　(b) 分段分层法　　　　　(c) 斜面分层法

图 2-32　大体积混凝土的浇筑方法
1—模板；2—浇筑面

筑，其结构面积应满足

$$F \leqslant QT/H$$

式中　F——结构平面面积，m^2；

　　　H——浇筑混凝土分层厚度，m，一般情况下 $H \leqslant 0.4m$，对于泵送混凝土，$H \leqslant 0.6m$；

　　　Q——每小时浇筑混凝土量，m^3/h；

　　　T——混凝土从开始浇筑至初凝的延续时间（等于混凝土初凝时间减去混凝土的运输时间），h。

对于分段分层法，混凝土浇筑时每段浇筑高度应根据结构特点、钢筋的疏密程度决定，一般分层高度为振捣器作用半径的 1.25 倍，最大不得超过 500mm。混凝土浇筑时，严格控制下灰厚度、混凝土振捣时间。浇筑应分为若干单元，每个浇筑单元的间隔时间不得超过 3h。

对于斜面分层法，混凝土浇筑采用"分段定点、循序推进、一个坡度、一次到顶"的方法——自然流淌形成斜坡混凝土的浇筑方法，该方法能较好地适应泵送工艺，提高泵送效率，简化混凝土的泌水处理，保证了上下层混凝土不超过初凝时间，一次连续完成。当混凝土大坡面的坡角接近端部模板时，应改变混凝土的浇筑方向，即从顶端往回浇筑。

大体积混凝土浇筑时，每浇筑一层混凝土都应及时均匀振捣，以保证混凝土的密实性。混凝土振捣采用赶浆法，以保证上下层混凝土接茬部位结合良好，防止漏振，确保混凝土密实。振捣上一层时应插入下层约 50mm，以消除两层之间的接槎。平板振动器移动的间距，应保证振动器的平板覆盖范围，以振实振动部位的周边。

在混凝土初凝之前的适当时间内进行两次振捣，可以排除混凝土因泌水在粗骨料、水平钢筋下部生成的水分和空隙，提高混凝土与钢筋的握裹力。两次振捣的时间间隔宜控制在 2h 左右。

混凝土应连续浇筑，特殊情况下如需间歇，其间歇时间应尽量缩短，并应在前一层混凝土凝固前将下一层混凝土浇筑完毕。间歇的最长时间，按水泥的品种及混凝土的凝固条件而定，一般超过 2h 就应按"施工缝"处理。

当混凝土的强度不小于 1.5MPa 时，才能浇筑下层混凝土；在继续浇筑混凝土之前，应将施工缝界面处的混凝土表面凿毛，剔除浮动石子，并用清水冲洗干净后，再浇一遍高标号水泥砂浆，然后继续浇筑混凝土且振捣密实，使新老混凝土紧密结合。

采用斜面分层法浇筑混凝土用泵送时，在浇筑、振捣过程中，上涌的泌水和浮浆将顺坡向集中在坡面下，故应在侧模的适当部位留设排水孔，使大量泌水顺利排出。采取全面分层法时，浇筑每层时都须将泌水逐渐往前赶，在模板处开设排水孔使泌水排出或将泌水排至施工缝处，设水泵将水抽走，至整个层次浇筑完成。

　　大体积混凝土养护采用保湿法和保温法。保湿法是在混凝土浇筑成型后，用蓄水、洒水或喷水进行养护；保温法是在混凝土成型后，覆盖塑料薄膜和保温材料进行养护或采用薄膜养生液养护。

　　在混凝土结构内部有代表性的部位布设测温点，测温点应布置在边缘与中间，按十字交叉布置，间距为3～5m，沿浇筑高度应布置在底部中间和表面，测点距离底板四周边缘要大于1m。通过测温全面掌握混凝土养护期间其内部的温度分布状况及温度梯度变化情况，以便定量、定性地指导控制降温速率。测温可以采用信息化预埋传感器的先进测温方法，也可以采用埋设测温管、玻璃棒温度计的测温方法。每日测量不少于4次（早晨、中午、傍晚、半夜）。

第三章

灌注桩基础施工

混凝土灌注桩是直接在施工现场桩位上成孔，然后在孔内安装钢筋笼，浇筑混凝土成桩。与预制桩相比，灌注桩具有不受地层变化限制、不需要接桩和截桩、节约钢材、振动小、噪声小等特点，但施工工艺复杂，影响质量的因素较多。灌注桩按成孔方法分为泥浆护壁成孔灌注桩、干作业钻孔灌注桩、人工挖孔灌注桩、沉管灌注桩等。近年来出现了夯扩桩、管内泵压桩、变径桩等新工艺，特别是变径桩，将信息化技术引入桩基础中。

灌注桩施工的一般规定如下。

（1）不同桩型的适用条件应符合下列规定。

1）泥浆护壁成孔灌注桩宜用于地下水位以下的黏性土、粉土、沙土、填土、碎石土及风化岩层。

2）旋挖成孔灌注桩宜用于黏性土、粉土、沙土、填土、碎石土及风化岩层。

3）冲孔灌注桩除宜用于上述地质情况外，还能穿透旧基础、建筑垃圾填土或大孤石等障碍物。在岩溶发育地区应慎重使用，采用时，应适当加密勘察钻孔。

4）长螺旋钻孔压灌桩后插钢筋笼宜用于黏性土、粉土、沙土、填土、非密实的碎石类土、强风化岩。

5）干作业钻（挖）孔灌注桩宜用于地下水位以上的黏性土、粉土、填土、中等密实以上的沙土、风化岩层。

6）在地下水位较高、有承压水的沙土层、滞水层，厚度较大的流塑状淤泥、淤泥质土层中不得选用人工挖孔灌注桩。

7）沉管灌注桩宜用于黏性土、粉土和沙土；夯扩桩宜用于桩端持力层（埋深不超过20m）的中、低压缩性黏性土、粉土、沙土和碎石类土。

（2）成孔设备就位后，必须平整、稳固，确保在成孔过程中不发生倾斜和偏移。应在成孔钻具上设置控制深度的标尺，并应在施工中进行观测记录。

（3）成孔的控制深度应符合下列要求。

1）摩擦型桩。摩擦型桩应以设计桩长控制成孔深度；端承摩擦桩必须保证设计桩长及桩端进入持力层深度。当采用锤击沉管法成孔时，桩管入土深度控制应以标高为主，以贯入度控制为辅。

2）端承型桩。当采用钻（冲）、挖掘成孔时，必须保证桩端进入持力层的设计深度；当采用锤击沉管法成孔时，桩管入土深度控制以贯入度为主，以控制标高为辅。

第一节　泥浆护壁成孔灌注桩

泥浆护壁成孔是利用原土自然造浆或人工造浆浆液进行护壁，通过循环泥浆将被钻头切下的土块携带排出孔外成孔，然后安装绑扎好的钢筋笼，用导管法水下灌注混凝土沉桩。此法对无论地下水高或低的土层都适用，但在岩溶发育地区慎用。

一、施工工艺流程和施工准备

（一）施工工艺流程

泥浆护壁成孔灌注桩的施工工艺流程如图 3-1 所示。

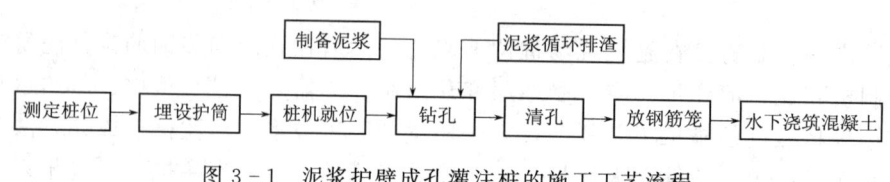

图 3-1　泥浆护壁成孔灌注桩的施工工艺流程

（二）施工准备

1. 埋设护筒

护筒具有导正钻具、控制桩位、隔离地面水渗漏、防止孔口坍塌、抬高孔内静压水头和固定钢筋笼等作用，应认真埋设。

护筒是用厚度为 4～8mm 的钢板制成的圆筒，其内径应大于钻头直径 100mm，护筒的长度以 1.5m 为宜，在护筒的上、中、下各加一道加劲筋，顶端焊两个吊环，其中一个吊环供起吊之用，另一个吊环是用于绑扎钢筋笼吊杆，压制钢筋笼的上浮，护筒顶端同时正交刻四道槽，以便挂十字线，以备验护筒、验孔之用。在其上部开设 1 个或 2 个溢浆孔，便于泥浆溢出，进行回收和循环利用。

埋设时，先放出桩位中心点，在护筒外 80～100cm 的过中心点的正交十字线上埋设控制桩，然后在桩位外挖出比护筒大 60cm 的圆坑，深度为 2.0m，在坑底填筑 20cm 厚的黏土，夯实，将护筒用钢丝绳对称吊放进孔内，在护筒上找出护筒的圆心（可拉正交十字线），然后通过控制桩放样，找出桩位中心，移动护筒，使护筒的中心与桩位中心重合，同时用水平尺（或吊线坠）校验护筒竖直后，在护筒周围回填含水量适合的黏土，分层夯实，夯填时要防止护筒的偏斜，护筒埋设后，质量员和监理工程师验收护筒中心偏差和孔口标高。当中心偏差符合要求后，可钻机就位开钻。

2. 制备泥浆

泥浆的主要作用有：泥浆在桩孔内吸附在孔壁上，将土壁上的孔隙填补密实，避免孔内壁漏水，保证护筒内水压的稳定；泥浆比重大，可加大孔内水压力，可以稳固土壁、防止塌孔；泥浆有一定的黏度，通过循环泥浆可使切削碎的泥石渣屑悬浮起来后被排走，起到携砂、排土的作用；泥浆对钻头有冷却和润滑作用。

（1）制作泥浆时所需的主要材料。

1）膨润土。以蒙脱石为主的黏土性矿物。

2）黏土。塑性指数 $I_P>17$、粒径小于 0.005mm 的黏粒含量大于 50% 的黏土为泥浆的主要材料。

（2）泥浆的性能指标。相对密度为 1.1～1.15；黏度为 18～20s；含砂率为 6%；pH 为 7～9；胶体率为 95%；失水量为 30mL/30min。

（3）测量项目及要求。

1）钻进开始时，测定一次闸门口泥浆下面 0.5m 处的泥浆的性能指标。钻进过程中每隔 2h 测定一次进浆口和出浆口的相对密度、含砂量、pH 值等指标。

2）在停钻过程中，每天测一次各闸门出口处 0.5m 处的泥浆的性能指标。

（4）泥浆的拌制。为了有利于膨润土和羧甲基纤维素完全溶解，应根据泥浆需用量选择膨润土搅拌机，其转速宜大于 200r/min。

投放材料时，应先注入规定数量的清水，边搅拌边投放膨润土，待膨润土大致溶解后，均匀地投入羧甲基纤维素，再投入分散剂，最后投入增大比重剂及渗水防止剂。

（5）泥浆的护壁。

1）施工期间护筒内的泥浆面应高出地下水位 1.0m 以上，在受水位涨落影响时，泥浆面应高出最高水位 1.5m 以上。

2）循环泥浆的要求。注入孔口的泥浆的性能指标：泥浆比重应不大于 1.10，黏度为 18～20s；排出孔口的泥浆的性能指标：泥浆比重应不大于 1.25，黏度为 18～25s。

3）在清孔过程中，应不断置换泥浆，直至浇筑水下混凝土。

4）废弃的泥浆、渣应按环境保护的有关规定处理。

3. 钢筋笼的制作

钢筋笼的制作场地应选择在运输和就位都比较方便的场所，在现场内进行制作和加工。钢筋进场后应按钢筋的不同型号、不同直径、不同长度分别进行堆放。

（1）钢筋骨架的绑扎顺序。

1）主筋调直，在调直平台上进行。

2）骨架成形，在骨架成形架上安放架立筋，按等间距将主筋布置好，用电弧焊将主筋与架立筋固定。

3）将骨架抬至外箍筋滚动焊接器上，按规定的间距缠绕箍筋，并用电弧焊将箍筋与主筋固定。

（2）主筋接长。主筋接长可采用对焊、搭接焊、绑条焊的方法。主筋对接，在同一截面内的钢筋接头数不得多于主筋总数的 50%，相邻两个接头间的距离不小于主筋直径的 35 倍，且不小于 500mm。主筋、箍筋焊接长度，单面焊为 $10d$，双面焊为 $5d$。

（3）钢筋笼保护层。为确保桩混凝土保护层的厚度，应在主筋外侧设钢筋的定位钢筋，同一断面上定位 3 处，按 120° 角布置，沿桩长的间距为 2m。

（4）钢筋笼的堆放。堆放钢筋笼时应考虑安装顺序、钢筋笼变形和防止事故发生等因素，堆放不准超过两层。

二、成孔

桩架安装就位后，挖泥浆槽、沉淀池，接通水电，安装水电设备，制备符合要求的泥浆。用第一节钻杆（每节钻杆长约5m，按钻进深度用钢销连接）的一端接好钻机，另一端接上钢丝绳，吊起潜水钻，对准埋设的护筒，悬离地面，先空钻，然后慢慢钻入土中，注入泥浆，待整个潜水钻入土，观察机架是否垂直平稳，检查钻杆是否平直后，再正常钻进。

泥浆护壁成孔灌注桩的成孔方法按成孔机械分类有回转钻机成孔、潜水钻机成孔、冲击钻机成孔、冲抓锥成孔等，其中以钻机成孔应用最多。

（一）回转钻机成孔

回转钻机是由动力装置带动钻机回转装置转动，再由其带动带有钻头的钻杆移动，由钻头切削土层。回转钻机适用于地下水位较高的软、硬土层，如淤泥、黏性土、沙土、软质岩层。

回转钻机的钻孔方式根据泥浆循环方式的不同，分为正循环回转钻机成孔和反循环回转钻机成孔。

1. 正循环回转钻机成孔

正循环回转钻机成孔的工艺原理如图3-2所示，由空心钻杆内部通入泥浆或高压水，从钻杆底部喷出，携带钻下的土渣沿孔壁向上流动，由孔口将土渣带出流入泥浆池。

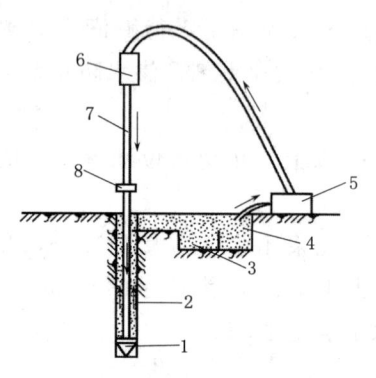

图3-2 正循环回转钻机成孔的工艺原理
1—钻头；2—泥浆循环方向；3—钻机回转装置；4—钻杆；5—水龙头；6—泥浆泵；7—泥浆池；8—沉淀池

正循环钻机成孔的泥浆循环系统有自流回灌式和泵送回灌式两种。泥浆循环系统由泥浆池、沉淀池、循环槽、泥浆泵、除砂器等设施设备组成，并设有排水、清洗、排渣等设施。泥浆池和沉淀池应组合设置。一个泥浆池配置的沉淀池不宜少于两个。泥浆池的容积宜为单个桩孔容积的1.2~1.5倍，每个沉淀池的最小容积不宜小于$6m^3$。

2. 反循环回转钻机成孔

反循环回转钻机成孔的工艺原理如图3-3所示。泥浆带渣流动的方向与正循环回转钻机成孔的情形相反。反循环工艺的泥浆上流的速度较快，能携带较大的土渣。

反循环钻机成孔一般采用泵吸反循环钻进。其泥浆循环系统由泥浆池、沉淀池、循环槽、砂石泵、除渣设备等组成，并设有排水、清洗、排废浆等设施。

地面循环系统有自流回灌式（图3-4）和泵送回灌式（图3-5）两种。循环方式应根据施工场地、地层和设备情况合理选择。

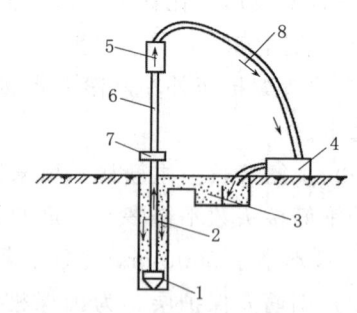

图3-3 反循环回转钻机成孔的工艺原理
1—钻头；2—新泥浆流向；3—钻机回转装置；4—钻杆；5—水龙头；6—混合液流向；7—砂石泵；8—沉淀池

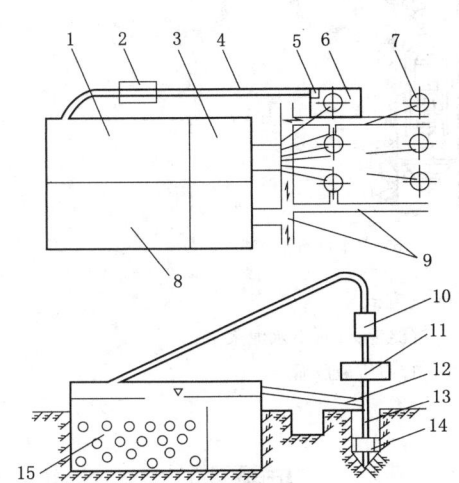
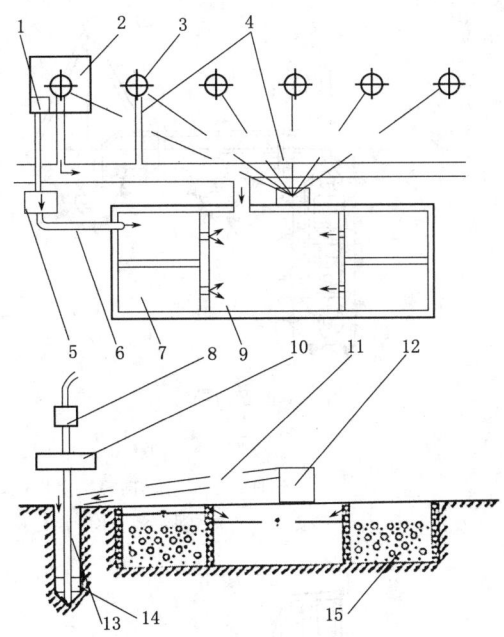

图 3-4 自流回灌式循环系统

1—沉淀池；2—除渣设备；3—循环池；4—出水管；5—砂石泵；6—钻机；7—桩孔；8—溢流池；9—溢流槽；10—水龙头；11—转盘；12—回灌管；13—钻杆；14—钻头；15—沉淀物

图 3-5 泵送回灌式循环系统

1—砂石泵；2—钻机；3—桩孔；4—泥浆溢流槽；5—除渣设备；6—出水管；7—沉淀池；8—水龙头；9—循环池；10—转盘；11—回灌管；12—回灌泵；13—钻杆；14—钻头；15—沉淀物

泥浆池、沉淀池、循环槽的设置应符合规定。

(1) 泥浆池的数量不应少于2个，每个池的容积不应小于桩孔容积的1.2倍。

(2) 沉淀池的数量不应少于3个，每个池的容积宜为15~20m^3。

(3) 循环槽的截面积应是泵组水管截面积的3~4倍，坡度不小于10%。

回转钻机钻孔排渣方式如图3-6所示。

(二) 潜水钻机成孔

潜水钻机成孔示意图如图3-7所示。潜水钻机是一种将动力、变速机构和钻头连在一起加以密封，潜入水中工作的体积小而轻的钻机，这种钻机的钻头有多种形式，以适应不同的桩径和不同土层的需要。钻头可带有合金刀齿，靠电动机带动刀齿旋转切削土层或岩层。钻头靠桩架悬吊吊杆定位，钻孔时钻杆不旋转，仅钻头部分将切削下来的泥渣通过泥浆循环排出孔外。钻机桩架轻便，移动灵活，钻进速度快，噪声小，钻孔直径为500~1500mm，钻孔深度可达50m，甚至更深。

潜水钻机成孔适用于黏性土、淤泥、淤泥质土、沙土等钻进，也可钻入岩层，尤其适用于在地下水位较高的土层中成孔。当钻一般黏性土、淤泥、淤泥质土及沙土时，宜用笼式钻头；穿过不厚的砂夹卵石层或在强风化岩上钻进时，可镶焊硬质合金刀头的笼式钻头；遇孤石或旧基础时，应用带硬质合金齿的筒式钻头。

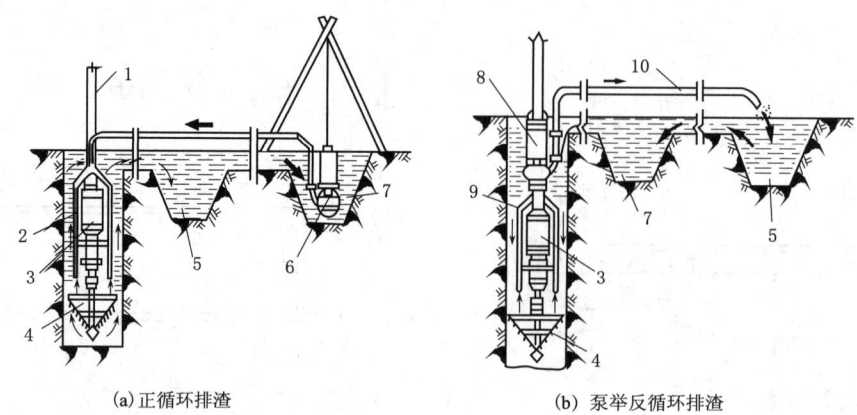

(a) 正循环排渣　　　　　　　(b) 泵举反循环排渣

图 3-6　回转钻机钻孔排渣方式

1—钻杆；2—送水管；3—主机；4—钻头；5—沉淀池；6—潜水泥浆泵；
7—泥浆池；8—砂石泵；9—抽渣管；10—排渣胶管

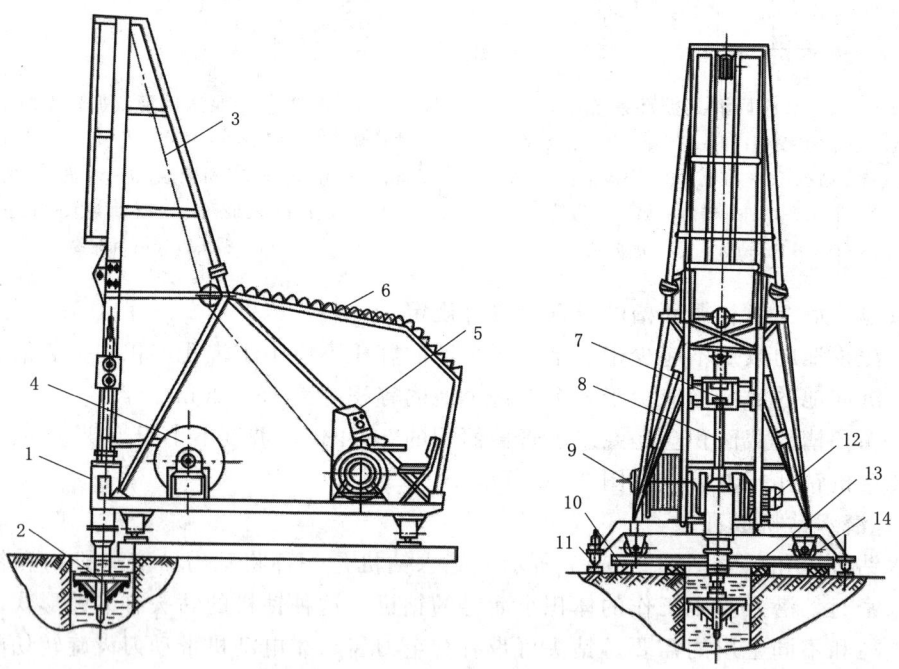

图 3-7　潜水钻机成孔示意图

1—钻头；2—主机；3—电缆和水管卷筒；4—钢丝绳；5—遮阳板；6—配电箱；7—活动导向；
8—方钻杆；9—进水口；10—枕木；11—支腿；12—卷扬机；13—轻轨；14—行走车轮

(三) 冲击钻机成孔

冲击钻机成孔适用于穿越黏土、杂填土、沙土和碎石土。在季节性冻土、膨胀土、黄土、淤泥和淤泥质土以及有少量孤石的土层中有可能采用。持力层应为硬黏土、密实沙土、碎石土、软质岩和微风化岩。

冲击钻机通过机架、卷扬机把带刃的重钻头（冲击锤）提升到一定高度，靠自由下落的冲击力切削破碎岩层或冲击土层成孔，如图3-8所示。部分碎渣和泥浆挤压进孔壁，大部分碎渣用掏渣筒掏出。此法设备简单、操作方便，对于有孤石的砂卵石岩、坚质岩、岩层均可成孔。

冲击钻头的形式有十字形、工字形、人字形等，一般常用铸钢十字形冲击钻头，如图3-9所示。在钻头锥顶与提升钢丝绳间设有自动转向装置，冲击锤每冲击一次转动一个角度，从而保证桩孔冲成圆孔。当遇有孤石及进入岩层时，锤底刃口应用硬度高、韧性好的钢材予以镶焊或拴接。锤重一般为1.0～1.5t。

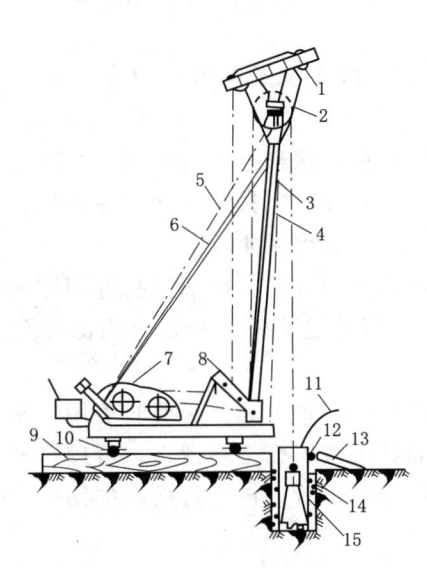

图3-8 简易冲击钻孔机

1—副滑轮；2—主滑轮；3—主杆；4—前拉索；5—供浆管；
6—溢流口；7—泥浆渡槽；8—护筒回填土；9—钻头；
10—导向轮；11—双滚筒卷扬机；12—钢管；
13—垫木；14—斜撑；15—后拉索

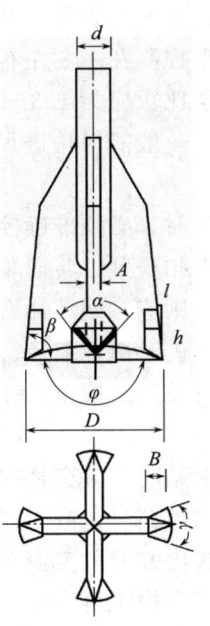

图3-9 十字形冲击钻头

冲孔前应埋设钢护筒，并准备好护壁材料。若表层为淤泥、细砂等软土，则在筒内加入小块片石、砾石和黏土；若表层为砂砾卵石，则投入小颗粒砂砾石和黏土，以便冲击造浆，并使孔壁挤密实。冲击钻机就位后，校正冲锤中心对准护筒中心，在0.4～0.8m的冲程范围内应低提密冲，并及时加入石块与泥浆护壁，直至护筒下沉3～4m以后，冲程可以提高到1.5～2.0m，转入正常冲击，随时测定并控制泥浆的相对密度。

开孔时应低锤密击，如表土为散土层，则应抛填小片石和黏土块，保证泥浆比重为1.4～1.5，反复冲击造壁。待成孔5m以上时，应检查一次成孔质量，在各方面均符合要求后，按不同土层情况，根据适当的冲程和泥浆比重冲进，并注意如下要点。

(1) 在黏土层中，合适冲程为1～2m，可加清水或低比重泥浆护壁，并经常清除钻头上的泥块。

(2) 在粉砂或中、粗砂层中，合适冲程为 1~2m，加入制备泥浆或抛黏土块，勤冲、勤排渣，控制孔内的泥浆比重为 1.3~1.5，制成坚实孔壁。

(3) 在砂夹卵石层中，冲程可为 1~3m，加入制备泥浆或抛黏土块，勤冲、勤排渣，控制孔内的泥浆比重为 1.3~1.5，制成坚实孔壁。

(4) 遇孤石时，应在孔内抛填不小于 0.5m 厚的相似硬度的片石或卵石以及适量黏土块。开始用低锤密击，待感觉到孤石顶部基本冲平、钻头下落平稳不歪斜、机架摇摆不大时，可逐步加大冲程至 2~4m；或高低冲程交替冲击，控制泥浆比重为 1.3~1.5，直至将孤石击碎挤入孔壁。

(5) 进入基岩后，开始应低锤勤击，待基岩表面冲平后，再逐步加大冲程至 3~4m，泥浆比重控制在 1.3 左右。如基岩土层为砂类土层，则不宜用高冲程，应防止基岩土层塌孔，泥浆比重应为 1.3~1.5。

(6) 一般能保持进尺时，尽量不用高冲程，以免扰动孔壁，引发塌孔、扩孔或卡钻事故。

冲进时，必须准确控制和预估松绳的合适长度，保证有一定余量，并应经常检查绳索磨损、卡扣松紧、转向装置灵活状态等情况，防止发生空锤断绳或掉锤事故。如果冲孔发生偏斜，则应在回填片石（厚度为 300~500mm）后重新冲孔。

当冲进时出现缩径、塌孔等问题时，应立即停冲提钻并探明塌孔等问题的位置，同时抛填片石及黏土块至塌孔位置上 1~2m 处，重新冲进造壁。开始应用低锤勤击、加大泥浆比重。

遇卡钻时，应交替起钻、落钻，受阻后再落钻、再提起。必要时可用打捞套、打捞钩助提。遇掉钻时，应立即用打捞工具打捞，如钻头被塌孔土料埋设，可用空气吸泥器或高压射水排出并冲散覆盖土料，露出钻头预设打捞环以后，再行打捞。如钻头在孔底倾覆或歪斜，应先拨正再提起。

每冲进 4~5m 以及孔斜、缩径或塌孔处理后应及时检查钻孔。

凡停止冲进时，必须将钻头提至最高点。在土质较好时，可提离孔底 3~5m。如停冲时间较长，应提至地面放稳。

（四）冲抓锥成孔

冲抓锥锥头上有一重铁块和活动抓片，通过机架和卷扬机将冲抓锥提升到一定高度，下落时松开卷筒刹车，抓片张开，锥头便自由下落冲入土中，然后开动卷扬机提升锥头，这时抓片闭合抓土，如图 3-10 所示，抓土后冲抓锥整体提升到地面上卸去土渣，依次循环成孔。

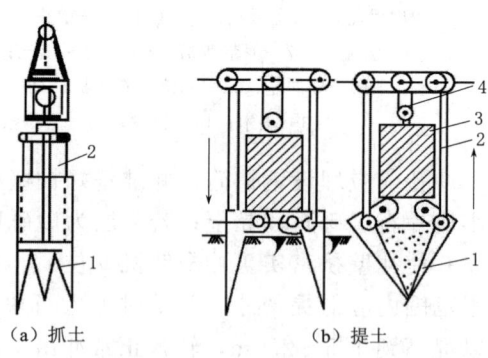

图 3-10 冲抓锥锥头
1—连杆；2—抓土；3—滑轮组；4—压重

冲抓锥成孔的施工过程、护筒安装要求、泥浆护壁循环等与冲击成孔施工相同。

冲抓锥成孔直径为 450~600mm，孔深可达 10m，冲抓高度宜控制在 1.0~1.5m，适用于松软土层（沙土、黏土）中冲孔，但遇到坚硬土层时宜换用冲击钻施工。

(五) 旋挖钻机成孔

旋挖成孔是在泥浆护壁的条件下，旋挖钻机上的转盘或动力头带动可伸缩式钻杆和钻杆底部的钻头旋转，用钻斗底端和侧面开口上的切削刀具切削岩土，同时切削下来的岩土从开口处进入钻斗内，如图 3-11 所示，待钻斗装满钻屑后，通过伸缩钻杆把钻头提到孔口，自动开底卸土，再把钻斗下到孔底继续钻进。如此反复，直至钻到设计孔深。

图 3-11 旋挖钻机

旋挖钻机成孔工艺过程如下。

(1) 钻头着地，旋转，钻进：以钻具钻头自重和加压油缸的压力作为钻进压力，每一回次的钻进量应以深度仪表为参考，以说明书钻速、钻压扭矩为指导，进尺量适当，不多钻，也不少钻，钻多，辅助时间加长，钻少，回次进尺小，效率降低。

(2) 当钻斗内装满土、砂后，将其提升上来，注意地下水位变化情况，并灌注泥浆。

(3) 旋转钻机，将钻斗内的土卸出，用铲车及时运走，运至不影响施工作业的地方。

(4) 关闭钻斗活门，将钻机转回孔口，降落钻斗，继续钻进。

(5) 为保证孔壁稳定，应视表土松散层厚度，孔口下入长度适当的护筒，并保持泥浆液面高度，随泥浆损耗及孔深增加，应及时向孔内补充泥浆，以维持孔内压力平衡。

(6) 遇软土层特别是黏性土层，应选用较长斗齿及齿间距较大的钻斗，以免糊钻，提钻后应经常检查底部切削齿，及时清理齿间粘泥，更换已磨钝的斗齿。钻遇硬土层，如发现每回次钻进深度太小，钻斗内碎渣量太少，可换一个较小直径钻斗，先钻小孔，然后再用直径适宜钻斗扩孔。

(7) 钻砂卵砾石层，为加固孔壁和便于取出砂卵砾石，可事先向孔内投入适量黏土球，采用双层底板捞砂钻斗，以防提钻过程中砂卵砾石从底部漏掉。

(8) 提升钻头过快易产生负压，造成孔壁坍塌。

(9) 在桩端持力层钻进时，可能会由于钻斗的提升引起持力层的松弛，因此，在接近孔底标高时，应注意减小钻斗的提升速度。

（六）成孔质量和沉渣检查

1. 成孔质量的检查方法

成孔质量的检查方法主要有圆环测孔法（常规测法）、声波孔壁测定仪法、井径仪测定法三种。

（1）圆环测孔法。圆环测孔法的基本原理是在所成好的孔内利用铅丝下钢筋圆环，铅丝吊点位于钢筋圆环中间，利用铅丝线的垂直倾斜角测定成孔质量。此方法快速简便，是常用的成孔检测方法。

（2）声波孔壁测定仪法。声波孔壁测定仪的测定原理是由发射探头发出声波，声波穿过泥浆到达孔壁，泥浆的声阻远小于孔壁的土层介质的声阻抗，声波可以从孔壁产生反射，利用发射和接收的时间差和已知声波在泥浆中的传播速度，计算出探头到孔壁的距离，通过探头的上下移动，便可以通过记录仪绘出孔壁的形状。声波孔壁测定仪可以用来检测钻孔的形状和垂直度。

测定仪由声波发生器、发射和接收探头、放大器、记录仪和提升机构组成。声波发生器的主要部件是振荡器，振荡器产生的一定频率的电脉冲经放大后由发射探头转换为声波。多数仪器的振荡频率是可调的，通过不同频率的声波来满足不同的检测要求。放大器对接收探头传来的电信号进行放大、整形和显示，显示用进标记时或数字显示。人们可以根据波的初至点和起始信号之间的光标长度，确定波在介质中的传播时间。

在钢制底盘上安装有8个探头（4个发射探头，4个接收探头），它们可以同时测定正交两个方向的孔壁形状。探头由无级变速的电动卷扬机提升或下降，它和热敏刻痕记录仪的走纸速度是同步的，或者是成比例调节的。因此，探头每提升或下降一次，可以在自动记录仪上连续绘出孔壁形状和垂直度。在孔口和孔底都设有停机装置，以防止探头上升到孔口或下降到孔底时电缆和钢丝绳被拉断。

刚钻完的孔，泥浆中含有大量的气泡，因为气泡会影响波的传播，故只有待气泡消失后才能测试。当泥浆很稠时，因气泡长期不能消失而难以进行测试，故可以采用井径仪进行测试。

（3）井径仪测定法。井径仪是由测头、放大器和记录仪三部分组成的，可以检测直径为80～600mm的浸透深达百米的孔，把测量腿加长后，还可以检测直径不大于1200mm的孔。

测头是机械式的，在测头放入测孔之前，四条测腿是合拢并用弹簧锁住的；将测头放入孔内后，靠测头自身的重量往孔底一墩，四条腿就像自动伞一样立刻张开，再将测头往上提升，由于弹簧力的作用，腿端部将紧贴孔壁，随着孔壁凹凸不平的状态相应地张开或收拢，带动密封筒内的活塞杆上下移动，从而使四组串联滑动电阻来回滑动，把电阻变化变为电压变化，信号经放大后，用数字显示或记录仪记录，可将显示的电压值与孔径建立关系，用静电显影记录仪记录时，可自动绘出孔壁形状。

2. 沉渣检查

采用泥浆护壁成孔工艺的灌注桩，浇灌混凝土之前，孔底沉渣应满足以下要求：端承桩不大于50mm；摩擦端承桩或端承摩擦桩不大于100mm；纯摩擦桩不大于30mm。假如清孔不良，孔底沉渣太厚，将影响桩端承力的发挥，从而大大降低桩的承载力。常用的测试方法是垂球法。

垂球法是利用重量不小于1kg的铜球锥体作为垂球，如图3-12所示，顶端系上测绳，把垂球慢慢沉入孔内，施工孔深与测量孔深之差即为沉渣厚度。

三、清孔

成孔后，必须保证桩孔进入设计持力层深度。当孔达到设计要求后，即进行验孔和清孔。验孔是用探测器检查桩位、直径、深度和孔道情况；清孔即清除孔底沉渣、淤泥浮土，以减少桩基的沉降量，提高承载能力。清孔的方法有以下几种。

（一）抽浆法

抽浆清孔比较彻底，适用于各种钻孔方法的摩擦桩、支承桩和嵌岩桩，但孔壁易坍塌的钻孔使用抽浆法清孔时，操作要注意，以防止坍孔。

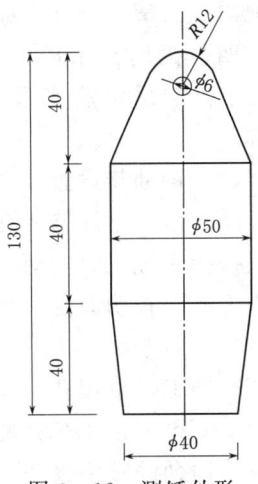

图3-12 测锤外形

（单位：mm）

(1) 用反循环方法成孔时，泥浆的相对密度一般控制在1.1以下，孔壁不易形成泥皮，钻孔终孔后，只需将钻头稍提起空转，并维持反循环5~15min，就可完全清除孔底沉淀土。

(2) 正循环成孔，空气吸泥机清孔。空气吸泥机可以把灌注水下混凝土的导管作为吸泥管，气压为0.5MPa，使管内形成强大的高压气流向上涌，同时不断地补足清水，被搅动的泥渣随气流上涌从喷口排出，直至喷出清水。对稳定性较差的孔壁，应采用泥浆循环法清孔或抽筒排渣，清孔后的泥浆的相对密度应控制在1.15~1.25；原土造浆的孔，清孔后的泥浆的相对密度应控制在1.1左右，在清孔时，必须及时补充足够的泥浆，并保持浆面稳定。

正循环成孔清孔完毕后，将特别弯管拆除，装上漏斗，即可开始灌注水下混凝土。用反循环钻机成孔时，也可等安好灌浆导管后再用反循环方法清孔，以清除下钢筋笼和灌浆导管过程中沉淀的钻渣。

（二）换浆法

采用泥浆泵，通过钻杆以中速向孔底压入相对密度为1.15左右、含砂率小于4%的泥浆，把孔内悬浮钻渣多的泥浆替换出来。对正循环回转钻来说，不需另加机具，且孔内仍为泥浆护壁，不易坍孔。但本法缺点较多，首先，若有较大泥团掉入孔底很难清除；再有就是相对密度小的泥浆会从孔底流入孔中，轻重不同的泥浆在孔内会产生对流运动，要花费很长的时间才能降低孔内泥浆的相对密度，清孔所花时间较长；当泥浆含砂率较高时，不能用清水清孔，以免砂粒沉淀而达不到清孔目的。

（三）掏渣法

其主要针对冲抓法所成的桩孔，采用掏渣筒进行掏渣清孔。

（四）用砂浆置换钻渣清孔法

先用抽渣筒尽量清除大颗粒钻渣，然后以活底箱在孔底灌注0.6m厚的特殊砂浆（相对密度较小，能浮在拌和混凝土之上）；采用比孔径稍小的搅拌器，慢速搅拌孔底砂浆，使其与孔底残留钻渣混合；吊出搅拌器，插入钢筋笼，灌注水下混凝土；连续灌注的混凝土把混有钻渣并浮在混凝土之上的砂浆一直推到孔口，达到清孔的目的。

四、钢筋笼吊放

（1）起吊钢筋笼采用扁担起吊法，起吊点在钢筋笼上部箍筋与主筋连接处，吊点对称。

（2）钢筋笼设置3个起吊点，以保证钢筋笼在起吊时不变形。

（3）吊放钢筋笼入孔时，实行"一、二、三"的原则，即一人指挥、二人扶钢筋笼、三人搭接，施工时应对准孔位，保持垂直，轻放、慢放入孔，不得左右旋转。若遇阻碍应停止下放，查明原因进行处理。严禁高提猛落和强制下入。

（4）对于20m以下钢筋笼采用整根加工、一次性吊装的方法，20m以上的钢筋笼分成两节加工，采用孔口焊接的方法；钢筋在同一节内的接头采用绑条焊连接，接头错开1000mm和35d（d为钢筋直径）的较大值。螺旋筋与主筋采用点焊，加劲筋与主筋采用点焊，加劲筋接头采用单面焊10d。

（5）放钢筋笼时，要求有技术人员在场，以控制钢筋笼的桩顶标高及防止钢筋笼上浮等问题。

（6）成型钢筋笼在吊放、运输、安装时，应采取防变形措施。

（7）按编号顺序，逐节垂直吊焊，上下节笼各主筋应对准校正，采用对称施焊，按设计图要求，在加强筋处对称焊接保护层定位钢板，按图纸补加螺旋筋，确认合格后，方可下入。

（8）钢筋笼安装入孔时，应保持垂直状态，避免碰撞孔壁，徐徐下入，若中途遇阻不得强行墩放（可适当转向起下）。如果仍无效果，则应起笼扫孔重新下入。

（9）钢筋笼按确认长度下入后，应保证笼顶在孔内居中，吊筋均匀受力，牢靠固定。

五、水下浇筑混凝土

在灌注桩、地下连续墙等基础工程中，常要直接在水下浇筑混凝土。其方法是将密封连接的钢管（或强度较高的硬质非金属管）作为水下混凝土的灌注通道（导管），其底部以适当的深度埋在灌入的混凝土拌和物内，在一定的落差压力作用下，形成连续密实的混凝土桩身，如图3-13所示。

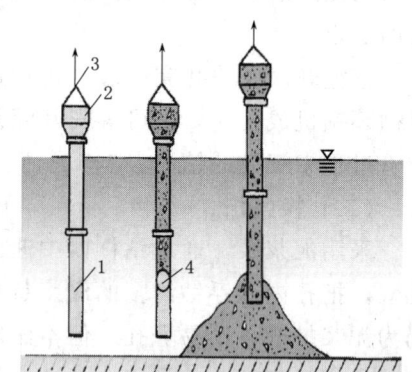

图3-13 导管法浇筑水下混凝土
1—导管；2—盛料漏斗；
3—提升机具；4—球塞

（一）导管灌注的主要机具

导管灌注的主要机具有：向下输送混凝土用的导管；导管进料用的漏斗；储存量大时还应配备储料斗；首批隔离混凝土控制器具，如滑阀、隔水塞和底盖等；升降安装导管、漏斗的设备，如灌注平台等。

1. 导管

（1）导管由每段长度为1.5～2.5m（脚管为2～3m）、管径为200～300mm、厚度为3～6mm的钢管用法兰盘加止水胶垫用螺栓连接而成。导管要确保连接严密、不漏水。

(2) 导管的设计与加工制造应满足下列条件。

1) 导管应具有足够的强度和刚度,便于搬运、安装和拆卸。

2) 导管的分节长度为3m,最底端一节导管的长度应为4.0～6.0m,为了配合导管柱的长度,上部导管的长度可以是2m、1m、0.5m或0.3m。

3) 导管应具有良好的密封性。导管采用法兰盘连接,用橡胶O形密封圈密封。法兰盘的外径宜比导管外径大100mm左右,法兰盘的厚度宜为12～16mm,在其周围对称设置的连接螺栓孔不少于6个,连接螺栓的直径不小于12mm。

4) 最下端一节导管底部不设法兰盘,宜以钢板套圈在外围加固。

5) 为避免提升导管时法兰挂住钢筋笼,可设锥形护罩。

6) 每节导管应平直,其定长偏差不得超过管长的0.5%。

7) 导管连接部位内径偏差不大于2mm,内壁应光滑平整。

8) 将单节导管连接为导管柱时,其轴线偏差不得超过±10mm。

9) 导管加工完后,应对其尺寸规格、接头构造和加工质量进行认真检查,并应进行连接、过阀(塞)和充水试验,以保证其密闭性合格和在水下作业时导管不漏水。检验水压一般为0.6～1.0MPa,以不漏水为合格。

2. 盛料漏斗和储料斗

盛料漏斗位于导管顶端,漏斗上方装有振动设备以防混凝土在导管中阻塞。提升机具用来控制导管的提升与下降,常用的提升机具有卷扬机、电动葫芦、起重机等。

(1) 导管顶部应设置漏斗。漏斗的设置高度应适应操作的需要,并应在灌注到最后阶段,特别是灌注接近桩顶部位时,满足对导管内混凝土柱高度的需要,保证上部桩身的灌注质量。混凝土柱的高度,在桩顶低于桩孔中的水位时,一般应比该水位至少高出2.0m,在桩顶高于桩孔水位时,一般应比桩顶至少高0.5m。

(2) 储料斗应有足够的容量以储存混凝土(即初存量),以保证首批灌入的混凝土(即初灌量)能达到要求的埋管深度。

(3) 漏斗与储料斗用4～6mm厚的钢板制作,要求不漏浆及挂浆,漏泄顺畅、彻底。

3. 隔水塞、滑阀和底盖

(1) 隔水塞。隔水塞一般采用软木、橡胶、泡沫塑料等制成,其直径比导管内径小15～20mm。例如,混凝土隔水塞宜制成圆柱形,采用3～5mm厚的橡胶垫圈密封,其直径宜比导管内径大5～6mm,混凝土强度不低于C30,如图3-14所示。

隔水塞也可用硬木制成球状塞,在球的直径处钉上橡胶垫圈,表面涂上润滑油脂制成。此外,隔水塞还可用钢板塞、泡沫塑料和球胆等制成。不管由何种材料制成,隔水塞在灌注混凝土时应能舒畅下落和排出。

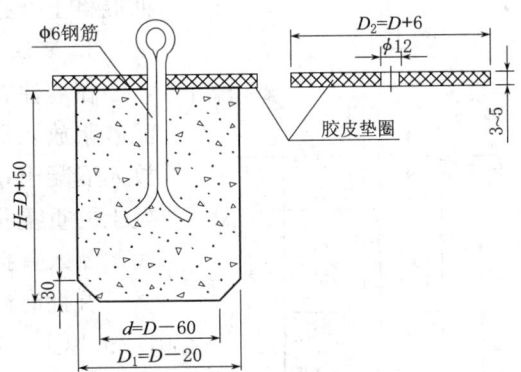

图3-14 混凝土隔水塞(单位:mm)
D—导管内径

为保证隔水塞具有良好的隔水性能并能顺利地从导管内排出,隔水塞的表面应光滑,形状尺寸规整。

（2）滑阀。滑阀采用钢制叶片，下部为密封橡胶垫圈。

（3）底盖。底盖既可用混凝土制成，也可用钢制成。

（二）水下混凝土灌注

采用导管法浇筑水下混凝土的关键是：一要保证混凝土的供应量大于导管内混凝土必须保持的高度和开始浇筑时导管埋入混凝土堆内必需的埋置深度所要求的混凝土量；二要严格控制导管的提升高度，且只能上下升降，不能左右移动，以避免使管内发生返水事故。

水下浇筑的混凝土必须具有较强的流动性和黏聚性以及良好的流动性，能依靠其自重和自身的流动能力来实现摊平和密实，有足够的抵抗泌水和离析的能力，以保证混凝土在堆内扩散过程中不离析，且在一定时间内其原有的流动性不降低。因此，水下浇筑混凝土中水泥的用量及砂率宜适当增加，泌水率控制在 2‰～3‰；粗骨料粒径不得大于导管的 1/5 或钢筋间距的 1/4，并不宜超过 40mm；坍落度为 150～180mm。施工开始时采用低坍落度，正常施工时则用较大的坍落度，且维持坍落度的时间不得少于 1h，以便混凝土在一个较长的时间内靠其自身的流动能力来实现其密实成型。

1. 灌注前的准备工作

（1）根据桩径、桩长和灌注量，合理选择导管和起吊运输等机具设备的规格、型号。

每根导管的作用半径一般不大于 3m，所浇混凝土的覆盖面积不宜大于 30m²，当面积过大时，可用多根导管同时浇筑。

（2）导管吊入孔时，应将橡胶圈或胶皮垫安放周整、严密，确保密封良好。导管在桩孔内的位置应保持居中，防止跑管，撞坏钢筋笼并损坏导管。导管底部距孔底（孔底沉渣面）高度，以能放出隔水塞及首批混凝土为度，一般为 300～500mm。导管全部入孔后，计算导管柱总长和导管底部位置，并再次测定孔底沉渣厚度，若超过规定，应再次清孔。

（3）将隔水塞或滑阀用 8 号铁丝悬挂在导管内水面上。

2. 施工顺序

施工顺序为：放钢筋笼→安设导管→使滑阀（或隔水塞）与导管内水面紧贴→灌注首批混凝土→连续不断灌注直至桩顶→拔出护筒。

3. 灌注首批混凝土

在灌注首批混凝土之前最好先配制 0.1～0.3m³ 的水泥砂浆放入滑阀（隔水塞）以上的导管和漏斗中，然后再放入混凝土，确认初灌量备足后，即可剪断铁丝，借助混凝土的重量排出导管内的水，使滑阀（隔水塞）留在孔底，灌入首批混凝土。

首批灌注混凝土的数量应能满足导管埋入混凝土中 1.2m 以上。首批灌注混凝土数量应按图 3-15 和式（3-1）计算。

混凝土浇筑应从最深处开始，相邻导管下口的标高差不应超过导管间距的 1/20～1/15，并保证混凝土表面均匀上升。

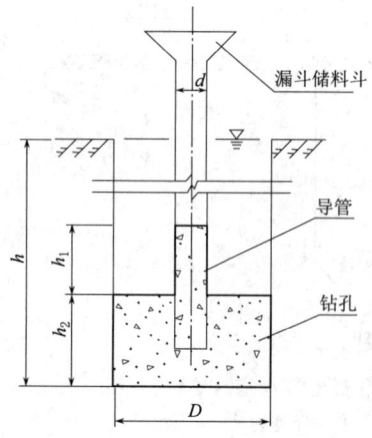

图 3-15 首批灌注混凝土数量计算例图

$$V \geqslant \frac{\pi d^2 h_1}{4} + \frac{k\pi D^2 h_2}{4} \qquad (3-1)$$

式中 V——混凝土初灌量，m^3；

      h_1——导管内混凝土柱与管外泥浆柱平衡所需高度，$h_1=(h-h_2)r_w/r_c$，m，其中，h 为桩孔深度，m，r_w 为泥浆密度，r_c 为混凝土密度，取 $2.3\times10^3 kg/m^3$；

      h_2——初灌混凝土下灌后导管外混凝土面的高度，取 1.3~1.8m；

      d——导管内径，m；

      D——桩孔直径，m；

      k——充盈系数，取 1.3。

4．连续灌注混凝土

首批混凝土灌注正常后，应连续灌注混凝土，严禁中途停工。在灌注过程中，应经常用测锤探测混凝土面的上升高度，并适时提升、逐级拆卸导管，保持导管的合理埋深。探测次数一般不宜少于所适用的导管节数，并应在每次起升导管前，探测一次管内外混凝土面的高度。遇特别情况（局部严重超径、缩径、漏失层位和灌注量特别大时的桩孔等）时应增加探测次数，同时观察返水情况，以正确分析和判定孔内的情况。

在水下灌注混凝土时，应根据实际情况严格控制导管的最小埋深，以保证桩身混凝土的连续均匀，使其不会裹入混凝土上面的浮浆皮和土块等，防止出现断桩现象。对导管的最大埋深，则以能使管内混凝土顺畅流出，便于导管起升和减少灌注提管、拆管的辅助作业时间来确定。最大埋深不宜超过最下端一节导管的长度。灌注接近桩顶部位时，为确保桩顶混凝土质量，漏斗及导管的高度应严格按有关规定确定。

混凝土灌注的上升速度不得小于 2m/h。灌注时间必须控制导管中的混凝土不超过初凝时间。必要时可掺入适量缓凝剂。

5．桩顶混凝土的浇筑

桩顶的灌注标高按照设计要求，且应高于设计标高 1.0m 以上，以便清除桩顶部的浮浆渣层。桩顶灌注完毕后，应立即探测桩顶面的实际标高，常用带有标尺的钢杆和装有可开闭的活门钢盒组成的取样器探测取样，以判断桩顶的混凝土面。

（三）施工注意事项

(1) 导管法施工时的注意事项如下。

1) 灌注混凝土必须连续进行，不得中断，否则先灌入的混凝土达到初凝，将阻止后灌入的混凝土从导管中流出，造成断桩。

2) 从开始搅拌混凝土起，在 1.5h 内应尽量完成灌注。

3) 随孔内混凝土的上升，需逐步快速拆除导管，时间不宜超过 15min，拆下的导管应立即冲洗干净。

4) 在灌注过程中，当导管内的混凝土不满、含有空气时，后续的混凝土宜通过溜槽徐徐灌入漏斗和导管，不得将混凝土整斗从上面倾入管内，以免在导管内形成高压气囊，挤出管节间的橡胶垫而使导管漏水。

(2) 为防止钢筋笼上浮，应采取以下措施。

1) 在孔口固定钢筋笼上端。

2) 灌注混凝土的时间应尽量加快，以防止混凝土进入钢筋笼时，流动性过小。

3) 当孔内混凝土接近钢筋笼时,应保持埋管的深度,并放慢灌注速度。

4) 当孔内混凝土面进入钢筋笼 1~2m 后,应适当提升导管,减小导管的埋置深度,增大钢筋笼在下层混凝土中的埋置深度。

(3) 在灌注将近结束时,由于导管内混凝土柱的高度减小,超压力降低,管外的泥浆及所含渣土的稠度和比重增大。如出现混凝土上升困难的情况,可在孔内加水稀释泥浆,也可掏出部分沉淀物,使灌注工作顺利进行。

(4) 依据孔深、孔径确定初灌量,初灌量不宜小于 $1.2m^3$,且保证一次埋管深度不小于 1000mm。

(5) 水下混凝土的灌注要连续进行,为此在灌注前需做好各项准备工作,同时配备发电机一台,以防停电造成事故。

(6) 在水下混凝土的灌注过程中,勤测混凝土面的上升高度,适时拔管,最大埋管深度不宜大于 8m,最小埋管深度不宜小于 1.5m。桩顶超灌高度宜控制在 800~1000mm,这样既可保证桩顶混凝土的强度,又可防止材料的浪费。

(7) 其他注意事项。

1) 在堆放导管时,须垫平放置,不得搭架摆设。

2) 在吊运导管时,不得超过 5 节连接一次性起吊。

3) 导管在使用后,应立即冲洗干净。

4) 在连接导管时,须垫放橡皮垫并拧紧螺栓,以免出现漏水、漏气等现象。

5) 如桩基施工场地布置影响到混凝土的灌注,可在场地外设置 1~2 台汽车泵输送至桩的灌注位置。

(四) 常见质量缺陷的原因及控制技术

1. 导管堵塞

对混凝土配比或坍落度不符合要求、导管过于弯折或者前后台配合不够紧密的控制措施如下。

(1) 保证粗骨料的粒径、混凝土的配比和坍落度符合要求。

(2) 避免灌注管路有过大的变径和弯折,每次拆卸下来的导管都必须清洗干净。

(3) 加强施工管理,保证前后台配合紧密,及时发现和解决问题。

2. 偏桩

偏桩一般有桩平移偏差和垂直度超标偏差两种。偏桩大多是由场地原因、桩机对位不仔细、地层原因等引起的。其控制措施如下。

(1) 施工前清除地下障碍,平整压实场地,以防钻机偏斜。

(2) 放桩位时认真仔细,严格控制误差。

(3) 注意检查复核桩机在开钻前和钻进过程中的水平度和垂直度。

3. 断桩、夹层

断桩、夹层是因为提钻太快泵送混凝土跟不上提钻速度或者是相邻桩太近串孔造成的。其控制措施如下。

(1) 保持混凝土灌注的连续性,可以采取加大混凝土泵量、配备储料罐等措施。

(2) 严格控制提速,确保中心钻杆内有 $0.1m^3$ 以上的混凝土,如灌注过程中因意外原因造成灌注停滞时间大于混凝土的初凝时间，应重新成孔灌桩。

4. 桩身混凝土强度不足

压灌桩按照泵送混凝土和后插钢筋的技术要求，坍落度一般不小于 18～22cm，因此要求和易性好。配比中一般加有粉煤灰，这样会造成混凝土前期强度较低，加上粗骨料的粒径较小，如果不注意对用水量加以控制，则很容易造成混凝土强度低。其具体控制措施如下。

（1）优化粗骨料级配。大坍落度混凝土一般用粒径为 0.5～1.5cm 的碎石，根据桩径和钢筋长度及地下水情况可以加入部分粒径为 2～4cm 的碎石，并尽量不要加大砂率。

（2）合理选择外加剂。尽量用早强型减水剂代替普通泵送剂。

（3）粉煤灰的选用要经过配比试验确定掺量，粉煤灰至少应选用 II 级灰。

5. 桩身混凝土收缩

桩身收缩是普遍现象，一般通过外加剂和超灌予以解决，施工中保证充盈系数大于 1。其控制措施如下。

（1）桩顶至少超灌 0.4～0.7m，并防止孔口土混入。

（2）选择减水效果好的减水剂。

6. 桩头质量问题

桩头质量问题多为夹泥、气泡、混凝土不足、浮浆太厚等，一般是由于操作控制不当引起的。其控制措施如下。

（1）及时清除或外运桩口出土，防止下笼时混入混凝土中。

（2）保持钻杆顶端气阀开启自如，防止混凝土中积气造成桩顶混凝土含气泡。

（3）桩顶浮浆多因孔内出水或混凝土离析，应超灌排除浮浆后才终孔成桩。

（4）按规定要求进行振捣，并保证振捣质量。

7. 钢筋笼下沉

钢筋笼下沉一般随混凝土的收缩而出现，但有时也因桩顶钢筋笼固定措施不当而出现。其控制措施如下。

（1）避免混凝土收缩，从而防止笼子下沉。

（2）笼顶必须用铁丝加支架固定，12h 后才可以拆除。

8. 钢筋笼无法沉入

钢筋笼无法沉入多是由于混凝土配合比不好或桩周土对桩身产生挤密作用。其控制措施如下。

（1）改善混凝土配合比，保证粗骨料的级配和粒径满足要求。

（2）选择合适的外加剂，并保证混凝土灌注量达到要求。

（3）吊放钢筋笼时保证垂直和对位准确。

9. 钢筋笼上浮

由于相邻桩间距太近导致施工时混凝土串孔或桩周土壤挤密作用造成前一支桩钢筋笼上浮。其控制措施如下。

（1）在相邻桩间距太近时进行跳打，保证混凝土不串孔，只要桩初凝后钢筋笼一般不会再上浮。

(2) 控制好相邻桩的施工时间间隔。

10. 护筒冒水

埋设护筒时若周围填土不密实，或者起落钻头时碰动了护筒，都易造成护筒外壁冒水。其控制措施是：初发现护筒冒水时，可用黏土在护筒四周填实加固。若护筒发生严重下沉或位移，则应返工重埋。

第二节 干作业钻孔灌注桩

干作业钻孔灌注桩是先用钻机在桩位处钻孔，然后在桩孔内放入钢筋骨架，再灌注混凝土而成的桩。其施工过程如图 3-16 所示。

一、施工机械

干作业成孔一般采用螺旋钻机钻孔，如图 3-17 和图 3-18 所示。螺旋钻机根据钻杆形式不同可分为整体式螺旋、装配式长螺旋和短螺旋三种。螺旋钻杆是一种动力旋动钻杆，它是利用钻头的螺旋叶旋转削土，土块由钻头旋转上升而带出孔外。螺旋钻头的外径分别为 400mm、500mm、600mm，钻孔深度相应为 12m、10m、8m。螺旋钻机适用于成孔深度内没有地下水的一般黏土层、沙土及人工填土地基，不适用于有地下水的土层和淤泥质土。

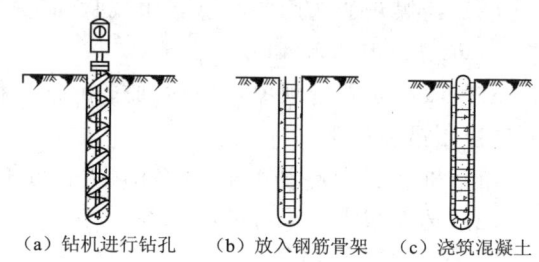

(a) 钻机进行钻孔　(b) 放入钢筋骨架　(c) 浇筑混凝土

图 3-16　干作业钻孔灌注桩的施工过程

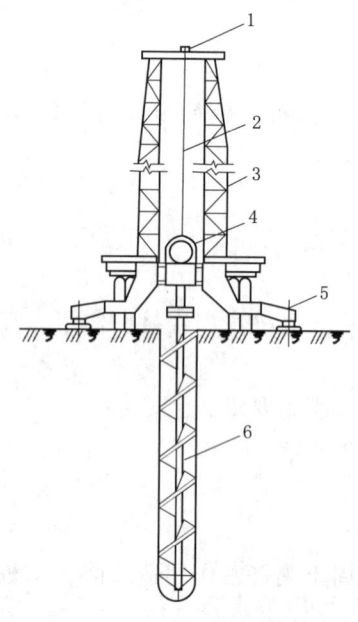

图 3-17　全螺旋钻机
1—导向滑轮；2—钢丝绳；3—龙门导架；
4—动力箱；5—千斤顶支腿；6—螺旋钻杆

图 3-18　液压步履式长螺旋钻机

二、施工工艺

干作业钻孔灌注桩的施工步骤为：螺旋钻机就位对中→钻进成孔、排土→钻至预定深度、停钻→起钻，测孔深、孔斜、孔径→清理孔底虚土→钻机移位→安放钢筋笼→安放混凝土溜筒→灌注混凝土成桩→桩头养护。

（一）钻孔

钻机就位后，钻杆垂直对准桩位中心，开钻时先慢后快，减少钻杆的摇晃，及时纠正钻孔的偏斜或位移。钻孔时，螺旋刀片旋转削土，削下的土沿整个钻杆螺旋叶片上升而涌出孔外，钻杆可逐节接长，直至钻到设计要求规定的深度。在钻孔过程中，若遇到硬物或软岩，应减速慢钻或提起钻头反复钻，穿透后再正常进钻。在砂卵石、卵石或淤泥质土夹层中成孔时，这些土层的土壁不能直立，易造成塌孔，这时钻孔可钻至塌孔下 1~2m，用低强度等级的混凝土回填至塌孔 1m 以上，待混凝土初凝后，再钻至设计要求深度，也可用 3:7 夯实灰土回填代替混凝土进行处理。

（二）清孔

钻孔至规定要求深度后，孔底一般都有较厚的虚土，需要进行专门的处理。清孔的目的是将孔内的浮土、虚土取出，减小桩的沉降。常用的方法是采用 25~30kg 的重锤对孔底虚土进行夯实，或投入低坍落度的素混凝土，再用重锤夯实；或是使钻机在原深处空转清土，然后停止旋转，提钻卸土。

（三）钢筋混凝土施工

桩孔钻成并清孔后，先吊放钢筋笼，后浇筑混凝土。

钢筋骨架的主筋、箍筋、直径、根数、间距及主筋保护层均应符合设计规定，应绑扎牢固，防止变形。用导向钢筋将其送入孔内，同时防止泥土杂物掉进孔内。

钢筋骨架就位后，为防止孔壁坍塌，避免雨水冲刷，应及时浇筑混凝土。即使土层较好，没有雨水冲刷，从成孔至混凝土浇筑的时间间隔也不得超过 24h。灌注桩的混凝土坍落度一般采用 80~100mm，混凝土应连续浇筑，分层浇筑、分层捣实，每层厚度为 50~60cm。当混凝土浇筑到桩顶时，应适当超过桩顶标高，以保证在凿除浮浆层后，桩顶标高和质量符合设计要求。

三、施工注意事项

施工注意事项有如下几个。

（1）应根据地层情况合理选择螺旋钻机和调整钻进参数，并可通过电流表来控制进尺速度，如果电流值增大，则说明孔内阻力增大，此时应减慢钻进速度。

（2）开始钻进及穿过软硬土层交界处时，应缓慢进尺，保持钻具垂直；钻进含有砖头、瓦块、卵石的土层时，应防止钻杆跳动与机架摇晃。

（3）钻进中遇憋车、不进尺或钻进缓慢的情况时，应停机检查，找出原因，采取措施，避免盲目钻进，导致桩孔严重倾斜、垮孔甚至卡钻、折断钻具等恶性孔内事故的发生。

（4）遇孔内渗水、垮孔、缩径等异常情况时，立即起钻，采取相应的技术措施；当上述情况不严重时，可采取调整钻进参数、投入适量黏土球、经常上下活动钻具等措施保持钻进顺畅。

(5) 在冻土层、硬土层施工时，宜采用高转速、小给进量、恒钻压的方法。

(6) 对短螺旋钻进，每回次进尺宜控制在钻头长度的 2/3 左右，砂层、粉土层可控制在 0.8~1.2m，黏土、粉质黏土控制在 0.6m 以下。

(7) 钻至设计深度后，应使钻具在孔内空转数圈以清除虚土，然后起钻，盖好孔口盖，防止杂物落入。

第三节 沉管灌注桩

沉管灌注桩是利用锤击打桩设备或振动沉桩设备，将带有钢筋混凝土的桩尖（或钢板靴）或带有活瓣式桩靴的钢管沉入土中（钢管直径应与桩的设计尺寸一致），造成桩孔，然后放入钢筋骨架并浇筑混凝土，随之拔出套管，利用拔管时的振动将混凝土捣实，便形成所需要的灌注桩。利用锤击沉桩设备沉管、拔管成桩，称为锤击沉管灌注桩，如图 3-19 所示；利用振动器振动沉管、拔管成桩，称为振动沉管灌注桩，如图 3-20 所示。

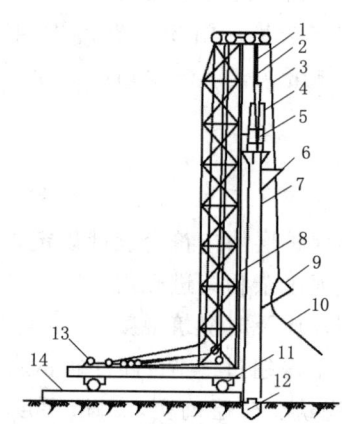
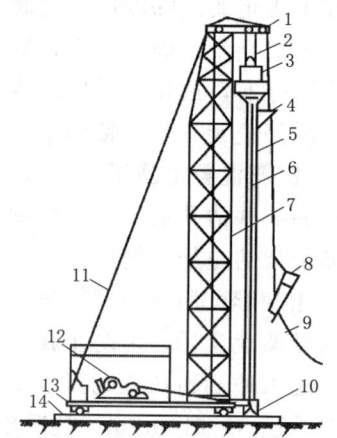

图 3-19 锤击沉管灌注桩
1—桩锤钢丝绳；2—桩管滑轮组；3—吊斗钢丝绳；4—桩锤；5—桩帽；6—混凝土漏斗；7—桩管；8—桩架；9—混凝土吊斗；10—回绳；11—行驶用钢管；12—预制桩靴；13—枕木；14—卷扬机

图 3-20 振动沉管灌注桩
1—导向滑轮；2—滑轮组；3—激振器；4—混凝土漏斗；5—桩帽；6—加压钢丝绳；7—桩管；8—混凝土吊斗；9—回绳；10—活瓣桩靴；11—枕木；12—行驶用钢管；13—卷扬机；14—缆风绳

沉管灌注桩在施工过程中对土体有挤密和振动影响作用。施工中应结合现场施工条件考虑成孔的顺序，主要有如下几种。

(1) 间隔一个或两个桩位成孔。

(2) 在邻桩混凝土初凝前或终凝后成孔。

(3) 一个承台下桩数在 5 根以上者，中间的桩先成孔，外围的桩后成孔。

为了提高桩的质量和承载能力，沉管灌注桩常采用单打法、复打法、翻插法等施工工艺。

(1) 单打法（又称一次拔管法）。拔管时，每提升 0.5~1.0m，振动 5~10s，然后再拔管 0.5~1.0m，这样反复进行，直至全部拔出。

(2) 复打法。在同一桩孔内连续进行两次单打，或根据需要进行局部复打。施工时，应保证前后两次沉管轴线重合，并在混凝土初凝之前进行。

(3) 翻插法。钢管每提升 0.5m，再下插 0.3m，这样反复进行，直至拔出。

施工时注意及时补充套筒内的混凝土，使管内混凝土面保持一定高度并高于地面。

1. 锤击沉管灌注桩

锤击沉管灌注桩适用于一般黏性土、淤泥质土和人工填土地基。其施工过程为：就位（a）→沉套管（b）→初灌混凝土（c）→放置钢筋笼、灌注混凝土（d）→拔管成桩（e），如图 3-21 所示。

锤击沉管灌注桩的施工要点如下。

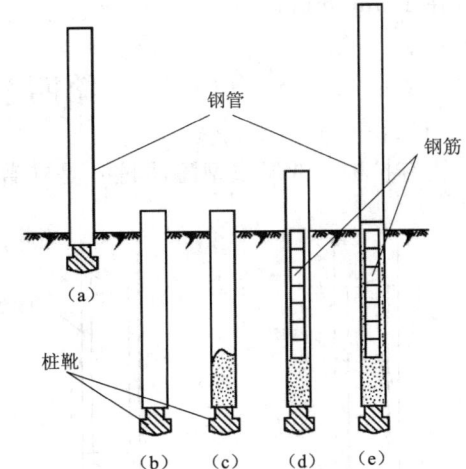

图 3-21 沉管灌注桩的施工过程

(1) 桩尖与桩管接口处应垫麻（或草绳）垫圈，以防地下水渗入管内和做缓冲层。沉管时先用低锤锤击，观察无偏移后，再开始正常施打。

(2) 拔管前应先锤击或振动套管，在测得混凝土确已流出套管时方可拔管。

(3) 桩管内的混凝土应尽量填满，拔管时要均匀，保持连续密锤轻击，并控制拔管速度，一般土层以不大于 1m/min 为宜；软弱土层与软硬交界处，控制在 0.8m/min 以内为宜。

(4) 在管底未拔到桩顶设计标高前，倒打或轻击不得中断，并注意保持管内的混凝土始终略高于地面，直到全管拔出。

(5) 桩的中心距在 5 倍桩管外径以内或小于 2m 时，均应跳打施工；中间空出的桩须待邻桩混凝土达到设计强度的 50% 以后，方可施打。

2. 振动沉管灌注桩

振动沉管灌注桩采用激振器或振动冲击沉管，施工过程为：桩机就位（a）→沉管（b）→上料（c）→拔出钢管（d）→在顶部混凝土内插入短钢筋并浇满混凝土（e），如图 3-22 所示。振动沉管灌注桩宜用于一般黏性土、淤泥质土及人工填土地基，更适用于沙土、稍密及中密的碎石土地基。

振动沉管灌注桩的施工要点如下。

(1) 桩机就位。将桩尖活瓣合拢对准桩位中心，利用振动器及桩管自重把桩尖压入土中。

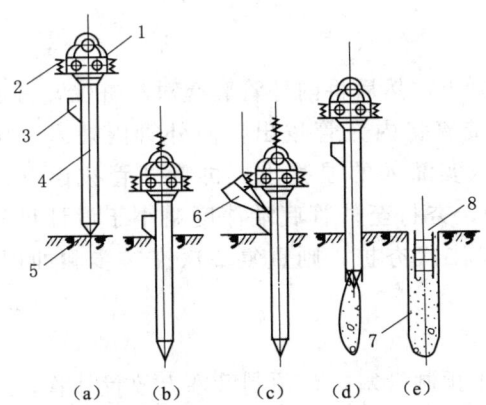

图 3-22 振动套管成孔灌注桩的成桩过程
1—振动锤；2—加压减振弹簧；3—加料口；
4—桩管；5—活瓣桩尖；6—上料口；
7—混凝土桩；8—短钢筋骨架

(2) 沉管。开动振动箱，桩管即在强迫振动下迅速沉入土中。沉管过程中，应经常探测管内有无水或泥浆，如发现水、泥浆较多，应拔出桩管，用砂回填桩孔后方可重新沉管。

(3) 上料。桩管沉到设计标高后停止振动，放入钢筋笼，再上料斗将混凝土灌入桩管内，一般应灌满桩管或略高于地面。

(4) 拔管。开始拔管时，应先启动振动箱 8～10min，并用吊砣测得桩尖活瓣确已张开，混凝土确已从桩管中流出以后，卷扬机方可开始抽拔桩管，边振边拔。拔管速度应控制在 1.5m/min 以内。

第四节 夯 扩 桩

夯扩桩（夯压成型灌注桩）是在普通沉管灌注桩的基础上加以改进，增加一根内夯管，如图 3-23 所示，使桩端扩大的一种桩型。内夯管的作用是在夯扩工序时，将外管混凝土夯出管外，并在桩端形成扩大头；在施工桩身时利用内管和桩锤的自重将桩身混凝土压实。夯扩桩适用于一般黏性土、淤泥、淤泥质土、黄土、硬黏性土；也可用于有地下水的情况。桩端持力层可为可塑至硬塑粉质黏土、粉土或沙土，且具有一定厚度。如果土层较差，没有较理想的桩端持力层，可采用二次或三次夯扩。

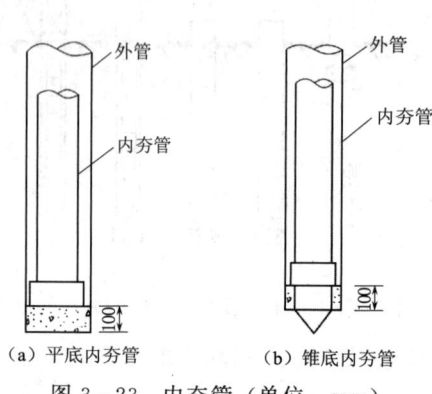

图 3-23 内夯管（单位：mm）

1. 施工机械

夯扩桩可采用静压或锤击沉桩机械设备。静压法沉桩机械设备由桩架、压液或液压抱箍、桩帽、卷扬机、钢索滑轮组或液压千斤顶等组成。压桩时，开动卷扬机，通过桩架顶梁逐步将压梁两侧的压桩滑轮组钢索收紧，并通过压梁将整个压桩机的自重和配重施加在桩顶上，把桩逐渐压入土中。

2. 施工工艺

夯扩桩施工时，先在桩位处按要求放置干混凝土，然后将内外管套叠对准桩位，再通过柴油锤将双管打入地基土中至设计要求深度，接着将内夯管拔出，向外管内灌入一定高度（H）的混凝土，然后将内管放入外管内压实灌入的混凝土，再将外管拔起一定高度（h）。通过柴油锤与内夯管夯打管内混凝土，夯打至外管底端深度略小于设计桩底深度处（差值为 c）。此过程为一次夯扩，如需第二次夯扩，则重复一次夯扩步骤即可，如图 3-24 所示。

操作要点如下。

(1) 放内外管。在桩心位置上放置钢筋混凝土预制管塞，在预制管塞上放置外管，外管内放置内夯管。

(2) 第一次灌注混凝土。静压或锤击外管和内夯管，当其沉入设计深度后把内夯管从外管中抽出，向夯扩部分灌入一定高度的混凝土。

(3) 静压或锤击。把内夯管放入外管内，将外管拔起一定高度。静压或锤击内夯管，将外管内的混凝土压出或夯出管外。在静压或锤击作用下，使外管和内夯管同步沉入规定

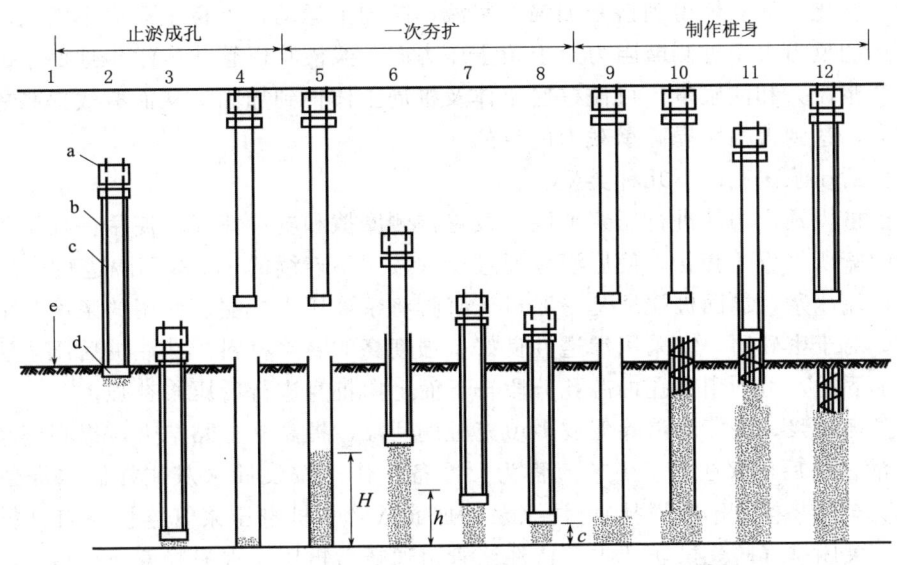

图 3-24 夯扩桩施工

a—柴油锤；b—外管；c—内管；d—内管底板；e—C20 干硬混凝土；$H>h>c$

深度。

（4）灌混凝土成桩。把内夯管从外管内拔出，向外管内灌满桩身部分所需的混凝土，然后将顶梁或桩锤和内夯管压在桩身混凝土上，上拔外管，外管拔出后，混凝土成桩。

施工注意事项如下。

（1）夯扩桩可采用静压或锤击沉管进行夯压、扩底、扩径。内夯管比外管短 100mm，内夯管底端可采用闭口平底或闭口锥底。

（2）沉管过程中，外管封底可采用干硬性混凝土、无水混凝土，经夯击形成阻水、阻泥管塞，其高度一般为 100mm。当不出现由内、外管间隙涌水、涌泥的情况时，也可不采取上述封底措施。

（3）桩的长度较大或需配置钢筋笼时，桩身混凝土宜分段灌注，拔管时内夯管和桩锤应施压于外管中的混凝土顶面，边压边拔。

（4）工程施工前宜进行试成桩，应详细记录混凝土的分次灌入量、外管上拔高度、内管夯击次数、双管同步沉入深度，并检查外管的封底情况，有无进水、涌泥等，经核定后作为施工控制依据。

第五节　PPG 灌注桩后压浆法

PPG（压力后注浆技术）灌注桩后压浆法是利用预先埋设于桩体内的注浆系统，通过高压注浆泵将高压浆液压入桩底，浆液克服土粒之间的抗渗阻力，不断渗入桩底沉渣及桩底周围土体孔隙中，排走孔隙中的水分，充填于孔隙之中。由于浆液的充填胶结作用，在桩底形成一个扩大头。另外，随着注浆压力及注浆量的增加，一部分浆液克服桩侧摩阻力及上覆土压力沿桩土界面不断向上泛浆，高压浆液破坏泥皮，渗入（挤入）桩侧土体，使桩周松动（软化）的土体得到挤密加强。浆液不断向上运动，上覆土压力不断减小，当浆液向上传递的反力大于桩侧摩阻力及上覆土压力时，浆液将以管状流溢出地面。因此，控制一定的注浆压力和注浆量，可使桩底土体及桩周土体得到加固，从而有效提高桩端阻力和桩侧阻力，达到大幅度提高承载力的目的。

灌注桩后压浆法有以下几种类型。

（1）借桩内预设构件进行压浆加固，改善桩侧摩擦和支承情况。使用一根钢管及装在其内部的内管所组成的套管，使后灌浆通过单阀按照不连续的1m的间隔进行压浆。

（2）桩端压浆，加固桩端地基。通过压浆管将浆液压入桩端。使用的浆液视地基岩土类型而定，对于密砂层，宜采用渗透性良好、强度高的灌浆材料。灌注桩后压浆法用于灌注桩修补加固时，可利用钻孔抽芯孔分段自下而上向桩身进行后压浆补强。

（3）桩侧压浆，破坏和消除泥皮，填充桩侧间隙，提高桩土黏结力，提高侧摩阻力。

PPG灌注桩后压浆法施工工艺流程为：准备工作→按设计水灰比拌制水泥浆液→水泥浆经过滤至储浆桶（不断搅拌）→注浆泵、加筋软管与桩身压浆管连接→打开排气阀并开泵放气→关闭排气阀先试压清水，待注浆管道通畅后再压注水泥浆液→桩检测。

一、注浆设备及注浆管的安装

高压注浆系统由浆液搅拌器、带滤网的贮浆斗、高压注浆泵、压力表、高压胶管、预埋在桩中的注浆导管和单向阀等组成。

（一）高压注浆泵

高压注浆泵是实施后压浆的主要设备，高压注浆泵一般采用额定压力为6～12MPa、额定流量为30～100L/min的注浆泵；高压注浆泵的压力表量程为额定泵压的1.5～2.0倍。一般工程常用2TGZ-120/105型高压注浆泵，该泵的浆量和压力根据实际需要可随意变挡调速，可吸取浓度较大的水泥浆、化学浆液、泥浆、油、水等介质的单液浆或双液浆，吸浆量和喷浆量可大可小。2TGZ型高压注浆泵的技术参数见表3-1。

表3-1　　　　　　　　2TGZ型高压注浆泵的技术参数

传动速度	排浆量/(L/min)	最大压力/MPa	电机/kW	重量/kg	长/mm	宽/mm	高/mm
1速	32	10.5	11	1070	1900	1000	750
2速	38	9					
3速	75	5					
4速	120	3					

浆液搅拌器的容量应与额定压浆流量相匹配，搅拌器的浆液出口应设置水泥浆滤网，避免因水泥团进入贮浆筒后被吸入注浆导管内而造成堵管或爆管事件的发生。

高压注浆泵与注浆管之间采用能承受2倍以上最大注浆压力的加筋软管，其长度不超过50cm，输浆软管与注浆管之间设置卸压阀。

（二）压浆管的制作

注浆管一般采用φ25、管壁厚度为2.5mm的焊接钢管，管阀与注浆管焊接连接。注浆管随同钢筋笼一起沉入钻孔中，边下放钢筋笼边接长注浆管，注浆管紧贴钢筋笼内侧，并用铁丝在适当位置固定牢固，注浆管应沿钢筋笼圆周对称设置，注浆管的根数根据设计要求及桩径大小确定。注浆管压浆后可取代等强度截面钢筋。注浆管的根数根据桩径大小进行设置，可参照表3-2的规定。

表3-2　　　　　　　　　　　注 浆 管 根 数

桩径/mm	$D<1000$	$1000 \leqslant D<2000$	$D \geqslant 2000$
根数	2	3	4

桩底压浆时，管阀底端进入桩端土层的深度应根据桩端土层的类别确定，持力层过硬时可适当减小，持力层较软弱及孔底沉渣较厚时可适当增加。一般管阀进入桩端土层的深度可参照表3-3确定。

表3-3　　　　　　　　　　管阀进入桩端土层的深度

桩端土层类别	黏性土、黏土、沙土	碎石土、风化岩
管阀进入土层深度/mm	$\geqslant 200$	$\geqslant 100$

桩侧压浆时，管阀设置应综合地层情况、桩长、承载力增幅要求等因素确定，一般离桩底5～15m以上每8～10m设置一道。

压浆管的长度应比钢筋笼的长度多出55cm，在桩底部长出钢筋笼5cm，上部高出桩顶混凝土面50cm，但不得露出地面，以便于保护。

桩底压浆管采用两根通长注浆管布置于钢筋笼内，用铁丝绑扎，分别放于钢筋笼两侧。注浆管一般超出钢筋笼300～400mm，其超出部分钻上花孔，予以密封。

桩侧压浆管由钢导管下放至设计标高，用弹性软管（PVC）连接。在预定的灌浆断面弹性软管环置于钢筋笼外侧捆绑，钢管置于钢筋笼内，两者用三通连接，在弹性软管沿环向外侧均匀钻一圈小孔，并予以密封。

在压浆管最下部20cm处制作成压浆喷头（俗称"花管"），在该部分采用钻头均匀钻出4排（每排4个）、间距为3cm、直径为3mm的压浆孔作为压浆喷头；用图钉将压浆孔堵严，外面套上同直径的自行车内胎并在两端用胶带封严，这样压浆喷头就形成了一个简易的单向装置。当注浆时，压浆管中的压力将车胎迸裂、图钉弹出，水泥浆通过注浆孔和图钉的孔隙压入碎石层中，而灌注混凝土时该装置又可以保证混凝土浆不会将压浆管堵塞。

将两根压浆管对称绑在钢筋笼的外侧。成孔后清孔、提钻、下钢筋笼。在钢筋笼的吊装安放过程中要注意对压浆管的保护，钢筋笼不得扭曲，以免造成压浆管在丝扣连接处松动，喷头部分应加混凝土垫块进行保护，不得摩擦孔壁，以免造成压浆孔的堵塞。

二、水泥浆配制与注浆

（一）水泥浆配制

采用与灌注桩混凝土同强度等级的普通硅酸盐水泥与清水拌制成水泥浆液，水灰比根据地下土层情况适时调整，一般水灰比为0.45～0.6。

先根据试验按搅拌筒上的对应刻度确定一定水灰比的水泥浆液，在正式搅拌前，将一定水灰比水泥浆液的对应刻度在搅拌筒外壁上做出标记。配制水泥浆液时先在搅拌机内加一定量的水，然后边搅拌边加入定量的水泥，根据水灰比再补加水，水泥浆搅拌好后应达到对应刻度。搅拌时间不少于 3min，浆液中不得混有水泥结石、水泥袋等杂物。水泥浆搅拌好后，过滤后放入储浆筒，水泥浆在储浆筒内也要不断地进行搅拌。

（二）注浆

在碎石层中，水泥浆在工作压力的作用下影响面积较大。为防止压浆时水泥浆液从邻近薄弱地点冒出，压浆的桩应在混凝土灌注完成 3~7d 后，该桩周围至少 8m 范围内没有钻机钻孔作业，且该范围内的桩混凝土灌注完成也应在 3d 以上。

压浆时最好采用整个承台群桩一次性压浆，压浆时先施工周边桩再施工中间桩。压浆时采用两根桩循环压浆，即先压第一根桩的 A 管，压浆量约占总量的 70%，压完后再压另一根桩的 A 管，然后依次为第一根桩的 B 管和第二根桩的 B 管，这样就能保证同一根桩两根管的压浆时间间隔在 30~60min 以上，给水泥浆一个在碎石层中扩散的时间。压浆时应做好施工记录，记录的内容应包括施工时间、压浆开始及结束时间、压浆数量以及出现的异常情况和处理的措施等。

注浆前，为使整个注浆线路畅通，应先用压力清水开塞，开塞的时机为桩身混凝土初凝后、终凝前，用高压水冲开出浆口的管阀密封装置和桩侧混凝土（桩侧压浆时）。开塞采用逐步升压法，当压力骤降、流量突增时，表明通道已经开通，应立即停机，以防止大量水涌入地下。

正式注浆作业之前，应进行试注浆，对浆液水灰比、注浆压力、注浆量等工艺参数进行调整优化，最终确定工艺参数。

在注浆过程中，应严格控制单位时间内水泥浆的注入量和注浆压力。注浆速度一般控制在 30~50L/min。

当设计对压浆量无具体要求时，应根据式（3-2）和式（3-3）计算压浆量。

桩底压浆水泥用量：

$$G_{cp} = \pi(htd + \xi n_0 d^3) \qquad (3-2)$$

桩侧注浆水泥用量：

$$G_{cs} = \pi[t(L-h)d + \xi m n_0 d^3] \qquad (3-3)$$

式中 G_{cp}、G_{cs}——桩底、桩侧注浆水泥用量，t；

d、L——桩直径、桩长，m；

h——桩底压浆时浆液沿桩侧上升高度，m，桩底单压浆时，h 可取 10~20m，桩侧为细粒土时取高值，为粗粒土时取低值，复式压浆时，h 可取桩底至其上桩侧压浆断面的距离；

t——包裹于桩身表面的水泥结石厚度，可取 0.01~0.03m，桩侧为细粒土及正循环成孔取高值，粗粒土及反循环孔取低值；

n_0——桩底、桩侧土的天然孔隙率，$n_0 = e_0/(1+e_0)$，e_0 为天然孔隙比；

ξ——水泥充填率，对于细粒土取 0.2~0.3，对于粗粒土取 0.5~0.7；

m——桩侧注浆横断面数。

注浆压力可通过试压浆确定，也可以根据式（3-4）计算确定。

$$p_g = p_w + \zeta_x \sum \gamma_i h_i \qquad (3-4)$$

式中 p_g——泵压，kPa；

p_w——桩侧、桩底注浆处静水压力;

γ_i——注浆点以上第 i 层土的有效重度,kPa;

h_i——注浆点以上第 i 层土的厚度,m;

ζ_x——注浆阻力经验系数,与桩底桩侧土层类别、饱和度、密实度、浆液稠度、成桩时间、输浆管长度等有关。桩底压浆时 ζ_x 的取值见表 3-4。

表 3-4　　　　　桩底压浆时 ζ_x 的取值

土层类别	软土	饱和黏性土、粉土、粉细砂	非饱和黏性土、粉土、粉细砂	中粗砂砾、卵石	风化岩
ζ_x	1.0~1.5	1.5~2.0	20~40	1.2~3.0	10~40

当土的密实度高、浆液水灰比小、输浆管长度大、成桩间歇时间长时,ζ_x 取高值;对于桩侧压浆,ζ_x 取桩底压浆取值的 0.3~0.7 倍。

被压浆桩离正在成孔桩作业点的距离不小于 $10d$（d 为桩径),桩底压浆应对两根注浆管实施等量压浆,对于群桩压浆,应先外围、后内部。

在压浆过程中,当出现下列情况之一时应改为间歇压浆,间歇时间为 30~180min。间歇压浆可适当降低水灰比,若间歇时间超过 60min,则应用清水清洗注浆管和管阀,以保证后续压浆能正常进行。

(1) 注浆压力长时间低于正常值。

(2) 地面出现冒浆或周围桩孔串浆。

对注浆过程采用"双控"的方法进行控制。当满足下列条件之一时可终止压浆。

(1) 压浆总量和注浆压力均达到设计要求。

(2) 压浆总量已经达到设计值的 70%,且注浆压力达到设计注浆压力的 150% 并维持 5min 以上。

(3) 压浆总量已经达到设计值的 70%,且桩顶或地面出现明显上抬。桩体上抬不得超过 2mm。

压浆作业过程记录应完整,并经常对后压浆的各项工艺参数进行检查,发现异常情况时,应立即查明原因,采取措施后继续压浆。

压浆作业过程的注意事项如下。

(1) 后压浆施工过程中,应经常对后压浆的各工艺参数进行检查,发现异常立即采取处理措施。

(2) 压浆作业过程中,应采取措施防止爆管、甩管、漏电等。

(3) 操作人员应佩戴安全帽、防护眼镜、防尘口罩。

(4) 压浆泵的压力表应定期进行检验和核定。

(5) 在水泥浆液中可根据实际需要掺加外加剂。

(6) 施工过程中,应采取措施防止粉尘污染环境。

(7) 对于复式压浆,应先桩侧后桩底;当多断面桩侧压浆时,应先上后下,间隔时间不宜少于 3h。

第四章

预制桩基础施工

第一节 打桩前的准备工作

一、施工场地准备

桩基础工程在施工前，应根据工程规模的大小和复杂程度，编制整个分部工程施工组织设计或施工方案。沉桩前，现场准备工作的内容有处理障碍物、平整场地、抄平放线定桩位、进行打桩试验、确定打桩顺序以及桩帽、垫衬和送桩设备机具准备等。

(1) 处理障碍物。打桩前，宜向城市管理、供水、供电、煤气、电信、房管等有关单位提出申请，认真处理高空、地上和地下的障碍物；对现场周围建筑物、驳岸、地下管线等做全面检查，必要时予以加固或采取隔振措施或拆除，以免打桩中由于振动的影响引起倒塌。

(2) 平整场地。打桩场地必须平整、坚实，必要时宜铺设道路，经压路机碾压密实，场地四周应挖排水沟以利排水。

(3) 抄平放线定桩位。在打桩现场附近设水准点，其位置应不受打桩影响，数量不得少于两个，用以抄平场地和检查桩的入土深度。要根据建筑物的轴线控制桩定出桩基础的每个桩位，可用小木桩标记。正式打桩之前，应对桩基的轴线和桩位复查一次。以免因小木桩挪动、丢失而影响施工。桩位放线允许偏差为20mm。

(4) 进行打桩试验。施工前应做不少于两根桩的打桩工艺试验，用以了解桩的沉入时间、最终沉入度、持力层的强度、桩的承载力以及施工过程中可能出现的各种问题和反常情况等，以便检验所选的打桩设备和施工工艺，确定是否符合设计要求。

(5) 确定打桩顺序。打桩顺序直接影响到桩基础的质量和施工速度，应根据桩的密集程度（桩距大小）、桩的规格、桩的长短、桩的设计标高、工作面布置、工期要求等综合考虑。根据桩的密集程度，打桩顺序一般分为逐段打设、自中部向四周施打和由中间向两侧施打三种，如图4-1所示。当桩的中心距大于4倍桩的边长或直径时，可采用上述两种打法，或逐排单向打设，如图4-1 (a) 所示。相反，当桩的中心距不大于4倍桩的直径或边长时，应自中部向四周施打，如图4-1 (b) 所示，或由中间向两侧对称施打，如图4-1 (c) 所示。根据基础的设计标高和桩的规格，宜按先深后浅、先大后小、先长后短的顺序进行打桩。

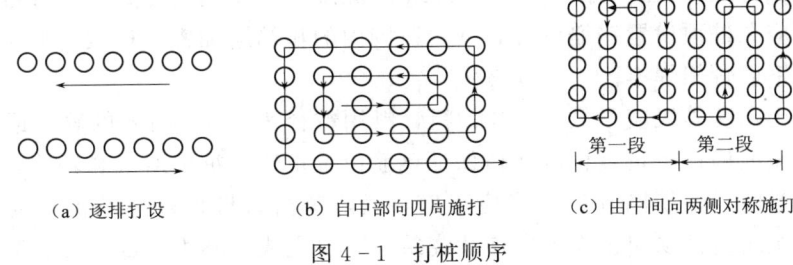

(a) 逐排打设　　(b) 自中部向四周施打　　(c) 由中间向两侧对称施打

图 4-1　打桩顺序

(6) 桩帽、垫衬和送桩设备机具准备。

二、桩的制作、运输和堆放

(一) 桩的制作

较短的桩多在预制厂生产。较长的桩一般在打桩现场附近或打桩现场就地预制。

桩分节制作时，单节长度应满足桩架的有效高度、制作场地条件、运输与装卸能力的要求，同时应避免桩尖接近硬持力层或桩尖处于硬持力层中接桩，上节桩和下节桩应尽量在同一纵轴线上预制，使上下节钢筋和桩身偏差减小。如在工厂制作，为便于运输，单节长度不宜超过12m；如在现场预制，单节长度不宜超过30m。

制桩时，应做好浇筑日期、混凝土强度、外观检查、质量鉴定等记录，以供验收时查用。每根桩上应标明编号、制作日期，如不预埋吊环，则应标明绑扎位置。

实心混凝土方桩现场预制时多采用工具式木模板或钢模板，支在坚实平整的地坪上，模板应平整牢靠、尺寸准确。制作预制桩的方法有并列法、间隔法、重叠法和翻模法等，现场多采用间隔重叠法施工，如图4-2所示，一般重叠层数不宜超过四层。施工时，桩与桩、桩与底模之间应涂刷隔离剂，防止黏结。上层桩或邻桩的浇筑须在下层桩或邻桩的混凝土达到设计强度的30%以后才能进行，浇筑完毕后要加强养护，防止由于混凝土收缩产生裂缝。

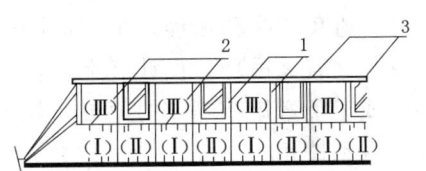

图 4-2　间隔重叠法施工
1—隔离剂或隔离层；2—侧模板；3—卡具；
Ⅰ、Ⅱ、Ⅲ—第一、第二、第三批浇筑桩

钢筋混凝土桩的预制程序为：压实、整平制作场地→场地地坪做三七灰土或浇筑混凝土→支模→绑扎钢筋骨架、安设吊环→浇筑桩混凝土→养护至30%强度拆模→支间隔端头模板、刷隔离剂、绑扎钢筋→浇筑间隔桩混凝土→同法间隔重叠制作第二层桩→养护至70%强度起吊→达100%强度后运输、堆放。

桩的制作场地应平整、坚实，排水通畅，不得产生不均匀沉降，以防桩产生变形。模板可保证桩的几何尺寸准确，使桩面平整、挺直；桩顶面模板应与桩的轴线垂直；桩尖四棱锥面呈正四棱锥体，且桩尖位于桩的轴线上。

桩身配筋与沉桩方法有关，锤击沉桩的纵向钢筋配筋率不宜小于0.8%，静力压桩不宜小于0.4%，桩的纵向钢筋直径不宜小于14mm，当桩截面宽度或直径大于或等于350mm时，纵向钢筋不应少于8根。钢筋骨架主筋连接时宜采用对焊或电弧焊；主筋接头配置在同一截面内的数量，对于受拉钢筋不得超过50%；相邻两根主筋接头截面的距离应大于35倍的主筋直径，并不小于500mm。桩顶和桩尖直接受到冲击力易产生很高的局部应力，故应在桩顶设置钢筋网片，一定范围内的箍筋应加密；桩尖一般用钢板或粗钢筋制作，并与钢筋骨架焊牢。

桩的混凝土强度等级应不低于C30，粗骨料用粒径为5～40mm的碎石或卵石，宜用机械搅拌、机械振捣；浇筑过程应严格保证钢筋位置正确，桩尖对准纵轴线，纵向钢筋顶部保护层不宜过厚，钢筋网片的距离应正确，以防锤击时桩顶破坏及桩身混凝土剥落破坏。混凝土浇筑应由桩顶向桩尖方向连续浇筑，一次完成，不得中断，并应防止一端砂浆积聚过多。桩顶与桩尖处不得有蜂窝、麻面和裂缝。浇筑完毕应覆盖、洒水养护不少于7d。拆模时，混凝土应达到一定的强度，保证不掉角，桩身不缺损。

预制桩制作的允许偏差：横截面边长为±5mm；保护层厚度为±5mm；桩顶对角线之差为10mm；桩顶平面对桩中心线的位移为10mm；桩身弯曲矢高不大于0.1%桩长，且不大于20mm；桩顶平面对桩中心线的倾斜不大于30mm。桩的表面应平整、密实，掉角的深度不应超过10mm，且局部蜂窝和掉角的缺损总面积不得超过该桩表面全部面积的0.5%，并不得过分集中；由于混凝土收缩产生的裂缝，深度不得大于20mm，宽度不得大于0.25mm；横向裂缝长度不得超过边长的一半（管桩、多角形桩不得超过直径或对角线的1/2）。

（二）桩的运输

当桩的混凝土强度达到设计强度标准值的70%后方可起吊，若需提前起吊，则必须采取必要的措施并经强度和抗裂度验算合格后方可进行。桩在起吊搬运时，必须做到平稳提升，避免冲击和振动，吊点应同时受力，保护桩身质量。吊点位置应严格按设计规定进行绑扎。若无吊环，设计又无规定，绑扎点的数量和位置按桩长而定，应符合起吊弯矩最小（或正负弯矩相等）的原则，如图4-3所示。用钢丝绳捆绑桩时应加衬垫，以避免损坏桩身和棱角。

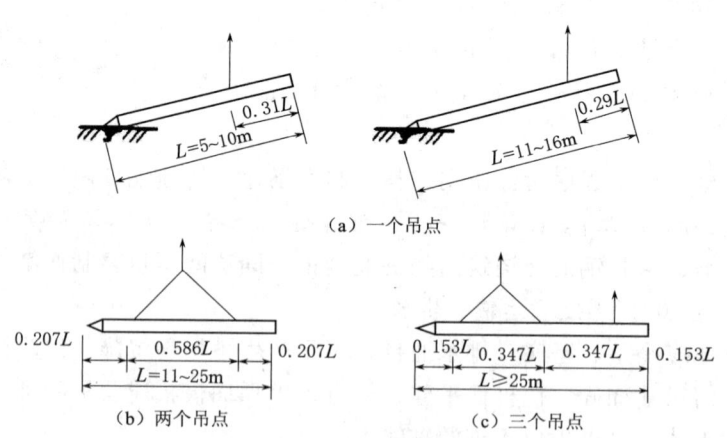

图4-3 吊点的合理位置

桩运输时的混凝土强度应达到设计强度标准值的100%。桩从制作处运到现场以备打桩时，应根据打桩顺序随打随运，避免二次搬运。对于桩的运输方式，短桩运输可采用载重汽车，现场运距较近时，可直接用起重机吊运，也可采用轻轨平板车运输；长桩运输可采用平板拖车、平台挂车等运输。装载时桩的支承点应按设计吊点位置设置，并垫实、支撑和绑扎牢固，以防止运输中发生晃动或滑动。

(三) 桩的堆放

桩堆放时，地面必须平整、坚实，垫木间距应根据吊点确定，各层垫木应位于同一垂直线上，最下层垫木应适当加宽，堆放层数不宜超过4层。不同规格的桩，应分别堆放。

第二节 锤 击 沉 桩

一、打桩设备

打桩所用的机械设备主要由桩锤、桩架及动力装置三部分组成。桩锤是对桩施加冲击力，将桩打入土中的机具；桩架的主要作用是支持桩身和桩锤，并在打桩过程中保持桩的方向不偏移；动力装置一般包括启动桩锤用的动力设施（取决于所选桩锤），如采用蒸汽锤，则需配蒸汽锅炉、卷扬机等。

(一) 桩锤

1. 选择桩锤类型

常用的桩锤有落锤、柴油桩锤、单动汽锤、双动汽锤、振动桩锤、液压桩锤等。各类桩锤的工作原理、适用范围及特点见表4-1。

表4-1　　　　　各类桩锤的工作原理、适用范围及特点

桩锤种类	原　理	适　用　范　围	特　点
落锤	用绳索或钢丝绳通过吊钩由卷扬机沿桩架导杆提升到一定高度，然后自由下落，利用锤的重力夯击桩顶，使桩沉入土中	(1) 适用于打木桩及细长尺寸的钢筋混凝土预制桩； (2) 在一般土层、黏土和含有砾石的土层均可使用	(1) 构造简单，使用方便，费用低； (2) 冲击力大，可通过调整锤重和落距改变冲击能力； (3) 锤击速度慢（每分钟6~20次），效率低，贯入能力低，桩顶部易被打坏
柴油桩锤	以柴油为燃料，以冲击部分的冲击力和燃烧压力为驱动力来推动活塞往返运动，引起锤头跳动夯击桩顶进行打桩	(1) 适用于打各种桩； (2) 适用于在一般土层中打桩，不适用于在硬土和松软土中打桩	(1) 重量轻，体积小，打击能量大； (2) 不需外部能量，机动性强，打桩快，桩顶不易被打坏，燃料消耗少； (3) 振动大，噪声高，润滑油飞散，遇硬土或软土时不宜使用
单动汽锤	利用外供蒸汽或压缩空气的压力将冲击体拖升至一定高度，配气阀释放出蒸汽，使其自由下落击打桩	(1) 适用于打各种桩，包括打斜桩和水中打桩； (2) 尤其适合用套管法打灌注桩	(1) 结构简单，落距小，精度高，桩头不易损坏； (2) 打桩速度及冲击力较落锤大，效率较高（每分钟25~30次）

续表

桩锤种类	原 理	适 用 范 围	特 点
双动汽锤	利用蒸汽或压缩空气的压力将锤头上举及下冲,增加夯击能量	(1)适用于打各种桩,并可打斜桩和水中打桩; (2)适应各种土层; (3)可用于拔桩	(1)冲击力大,工作效率高(每分钟100～200次); (2)设备笨重,移动较困难
振动桩锤	利用锤的高频振动带动桩身振动,使桩身周围的土体产生液化,减小桩侧与土体间的摩阻力,将桩沉入或拔出土中	(1)适用于施打一定长度的钢管桩、钢板桩、钢筋混凝土预制桩和灌注桩; (2)适用于亚黏土、黄土和软土,特别适合在砂性土、粉细砂中沉桩,不宜用于岩石、砾石和密实的黏性土层	(1)施工速度快,使用方便,施工费用低,施工无公害污染; (2)结构简单,维修保养方便; (3)不适合打斜桩
液压桩锤	单作用液压锤是冲击块通过液压装置提升到预定的高度后快速释放,冲击块以自由落体方式打击桩体。而双作用锤是冲击块通过液压装置提升到预定高度后,以液压驱使下落,冲击块能获得更大的加速度、更高的冲击速度与冲击能量来打击桩体,每一击贯入度更大	(1)适用于打各种桩; (2)适用于在一般土层中打桩	(1)施工无烟气污染,噪声较低,打击力峰值小,桩顶不易损坏,可用于水下打桩; (2)结构复杂,保养与维修工作量大,价格高,冲击频率小,作业效率比柴油锤低

常用的柴油锤和单缸两冲程柴油机一样,是依靠上活塞的往复运动产生冲击进行沉桩作业的。其工作原理如图4-4所示。下面分4个程序详细说明。

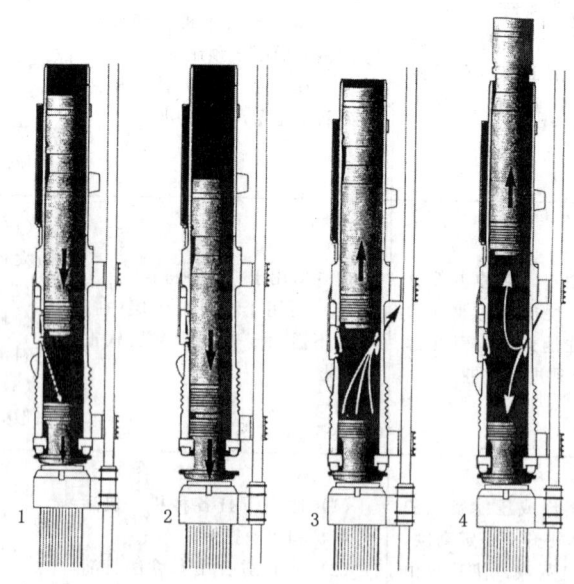

图4-4 柴油锤的工作原理

（1）燃料的供给和压缩开始。上活塞下落撞击燃油泵杠杆，使燃油泵将一定量柴油喷至下活塞冲击面。当上活塞继续下落经过吸排气口时，将排气口封闭，开始压缩汽缸内的空气。逐渐增加的空气压力将下活塞和桩帽紧密地压在桩头上。

（2）冲击和爆炸。上活塞继续下降，克服压缩空气的阻力与下活塞碰撞，即发生冲击，将下活塞冲击面上的柴油雾化飞溅至燃烧室内，同时将桩打下。燃烧室内的油雾和高压空气混合后被点燃爆炸，爆炸力继续将桩往下打，同时将上活塞向上弹起构成了一个工作循环。

（3）排气。上活塞被膨胀的气体继续向上推，当最后一道活塞环离开排气口时，汽缸内燃烧的高温高压废气立即从排气口排出。

（4）扫气。上活塞继续向上运动，汽缸内产生部分真空，外部的新鲜空气通过吸排气口进入汽缸，并彻底将废气扫出，燃油泵的压油杠杆被释放恢复原位，燃油泵重新吸入柴油。上活塞到达最高点之后，由于自重作用向下降落，迫使汽缸内的气体进行搅动，使混合气体部分排出汽缸外。

筒式柴油打桩锤的打桩过程是气体压力和冲击力的联合作用。它实现了上活塞对下活塞的一个冲击过程，然后产生一个爆炸力，即二次打桩，这个力虽然比冲击力要小，但它是作用在已经被冲动的桩上，所以对桩的下沉还是有很大作用的。

2. 选择桩锤重量

用锤击法沉桩，选择桩锤是关键，一是锤的类型，二是锤的重量。锤击应该有足够的冲击能量，施工中宜选择重锤低击。桩锤过重，所需动力设备过大，会消耗过多的能源，不经济，且易将桩打坏；桩锤过轻，必将增大落距，锤击功很大部分被桩身吸收，使桩身产生回弹，桩不易打入，且锤击次数过多，常常出现桩头被打坏或使混凝土保护层脱落的现象，严重的甚至使桩身断裂。因此，应选择稍重的锤，用重锤低击和重锤快击的方法效果较好。锤重一般根据施工现场情况、机具设备性能、工作方式、工作效率等条件选择。表4-2为锤重选择表示例。

表4-2　　　　　　　　　锤重选择表示例

锤型		柴油锤/t					
		2.0	2.5	3.5	4.5	6.0	7.2
锤的动力性能	冲击部分重/t	2.0	2.5	3.5	4.5	6.0	7.2
	总重/t	4.5	6.5	7.2	9.6	15.0	18.0
	冲击力/kN	2000	2000~2500	2500~4000	4000~5000	5000~7000	7000~10000
	常用冲程/m	1.8~2.3					
适用的桩规格	预制方桩、预应力管桩的边长或直径/mm	250~350	350~400	400~450	450~500	500~550	550~600
	钢管桩直径/mm	400	400	400	600	900	900~1000

续表

锤型			柴油锤/t					
			2.0	2.5	3.5	4.5	6.0	7.2
持力层	黏性土粉土	一般进入深度/m	1~2	1.5~2.5	2~3	2.5~3.5	3~4	3~5
		静力触探比贯入阻力 p_s 平均值/MPa	3	4	5	>5	>5	>5
	沙土	一般进入深度/m	0.5~1.0	0.5~1.5	1.0~2.0	1.5~2.5	2.0~3.0	2.5~3.5
		标准贯入度击数/N	15~25	20~30	30~40	40~45	45~50	50
锤的常用控制贯入度/(cm/10击)			—	2~3	—	3~5	4~8	—
设计单桩极限承载力/kN			400~1200	800~1600	2500~4000	3000~5000	5000~700	7000~10000

（二）桩架

桩架的形式有多种，常用的通用桩架（能适应多种桩锤）有两种基本形式：一种是沿轨道行驶的多功能桩架，另一种是安装在履带底盘上的履带式桩架。

多功能桩架由立柱、斜撑、回转工作台、底盘及传动机构组成，如图4-5所示。这种桩架的机动性和适应性很强，在水平方向可做360°回转，立柱可前后倾斜，可适应各种预制桩及灌注桩施工。其缺点是机构庞大，组装拆迁较麻烦。

履带式桩架以履带式起重机为底盘，增加立柱与斜撑用以打桩，如图4-6所示。此种桩架具有操作灵活、移动方便、施工效率高等优点，适用于各种预制桩及灌注桩施工。

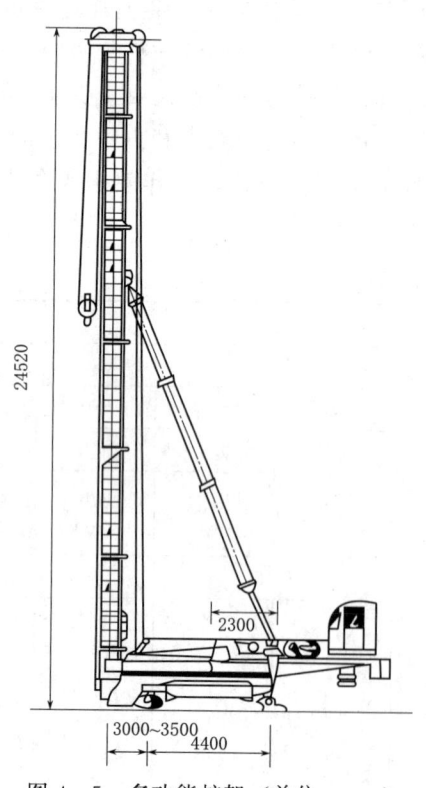

图4-5 多功能桩架（单位：mm）

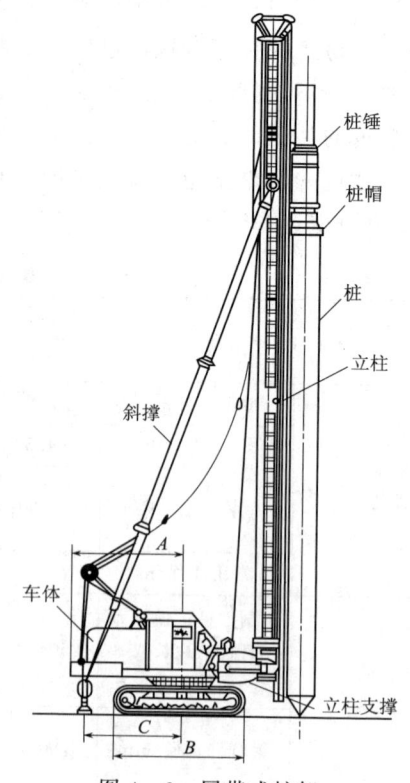

图4-6 履带式桩架

选择桩架时应考虑以下因素。
(1) 桩的材料、桩的截面形状与尺寸、桩的长度和接桩方式。
(2) 桩的种类、数量、桩距及布置方式，施工精度要求。
(3) 施工场地的条件，打桩作业环境，作业空间。
(4) 所选定桩锤的型式、重量和尺寸。
(5) 投入桩架的数量。
(6) 施工进度要求及打桩速率要求。

桩架高度必须适应施工要求，一般可按桩长分节接长，桩架高度应满足以下要求：桩架高度＝单节桩长＋桩帽高度＋桩锤高度＋滑轮组高度＋起锤位移高度（1~2m）。

二、打桩工艺

(一) 打桩顺序

打入的桩对土体有挤压作用，先打入的桩常由于水平推挤而造成偏移和变位，而后打入的桩则难以达到设计标高或入土深度，造成土体的隆起和挤压。打桩顺序是否合理直接影响到桩基础的质量、施工速度及周围环境，故应根据桩的密集程度、桩径、桩的规格、桩的设计标高、工作面布置、工期要求等综合考虑，合理确定。

当桩距大于或等于4倍桩的边长或桩径时，打桩顺序与土壤的挤压关系不大，采用何种打桩顺序相对灵活。而当桩距小于4倍桩的边长或桩径时，土壤挤压不均匀的现象会很明显，选择打桩顺序尤为重要。

当桩不太密集，桩的中心距大于或等于4倍桩的直径时，可采用逐排打桩和自边缘向中间打桩的顺序。逐排打桩时，桩架单向移动，桩的就位与起吊均很方便，故打桩效率较高。但当桩较密集时，逐排打桩会使土体向一个方向挤压，导致土体挤压不均匀，后面的桩不容易打入，最终会引起建筑物的不均匀沉降。自边缘向中间打桩，当桩较密集时，中间部分土体挤压较密实，桩难以打入，而且在打中间桩时，外侧的桩可能因挤压而浮起。因此，这两种打桩方法适用于桩不太密集时的施工。

当桩较密集，即桩距小于4倍桩的直径时，一般情况下应采用自中央向边缘打和分段打的方式。采用这两种打桩方式打桩时，土体由中央向两侧或向四周均匀挤压，易于保证施工质量。

此外，根据桩的规格、埋深、长度的不同，且桩较密集时，宜按"先大后小、先深后浅、先长后短"的顺序打桩，这样可避免后施工的桩对先施工的桩产生挤压而发生桩位偏斜。当一侧毗邻建筑物时，由毗邻建筑物处向另一方向打设。

打桩顺序确定后，还需要考虑打桩机是往后"退打"，还是向前"顶打"，以便确定桩的运输和布置堆放。当桩顶头高出地面时，采用往后退打的方法施工。当打桩后桩顶的实际标高在地面以下时，可采用向前顶打的方法施工，只要现场条件许可，宜将桩预先布置在桩位上，以避免场内二次搬运，有利于提高施工速度，降低费用。打桩后留有的桩孔要随时铺平，以便行车和移动打桩机。

(二) 打桩施工的工艺过程

打桩施工是确保桩基工程质量的重要环节。主要工艺过程如下。

1. 吊桩就位

打桩机就位后,先将桩锤和桩帽吊起,其高度应超过桩顶,并固定在桩架上,然后吊桩并送至导杆内,垂直对准桩位,在桩的自重和锤重的压力下,缓缓送下插入土中,桩插入时的垂直度偏差不得超过0.5%。桩插入土后即可固定桩帽和桩锤,使桩身、桩帽、桩锤在同一铅垂线上,确保桩能垂直下沉。在桩锤和桩帽之间应加弹性衬垫,如硬木、麻袋、草垫等;桩帽和桩顶周围四边应有5~10mm的间隙,以防损伤桩顶。

2. 打桩

打桩开始时,采用短距轻击,一般为0.5~0.8m,以保证桩能正常沉入土中。待桩入土一定深度(1~2m)且桩尖不易产生偏移时,再按要求的落距连续锤击。这样可以保证桩位的准确和桩身的垂直。打桩时宜用重锤低击,这样桩锤对桩头的冲击小,回弹也小,桩头不易损坏,大部分能量都用于克服桩身与土的摩阻力和桩尖阻力,桩能较快地沉入土中。用落锤或单动汽锤打桩时,最大落距不宜大于1m。用柴油锤时,应使锤跳动正常。在整个打桩过程中应做好测量和记录工作,遇有贯入度剧变,桩身突然发生倾斜、移位或有严重回弹,桩顶或桩身出现严重裂缝或破碎等异常情况时,应暂停打桩,及时研究处理。

3. 送桩

当桩顶标高低于地面时,借助送桩器将桩顶送入土中的工序称为送桩。送桩时桩与送桩管的纵轴线应在同一直线上,锤击送桩将桩送入土中,送桩结束,拔出送桩管后,桩孔应及时回填或加盖。钢送桩构造如图4-7所示。

4. 接桩

钢筋混凝土预制长桩受运输条件和桩架高度的限制,一般分成若干节预制,分节打入,在现场进行接桩。常用的接桩方法有焊接法、法兰接法和硫磺胶泥锚接法等,如图4-8所示。

(1)焊接法接桩。焊接法接桩目前应用最多,其节点构造如图4-9所示。接桩时,必须对准下节桩并保证垂直无误后,用点焊将拼接角钢连接固定,再次检查位置正确无误后,进行焊接。施焊时,

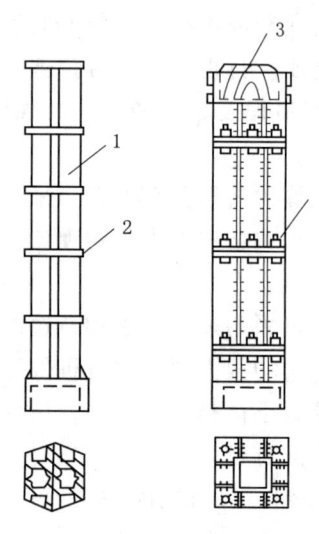

图4-7 钢送桩构造
1—钢轨;2—15mm厚钢板箍;
3—硬木垫;4—连接螺栓

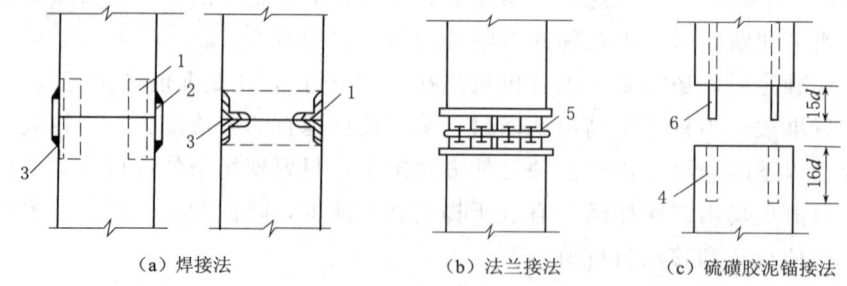

图4-8 桩的接头形式
1—角钢与主筋焊接;2—钢板;3—焊缝;4—浆锚孔;5—预埋法兰;6—预埋锚筋;d—锚栓直径

应两人同时对角对称地进行，以防因节点变形不均匀而引起桩身歪斜，焊缝要连续饱满。接长后，桩中心线的偏差不得大于10mm，节点弯曲矢高不得大于0.1%桩长。

（2）法兰接桩法。法兰接桩法是用法兰盘和螺栓连接，其接桩速度快，但耗钢量大，多用于预应力混凝土管桩。

（3）硫磺胶泥锚接法接桩。浆锚法接桩时，首先将上节桩对准下节桩，使4根锚筋插入锚筋孔中（直径为锚筋直径的2.5倍），下落压梁并套住桩顶，然后将桩和压梁同时上升约200mm，以4根锚筋不脱离锚筋孔为度，如图4-10所示。此时，安设好施工夹箍（由4块木板组成，内侧用人造革包裹40mm厚的树脂海绵块构成），将溶化的硫磺胶泥注满锚筋孔内和接头平面上，然后将上节桩和压梁同时下落，当硫磺胶泥冷却并拆除施工夹箍后，即可继续加荷施压。

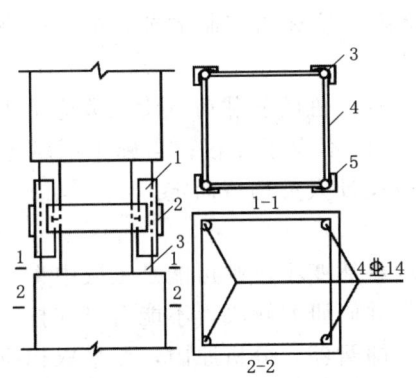

图4-9 焊接法接桩节点构造
1—角钢与主筋焊接；2—钢板；3—主筋；
4—箍筋；5—焊缝

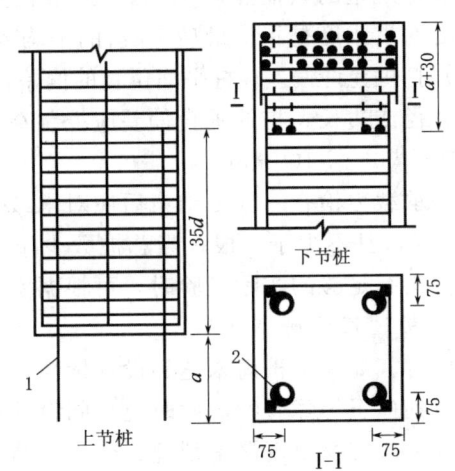

图4-10 浆锚法接桩节点构造（单位：mm）
1—锚筋；2—锚筋孔

为保证接桩质量，应做到将锚筋刷净并调直；锚筋孔内应有完好螺纹，无积水、杂物和油污；接桩时接点的平面和锚筋孔内应灌满胶泥；灌注时间不得超过2min；灌注后的停歇时间应符合有关规定。

5．截桩

当预制钢筋混凝土桩的桩顶露出地面并影响后续桩施工时，应立即截桩头。截桩头前，应测量桩顶标高，将桩头多余部分凿去。截桩一般可采用人工或风动工具（如风镐等）来完成。截桩时不得把桩身混凝土打裂，并保证桩身主筋伸入承台内，其锚固长度必须符合设计规定。一般桩身主筋伸入混凝土承台内的长度：受拉时不小于25倍主筋直径；受压时不小于15倍主筋直径。主筋上黏着的混凝土碎块要清除干净。

6．打桩质量控制

打桩质量包括两个方面的内容：一是能否满足贯入度或标高的设计要求；二是打入后的偏差是否在施工及验收规范允许范围以内。贯入度是指1阵（每10击为1阵，落锤、柴油桩锤）或者 1min（单动汽锤、双动汽锤）桩的入土深度。

为保证打桩的质量，应遵循以下原则：端承桩即桩端达到坚硬土层或岩层，以控制贯入度为主，桩端标高可做参考；摩擦桩即桩端位于一般土层，以控制桩端设计标高为主，贯入度可做参考。打（压）入桩（预制混凝土方桩、先张法预应力管桩、钢桩）的桩位偏差，必须符合规范的规定。打斜桩时，斜桩的倾斜度的允许偏差不得大于倾斜角正切值的 15%。

（1）打桩停锤的控制原则。为保证打桩质量，应遵循以下停打控制原则。

1）摩擦桩以控制桩端设计标高为主，贯入度可作为参考。

2）端承桩以贯入度控制为主，桩端标高可做参考。

3）贯入度已达到而桩端标高未达到时，应继续锤击 3 阵，按每阵 10 击的平均贯入度不大于设计规定的数值加以确认，必要时施工控制贯入度应通过试验与相关单位会商确定。此处的贯入度是指桩最后 10 击的平均入土深度。

（2）打桩允许偏差。桩平面位置的偏差，单排桩不大于 100mm，多排桩一般为 0.5～1 个桩的直径或边长；桩的垂直偏差应控制在 0.5% 之内；按标高控制的桩，桩顶标高的允许偏差为 -50～+100mm。

（3）承载力检查。施工结束后应对承载力进行检查。桩的静载荷试验根数应不少于总桩数的 1%，且不少于 3 根；当总桩数少于 50 根时，应不少于 2 根；当施工区域地质条件单一，又有足够的实际经验时，可根据实际情况由设计人员酌情而定。

7. 打桩过程控制

打桩时，如果沉桩尚未达到设计标高，而贯入度突然变小，则可能是土层中央有硬土层，或遇到孤石等障碍物，此时应会同设计勘探部门共同研究解决，不能盲目施打。打桩时，若桩顶或桩身出现严重裂缝、破碎等情况，应立即暂停，分析原因，在采取相应的技术措施后，方可继续施打。

打桩时，除了注意桩顶与桩身由于桩锤冲击被破坏外，还应注意桩身受锤击应力而导致的水平裂缝。在软土中打桩时，桩顶以下 1/3 桩长范围内常会因反射的应力波使桩身受拉而引起水平裂缝，开裂的地方常出现在易形成应力集中的吊点和蜂窝处，采用重锤低击和较软的桩垫可减小锤击拉应力。

8. 打桩对周围环境影响的控制

打桩时，邻桩相互挤压导致桩位偏移，产生浮桩，则会影响整个工程质量。在已有建筑群中施工，打桩还会引起已有地下管线、地面交通道路和建筑物的损坏和不安全。为了避免或减小沉桩挤土效应和对邻近建筑物、地下管线等的影响，施打大面积密集桩群时，可采取下列辅助措施。

（1）预钻孔沉桩，预钻孔直径比桩径（或方桩对角线）小 50～100mm，深度视桩距和土的密实度、渗透性而定，深度宜为桩长的 1/3～1/2，施工时应随钻随打，桩架宜具备钻孔、锤击双重性能。

（2）设置袋装砂井或塑料排水板消除部分超孔隙水压力，减少挤土现象。

（3）设置隔离板桩或开挖地面防震沟，消除部分地面震动。

（4）沉桩过程中应加强对邻近建筑物、地下管线等的观测和监护。

第三节 静 力 压 桩

静力压桩是在软土地基上，利用静力压桩机或液压压桩机用无振动的静力压力（自重和配重）将预制桩压入土中的一种新工艺。静力压桩已被我国的大中城市较为广泛地采用，与普通的打桩和振动沉桩相比，压桩可以消除噪声和振动的公害，故特别适用于医院和有防震要求部门附近的施工。

压桩与打桩相比，由于避免了锤击应力，桩的混凝土强度及其配筋只要满足吊装弯矩和使用期的受力要求就可以，因而桩的断面和配筋可以减小；压桩引起的挤土也少得多，因此，压桩是软土地区一种较好的沉桩方法。

一、静力压桩设备

静力压桩机如图4-11、图4-12所示，其工作原理是通过安置在压桩机上的卷扬机的牵引，由钢丝绳、滑轮及压梁将整个桩机的自重力（800～1500kN）反压在桩顶上，以克服桩身下沉时与土的摩擦力，迫使预制桩下沉。桩架的高度为10～40m，压入桩的长度可达37m，桩断面尺寸为400mm×400mm～500mm×500mm。

近年来，我国引进的WYJ-200型和WYJ-400型压桩机，是液压操纵的先进设备。其静压力有2000kN和4000kN两种，单根制桩长度可达20m。

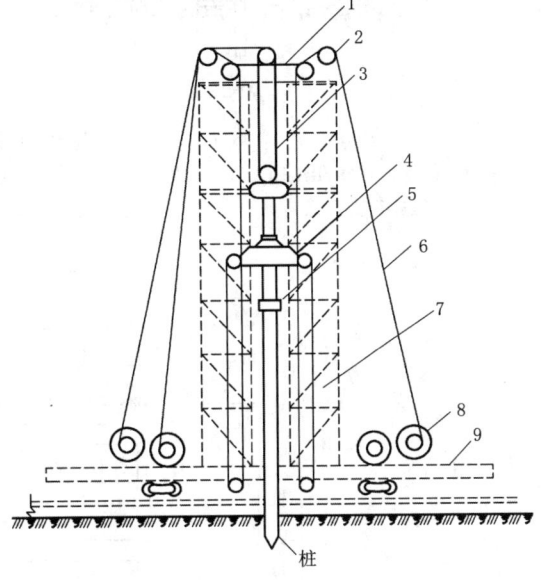

图4-11 静力压桩机
1—桩架顶梁；2—导向滑轮；3—提升滑轮组；
4—压梁；5—桩帽；6—钢丝绳；7—压桩
滑轮组；8—卷扬机；9—底盘

二、压桩工艺

静力压桩适用于软弱土层，压桩机应配足额定的重量，可根据地质条件、试压情况确定修正。若桩在初压时，桩身发生较大幅度移位、倾斜；在压力过程中桩身突然下沉或倾斜，桩顶混凝土破坏或压桩阻力剧变，则应暂停压桩待研究处理。

压桩施工前应做好定位放样及水平标高的控制，固定测点，各节预制桩均应弹出中心线以在接桩时便于控制垂直度。静压管桩施工工艺流程如图4-13所示。

（一）测量放线定桩位
（1）根据提供的测量基准点用经纬仪放出各轴线，定出桩位。
（2）每根桩施工前均用经纬仪复测，并请监理人员检查验收。

（二）桩机就位
（1）将压桩机移至桩位处，观察水平仪和挂在压架上的垂球，调平机身。
（2）以导桩器中心为准，用垂球对准桩尖圆心，找准桩位。

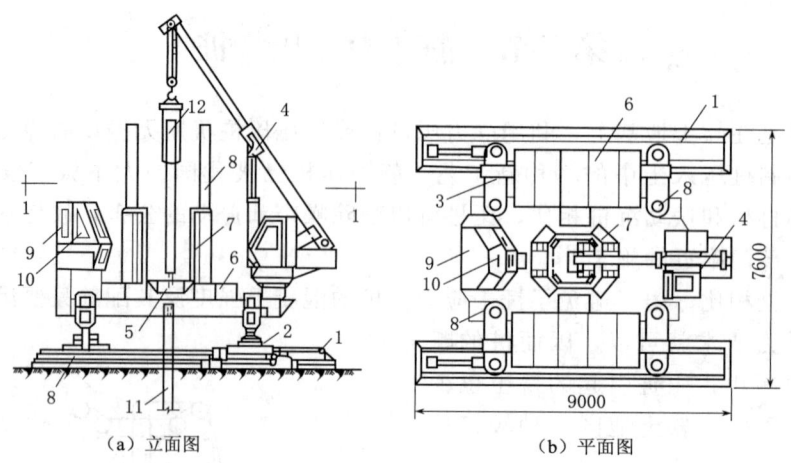

图 4-12 全液压式静力压桩机（单位：mm）

1—操纵室；2—电控系统；3—吊入上节桩；4—起重机；5—液压系统；6—导向架；7—配重铁块；
8—短船行走及回转机构；9—长船行走机构；10—已压入下节桩；11—夹持与压板装置；12—桩

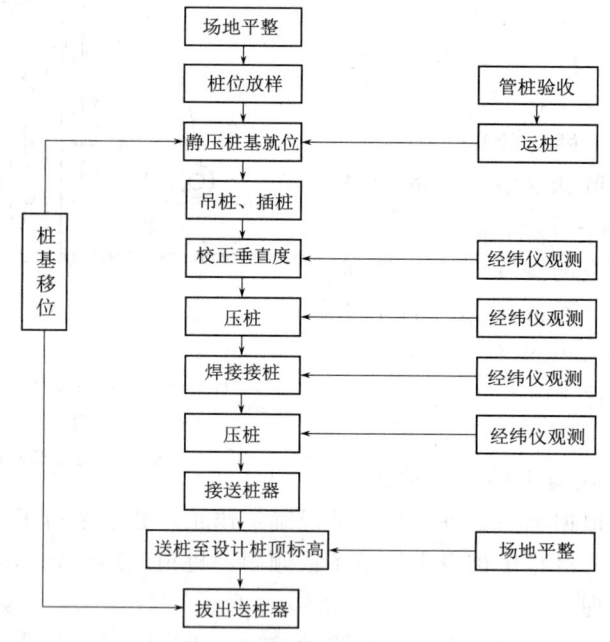

图 4-13 静压管桩施工工艺流程

（三）吊桩、插桩

驱动夹持油缸，将夹持板放置在适合的高度。启动卷扬机吊起管桩，再将管桩（或桩段）吊入夹持梁内，夹持油缸驱动夹持滑块，通过夹持板将管桩夹紧，然后压桩油缸做伸程动作，使夹持机构在导向桩架内向下运动，带动管桩挤入土中。微微启动压桩油缸，将管桩压入土中 0.5~1.0m 后，用两台经纬仪双向调整桩身垂直度。

管桩插桩时必须校正管桩的垂直度，采用两台经纬仪距正在施工的管桩约 20m 处呈

90°放置，两台经纬仪的观测结果均符合要求后才能进行压桩。

桩在进行吊装、运输与堆放时应注意以下几个方面。

（1）管桩吊装时宜采用两支点法，也可采用勾吊法，吊钩钩于管桩两端板处，绳索与桩身水平交角应不大于45°。

（2）管桩在起吊、装卸、运输过程中，必须做到平稳，轻起轻放，严禁抛掷、碰撞、滚落。

（3）管桩在运输、堆放时的支点位置距两端均为$0.21L$（L为管桩长度）。

（4）堆桩场地要平稳坚实，不得产生过大或不均匀的沉陷。支点垫木的间距应与吊点位置相同，并保持在同一平面上，各层垫木应上下对齐处于同一垂直线上，最下层的垫木应适当加宽。堆放位置和方法应根据打桩位置、吊运方式以及打桩顺序等综合考虑。

（四）压桩

通过定位装置重新调整管桩的垂直度，然后启动压桩油缸，将管桩慢慢压入土中。压桩油缸行程走满，夹持油缸伸程，然后压桩油缸做回程动作，上述运动往复交替，即可实现桩机的压桩工作。压桩时要控制好施压速度。

压桩必须连续进行，若中断时间过长则土体将恢复固结，使压入阻力明显增大，增加了压桩的困难。压桩时应做好记录，特别对压桩读数应记录准确。

压桩过程中，当桩尖碰到夹砂层时，压桩阻力可能会突然增大，甚至因超过压桩能力而使桩机上抬。这时可以最大的压桩力作用在桩顶，采用"停车再开、忽停忽开"的办法使桩缓慢下沉穿过砂层。如果工程中有少量桩确实不能压至设计标高而相差不多，可以采用截去桩顶的办法。

（五）接桩

压桩施工，一般情况下都采用"分段压入、逐段接长"的方法。

（六）继续压桩

继续压桩的操作与压桩相同。

（七）送桩

当管桩（顶节桩）压到接近自然地面时，用专用送桩器将桩压送到设计标高，送桩器的断面应平整，器身应垂直，最后标高应用水准仪控制。

送桩结束后，卸出送桩器，回填桩孔。

第四节 振 动 沉 桩

振动沉管灌注桩在振动锤竖直方向的往复振动作用下，桩管以一定的频率和振幅产生竖向往复振动，减小了桩管与周围土体间的摩阻力，当强迫振动频率与土体的自振频率相同时，土体结构因共振而破坏。与此同时，桩管在压力作用下而沉入土中，在达到设计要求深度后，边拔管、边振动、边灌注混凝土、边成桩。

振动冲击沉管灌注桩是利用振动冲击锤在冲击和振动时的共同作用，使桩尖对四周的土层进行挤压，改变土体的结构排列，使周围土层挤密，桩管迅速沉入土中，在达到设计标高后，边拔管、边振动、边灌注混凝土、边成桩。

振动、振动冲击沉管灌注桩的适用范围与锤击沉管灌注桩基本相同，由于其贯穿沙土层的能力较强，因此还适用于稍密碎石土层。振动冲击沉管灌注桩也可用于中密碎石土层和强风化岩层。在饱和淤泥等软弱土层中使用时，必须采取保证质量措施，并经工艺试验成功后才可使用。当地基中存在承压水层时，应谨慎使用。

振动冲击沉管灌注桩具有施工噪声小、不产生废气、沉桩速度快、施工简便、操作安全、结构简单、辅助设备少、重量轻、体积小、对桩头的作用力均匀而使桩头不易损坏等特点。振动冲击沉管灌注桩还可以用来拔桩，适用于砂质黏土、沙土、软土地区施工，不宜用于砾石和密实的黏土层，如用于沙砾石和黏土层中，则需配以水冲法辅助施工。

一、振动沉桩设备

振动沉桩设备是指用振动方法使桩振动而沉入地层的桩工机械。作业时，桩与周围土壤产生振动，使桩面的摩擦阻力减小，桩杆由于自重克服桩面及桩尖的阻力而穿破地层下沉。振动沉桩设备还可以利用共振原理，加强沉桩效果。

振动沉桩机由振动器、夹桩器、传动装置、电动机等组成，如图4-14所示。它的主要工作装置是振动冲击锤，如图4-15所示，在转轴上有若干块质量和形状相同的偏心块。每对转轴的偏心块对称布置，并由一对相同的齿轮传动，转速相同，转向相反，因此，两轴运转时所产生的扰动力在水平方向相互平衡抵消，防止沉桩机和桩的横向摆动，在垂直方向扰动力叠加，形成激振力促使桩身振动。转轴的转速可以调节，因而振动器的激振频率、振幅和振动力也是可调的，以适应各种不同规格的桩和不同性质的地层。振动器的变频有机械、气压、液压和电磁等多种方式。振动器下部是夹桩器，备有各种不同的

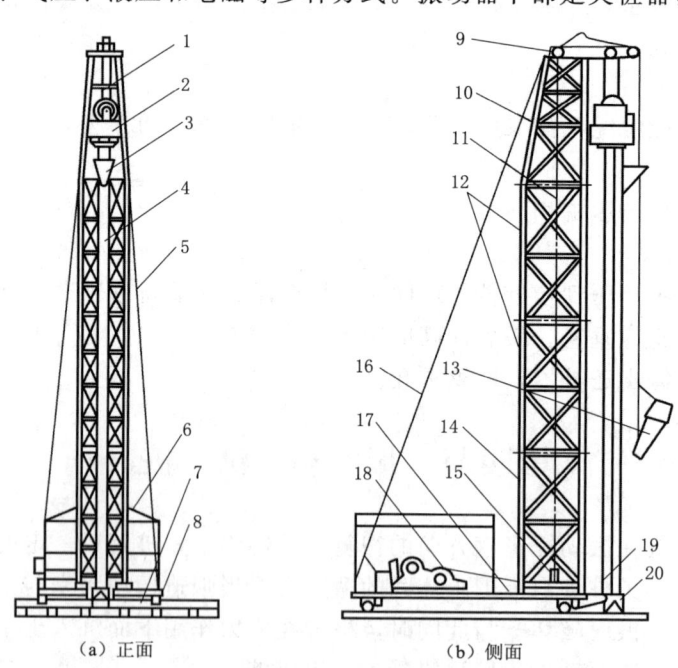

图4-14 振动沉桩机

1—滑轮组；2—振动锤；3—漏斗口；4—桩管；5—前拉索；6—遮栅；7—滚筒；8—枕木；9—架顶；
10—架身顶段；11—钢丝绳；12—架身中段；13—吊斗；14—架身下段；15—导向滑轮；
16—后拉索；17—架底；18—卷扬机；19—加压滑轮；20—活瓣桩尖

规格尺寸,以便与各种不同截面的桩相连接,使沉桩机和桩连成一体。夹桩器的操纵有杠杆式、液压式、气压式等。

二、振动沉桩工艺

(一) 振动沉管施工法的类型

振动沉管施工法一般有单打法、复打法、反插法等。施工方法应根据土质情况和荷载要求分别选用。

(1) 单打法。单打法即一次拔管法,拔管时每提升 0.5~1.0m,振动 5~10s;再拔管 0.5~1.0m,振动 5~10s,如此反复进行,直至全部拔出。该法宜采用预制桩尖,一般情况下振动沉管灌注桩均采用此法,单打法适用于含水量较小的土层。

(2) 复打法。复打法是在同一桩孔内进行两次单打,即按单打法制成桩后再在混凝土桩内成孔并灌注混凝土的方法。采用此法可扩大桩径,大大提高桩的承载力,适用于软弱饱和土层。

(3) 反插法。反插法是将套管每提升 0.5m,再下沉 0.3m,反插深度不宜大于活瓣桩尖长度的 2/3,如此反复进行,直至拔离地面的方法。此法也可扩大桩径,提高桩的承载力,适用于软弱饱和土层。

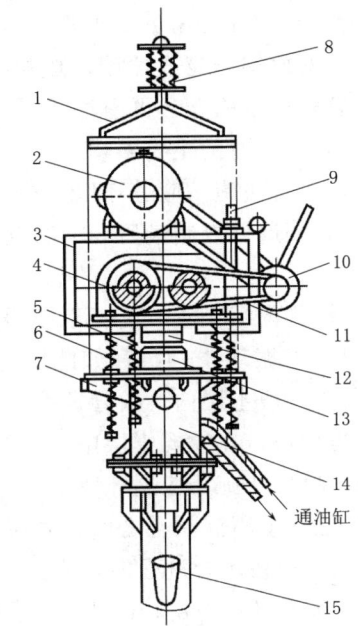

图 4-15 振动冲击锤
1—吊环;2—电动机;3—支架;4—振动箱;5—减振弹簧;6—工作弹簧;7—底座;8—缓冲架;9—压轮;10—离合器;11—三角传动带;12—上锤钻;13—下锤钻;14—液压夹头;15—桩管

(二) 基本施工程序

单打法、复打法、反插法的基本施工程序如下。

(1) 桩机就位。将桩管对准预先埋设在桩位上的预制桩尖(采用钢筋混凝土封口桩尖)或将桩管对准桩位中心,把桩尖活瓣合拢(采用活瓣桩尖),然后放松卷扬机钢丝绳,利用桩机和桩管自重,把桩尖竖直压入土中。

(2) 振动沉管。开动振动锤,同时放松滑轮,使桩管逐渐下沉,并开动加压卷扬机,通过加压钢丝绳对钢管加压。当桩管下沉至设计标高后,关停振动器。

(3) 第一次灌注混凝土。利用吊斗向桩管内灌注混凝土。

(4) 边拔管、边振动、边灌注混凝土。当混凝土灌满后即可拔管。用振动沉管灌注桩拔管时,应先启动振动打桩机,振动片刻后再开始拔管,并在测得桩尖活瓣确已张开,或钢筋混凝土桩尖确已脱离,混凝土已从桩管中流出以后,方可继续拔出桩管。拔管速度应控制在 1.5m/min 以内,边拔边振,边向管内继续灌注混凝土,以满足灌注量的要求。每拔起 50cm,即停拔,再振动片刻,如此反复进行,直至将桩管全部拔出。在淤泥层中,为防止缩颈,宜上下反复沉拔。相邻的桩施工时,其间隔时间不得超过水泥的初凝时间,中途停顿时,应将桩管在停顿前先沉入土中。振动冲击沉管灌注桩的拔管速度应在 1m/min 以内。桩锤上下冲击的次数不得少于 70 次/min;但在淤泥层和淤泥质软土中,其拔管速度不得大于 0.8m/min。拔管时，应使桩锤连续冲击至桩管全部从土中拔出。

(5) 安放钢筋笼或插筋，成桩。当桩身配钢筋笼时，第一次混凝土应先灌至笼底标高，然后安放钢筋笼，再灌注混凝土至桩顶标高。

(三) 施工时的主要事项

(1) 单打法施工应遵守以下规定。

1) 必须严格控制最后 30s 的电流、电压值，其值按设计要求或根据试桩和当地经验确定。

2) 桩管内灌满混凝土后，先振动 5~10s，再开始拔管，应边振边拔，每拔 0.5~1.0m 停拔、振动 5~10s，如此反复，直至桩管全部拔出。

3) 在一般土层内，拔管速度宜为 1.2~1.5m/min，用活瓣桩尖时宜慢，用预制桩尖时可适当加快，在软弱土层中，宜控制在 0.6~0.8m/min。

(2) 反插法施工应遵守以下规定。

1) 桩管灌满混凝土之后，先振动再拔管，每次拔管高度为 0.5~1.0m，反插深度为 0.3~0.5m；在拔管过程中，应分段添加混凝土，保持管内混凝土面始终不低于地表面或高于地下水位 1.0~1.5m，拔管速度应小于 0.5m/min。

2) 在桩尖处的 1.5m 范围内，宜多次反插，以扩大桩的端部断面。

3) 穿过淤泥夹层时，应当放慢拔管速度，并减小拔管高度和反插深度。在流动性淤泥中不宜使用反插法。

(3) 混凝土的充盈系数不得小于 1.0；对于混凝土充盈系数小于 1.0 的桩，宜全长复打，对可能有断桩和缩颈的桩，应采用局部复打。成桩后的桩身混凝土顶面标高应不低于设计标高 500mm。全长复打桩的入土深度宜接近原桩长，局部复打应超过断桩或缩颈区 1m。

全长复打桩施工时应遵守以下规定：第一次灌注混凝土应达到自然地面；应随拔管随清除黏在管壁上和散落在地面上的泥土；前后两次沉管的轴线应重合；复打施工必须在第一次灌注的混凝土初凝之前完成。

第五章

沉井工程施工

第一节 沉井构造

沉井基础是一种历史悠久的基础型式之一,适用于地基浅层较差而深部较好的地层,既可以用作陆地基础,也可用作较深的水中基础。沉井施工时先在地面或基坑内制作开口的钢筋混凝土井身,待其达到规定强度后,在井身内部分层挖土运出,随着挖土和土面的降低,沉井井身自重或在其他措施协助下克服与土壁间的摩阻力和刃脚反力,不断下沉,直至设计标高就位,然后进行封底。沉井基础施工步骤如图5-1所示。

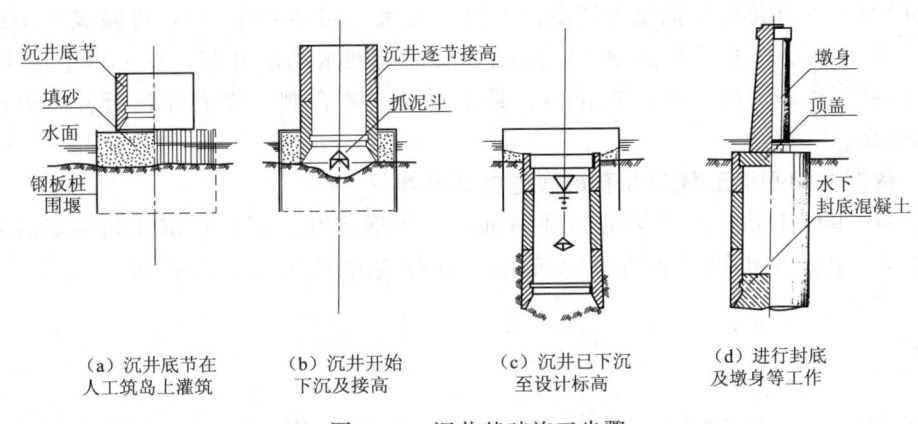

图5-1 沉井基础施工步骤

一、沉井应用范围

沉井的特点是占地面积小,整体性强,稳定性好,具有较大的承载面积,能承受较大的垂直和水平荷载。此外,沉井既是基础,又是施工时的挡土和挡水围堰结构物,施工工艺简便,技术稳妥可靠,无须特殊专业设备,并可做成补偿性基础,避免过大沉降,保证基础稳定性。因此在深基础或地下结构中应用较为广泛,如桥梁墩台基础、地下泵房、水池、油库、矿用竖井、大型设备基础、高层和超高层建筑物基础等。

沉井最适合在不太透水的土层中下沉,其易于控制沉井下沉方向,避免倾斜。通常在下列情况可考虑采用沉井基础:①上部荷载较大,表层地基土承载力不足,而在一定深度下有较好的持力层,且与其他基础方案相比较为经济合理;②在山区河流中,虽土质较好,但冲刷大,或河中有较大卵石不便桩基础施工;③岩层表面较平坦且覆盖层薄,但河水较深,采用扩大基础施工围堰有困难。

二、沉井分类

(一) 按施工的位置不同分类

按施工的位置不同,沉井可分为一般沉井和浮运沉井。

一般沉井指直接在基础设计的位置上制造,然后挖土,依靠沉井自重下沉的沉井。若基础位于水中,则先人工筑岛,再在岛上筑井下沉。

浮运沉井指先在岸边制造,再浮运就位下沉的沉井。通常在深水地区(如水深大于10m),或水流流速大,有通航要求,人工筑岛困难或不经济时,可采用浮运沉井。浮运沉井多为钢壳井壁,亦有空腔钢丝网水泥薄壁沉井。在岸边先用钢料做成可以漂浮在水上的底节,拖运到设计的位置后在它的上面逐节接高钢壁,并灌水下沉,直到沉井稳定地落在河床上。然后在井内一面用各种机械的方法排除底部的土壤,一面在钢壁的隔舱中填充混凝土,使沉井刃脚沉至设计标高。最后灌筑水下封底混凝土,抽水并用混凝土填充井腔,在沉井顶面灌筑承台及上部建筑物。

(二) 按制造沉井的材料分类

按制造沉井的材料,沉井可分为混凝土沉井、钢筋混凝土沉井和钢沉井等。混凝土沉井因抗压强度高,抗拉强度低,多做成圆形,且仅适用于下沉深度不大(4～7m)的松软土层。钢筋混凝土沉井抗压抗拉强度高,下沉深度大(可达数十米),可做成重型或薄壁就地制造下沉的沉井,也可做成薄壁浮运沉井及钢丝网水泥沉井等,在工程中应用最广。钢沉井由钢材制作,其强度高、重量轻、易于拼装、适合制造空心浮运沉井,但用钢量大,成本较高。

(三) 按沉井的平面形状和井孔的布置方式分类

按沉井的平面形状,沉井可分为圆形沉井、矩形沉井、圆端形沉井和尖端沉井等几种基本类型,根据井孔的布置方式,沉井又可分为单孔沉井、双孔沉井及多孔沉井,如图5-2所示。

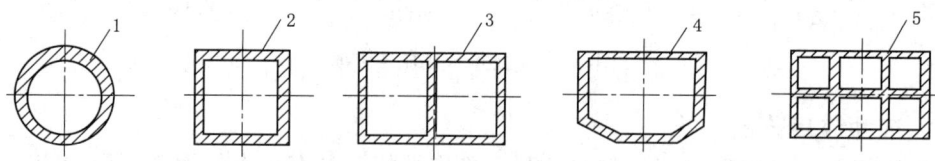

图 5-2 沉井的平面形状
1—圆形沉井;2—矩形沉井;3—双孔沉井;4—圆端形沉井;5—多孔沉井

圆形沉井在下沉过程中垂直度和中线较易控制;当采用抓泥斗挖土时,比其他沉井更能保证其刃脚均匀地支承在土层上;在土压力作用下,井壁只受轴向压力,即使侧压力分布不均匀,弯曲应力也不大,能充分利用混凝土抗压强度大的特点。

矩形沉井制造方便,基础受力有利,能更好地利用地基承载力,但四角处有较集中的应力存在,且四角处土不易被挖除,井角不能均匀地接触承载土层,因此四角一般应做成圆角或钝角;矩形沉井在侧压力作用下,井壁受较大的挠曲力矩,长宽比越大,其挠曲应力越大,通常要在沉井内设隔墙支撑,以增加刚度,改善受力条件;另在流水中阻水系数较大,导致过大的冲刷。

圆端形沉井或尖端沉井的控制下沉、受力条件、阻水冲刷均较矩形沉井有利,但施工较为复杂。

对平面尺寸较大的沉井,可在沉井中设隔墙,使沉井由单孔变成双孔。双孔或多孔沉井受力有利,亦便于在井孔内均衡挖土使沉井均匀下沉以及下沉过程中的纠偏。

(四) 按沉井的立面形状分类

按沉井的立面形状,沉井可分为柱形沉井、阶梯形沉井和锥形沉井,如图 5-3 所示。柱形沉井受周围土体约束较均衡,下沉过程中不易发生倾斜,井壁接长较简单,模板可重复利用,但井壁侧阻力较大,当土体密实、下沉深度较大时,易出现下部悬空,造成井壁拉裂,故一般用于入土不深或土质较松软的情况。阶梯形沉井和锥形沉井可以减小土与井壁的摩阻力,井壁抗侧压力性能较为合理,但施工较复杂,消耗模板多,沉井下沉过程中易发生倾斜,多用于土质较密实、沉井下沉深度大,且要求沉井自重不太大的情况。通常锥形沉井井壁坡度为 1/40～1/20,阶梯形井壁的台阶宽为 100～200mm。

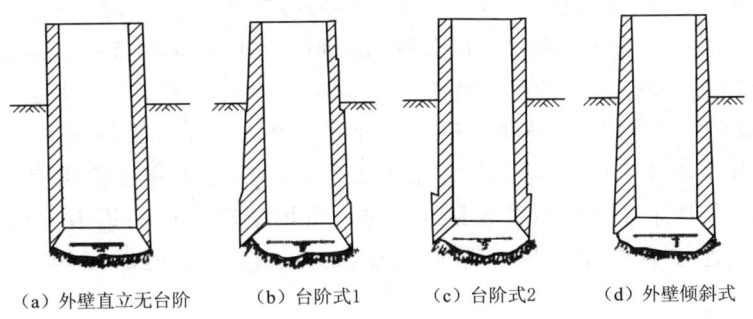

(a) 外壁直立无台阶　　(b) 台阶式1　　(c) 台阶式2　　(d) 外壁倾斜式

图 5-3 沉井竖直剖面形式

三、沉井结构

(一) 沉井的轮廓尺寸

沉井平面形状应当根据其上部建筑物或墩台底部的平面形状决定。对于矩形沉井,为保证下沉的稳定性,沉井的长短边之比不宜大于 3。若结构物的长宽比较为接近,可采用方形沉井或圆形沉井。沉井顶面尺寸为结构物底部尺寸加襟边宽度。襟边宽度不宜小于 0.2m,且大于沉井全高的 1/50,浮运沉井不小于 0.4m,如沉井顶面需设置围堰,其襟边宽度根据围堰构造还需加大。结构物边缘应尽可能支承于井壁上或顶板支承面上,对井孔内不以混凝土填实的空心沉井不允许结构物边缘全部置于井孔位置上。

沉井的入土深度须根据上部结构、水文地质条件及各土层的承载力等确定。入土深度较大的沉井应分节制造和下沉,每节高度不宜大于 5m;当底节沉井在松软土层中下沉时,还不应大于沉井宽度的 0.8 倍。若底节沉井高度过高,沉井过重,将给制模、筑岛时岛面处理、抽除垫木下沉等带来困难。

（二）沉井的一般构造

沉井一般由井壁、刃脚、隔墙、井孔、凹槽、射水管、封底混凝土和顶板等组成，有时井壁中还预埋射水管等其他部分，如图5-4所示。

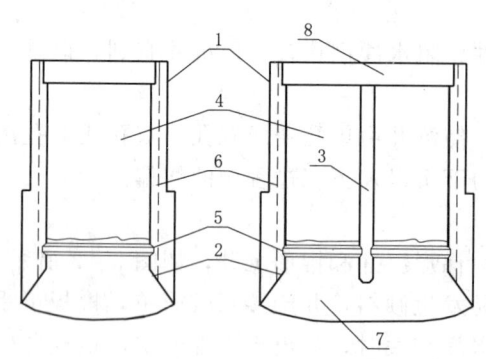

图5-4 沉井的一般构造

1—井壁；2—刃脚；3—隔墙；4—井孔；5—凹槽；
6—射水管组；7—封底混凝土；8—顶板

（1）井壁。井壁是沉井的主体部分，在沉井下沉过程中起挡土、挡水及利用本身重量克服土与井壁之间的摩阻力的作用。当沉井施工完毕后，它就成为基础或基础的一部分而将上部荷载传到地基。因此，井壁必须具有足够的强度和一定的厚度。根据井壁在施工中的受力情况，可以在井壁内配置竖向及水平向钢筋，以增加井壁强度。井壁厚度按下沉需要的自重、本身强度以及便于取土和清基等因素而定，一般为0.8~1.5m，钢筋混凝土薄壁沉井可不受此限制。另为减小沉井下井时的摩阻力，沉井壁外侧也可做成1%~2%向内斜坡。为了方便沉井接高，多数沉井都做成阶梯形，台阶设在每节沉井的接缝处，锚台的宽度为5~20cm，井壁厚度多为0.7~1.5m。

（2）刃脚。井壁下端形如楔状的部分称为刃脚。其作用是在沉井自重作用下易于切土下沉。刃脚是根据所穿过土层的密实程度和单位长度上土作用反力的大小，以切入土中而不受损坏来选择的。刃脚踏面宽度一般采用10~20cm，刃脚的斜坡度α应大于或等于45°；刃脚的高度为0.7~2.0m，视其井壁厚度而定，混凝土强度等级宜大于C20。沉井下沉深度较大，需要穿过坚硬土层或到岩层时，可用型钢制成的钢刃尖刃脚，如图5-5（a）所示；沉井通过紧密土层时可采用钢筋加固并包以角钢的刃脚，如图5-5（b）所示。

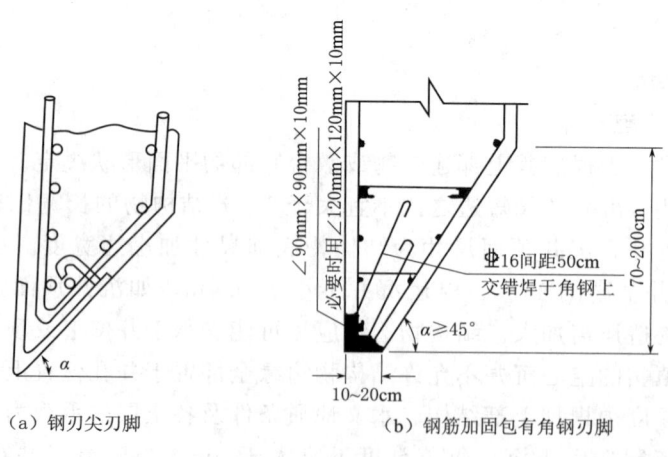

（a）钢刃尖刃脚　　（b）钢筋加固包有角钢刃脚

图5-5 刃脚构造图

（3）隔墙。沉井隔墙是沉井外壁的支撑，其作用是将沉井空腔分隔成多个井孔，便于控制挖土下沉，防止或纠正倾斜和偏移，并加强沉井刚度，减小井壁挠曲应力。隔墙厚度一般小于井壁，约 0.5～1.0m。隔墙底面应高出刃脚底面 0.5m 以上，避免被土搁住而妨碍下沉。如为人工挖土，还应在隔墙下端设置过人孔，以便工作人员井孔间往来。

（4）井孔。井孔为挖土排土的工作场所和通道。其尺寸应满足施工要求，最小边长不宜小于 3m。井孔应对称布置，以便对称挖土，保证沉井均匀下沉。

（5）凹槽。凹槽是为增加封底混凝土和沉井壁更好地联结而设立的，位于刃脚内侧上方，使封底混凝土底面反力更好地传给井壁。凹槽深度一般为 150～300mm，高约 1.0m。

（6）射水管。射水管是用来助沉的，多设在井壁内或外侧处。当沉井下沉较深，土阻力较大，估计下沉困难时，可在井壁中预埋射水管组。射水管应均匀布置，以利于控制水压和水量来调整下沉方向。射水压力视土质而定，一般水压不小于 600kPa。射水管口径为 10～12mm，每管的排水量不小于 $0.2m^3/min$。如使用泥浆润滑套施工方法，应有预埋的压射泥浆管路。

（7）封底混凝土。沉井沉至设计标高进行清基后，便在刃脚踏面以上至凹槽处浇筑混凝土形成封底。封底可防止地下水涌入井内，其底面承受地基土和水的反力。封底混凝土顶面应高出凹槽 0.5m，其厚度可由应力验算决定，根据经验也可取不小于井孔最小边长的 1.5 倍。

（8）顶板。沉井封底后，若条件允许，为减轻基础自重，在井孔内可不填充任何东西，做成空心沉井基础，或仅填以砂石，此时须在井顶设置钢筋混凝土顶板，以承托上部结构的全部荷载。顶板厚度一般为 1.5～2.0m，钢筋布设应按结构计算要求的条件进行。

第二节　沉　井　制　作

一、刃脚支设

沉井下部为刃脚，其支设方式取决于沉井重量、施工荷载和地基承载力。常用的方法有垫架法、砖砌垫座和土模。

在软弱地基上浇筑较重、较大的沉井，常用垫架法［图 5-6（a）］。垫架的作用是将上部沉井重量均匀传给地基，使井身浇筑过程中不会产生过大的不均匀沉降，而使刃脚和井身产生裂缝而破坏；使井身保持垂直；便于拆除模板和支撑。采用垫架法施工时，应计算井身一次浇筑高度，使其不超过地基承载力，其下砂垫层厚度亦需计算确定。直径（或边长）不超过 8m 的较小的沉井，土质较好时可采用砖垫座［图 5-6（b）］，砖座的水平抗力应大于刃脚斜面对其产生的水平推力，方可稳定。砖垫座沿周长分成 6～8 段，中间留 20mm 空隙，以便拆除，砖垫座内壁用水泥砂浆抹â。对重量轻的小型沉井，土质较好时，可选用砂垫、灰土垫或直接在地层上挖槽做成土模［图 5-6（c）］，土模表面及刃脚底面的地面上，均应铺筑一层 2～3cm 水泥砂浆，砂垫层表面涂隔离剂。

刃脚支设用得较多的是垫架法。采用垫架法时，先在刃脚处铺设砂垫层，再在其上铺枕木和垫架，枕木常用断面 16cm×22cm。枕木应使顶面在同一水平面上，用水准仪找平，高差宜不超过 10mm，在枕木间用砂填实，枕心中心应与刃脚中心线重合。为了便于抽除，垫木应按"内外对称，间隔伸出"的原则布置，如图5-7所示，垫木之间的空隙也应以砂填满捣实。

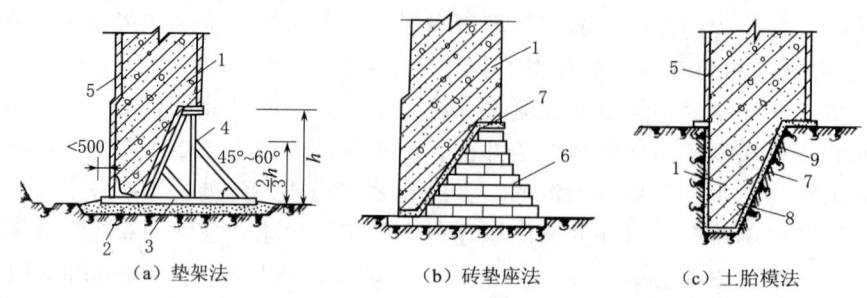

(a) 垫架法　　　(b) 砖垫座法　　　(c) 土胎模法

图5-6　沉井刃脚支设（单位：mm）

1—刃脚；2—砂垫层；3—枕木；4—垫架；5—模板；6—砖垫座；
7—水泥砂浆抹面；8—刷隔离层；9—土胎模

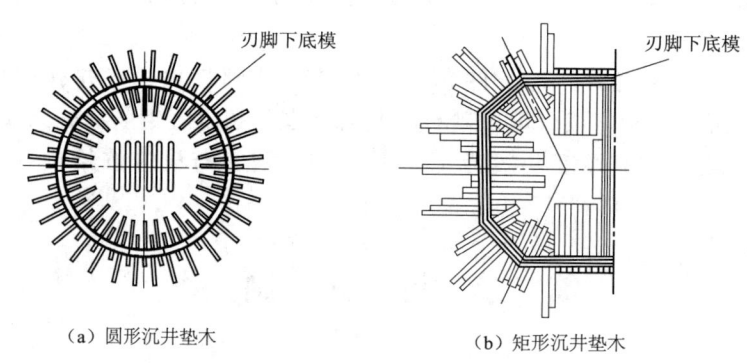

(a) 圆形沉井垫木　　　(b) 矩形沉井垫木

图5-7　沉井垫木

垫架数量根据第一节沉井的重量和地基（或砂垫层）的容许承载力计算确定，间距一般为0.5~1.0m。垫架应对称，一般先设8组定位垫架，每组由2~3个垫架组成。矩形沉井多设4组定位垫架，其位置在距长边两端0.15L处（L为长边边长），在其中间支设一般垫架，垫架应垂直井壁。圆形沉井垫架应沿刃脚圆弧对准圆心铺设。在枕木上支设刃脚和井壁模板。如地基承载力较低，经计算垫架需要量较多，应在枕木下设砂垫层，将沉井重量扩散到更大面积上。

二、井壁制作

井壁模板可用竹胶模板（图5-8），高度大的沉井亦可用滑模浇筑。沉井井筒外壁要求平整、光滑、垂直，严禁外倾（上口大于下口）。分节制作时，水平接缝需做成凸凹形，以利防水。如沉井内有隔墙，隔墙底面比刃脚高，与井壁同时浇筑时需在隔墙下立排架或用砂堤支设隔墙底模。隔墙、横梁底面与刃脚底面的距离以500mm左右为宜。

经过检查确认内模符合设计要求后，才能进行钢筋安装。钢筋先在厂内加工，现场手工绑扎。在起重机械允许的条件下钢筋也可在场外绑扎，现场整体吊装。刃脚钢筋布置较

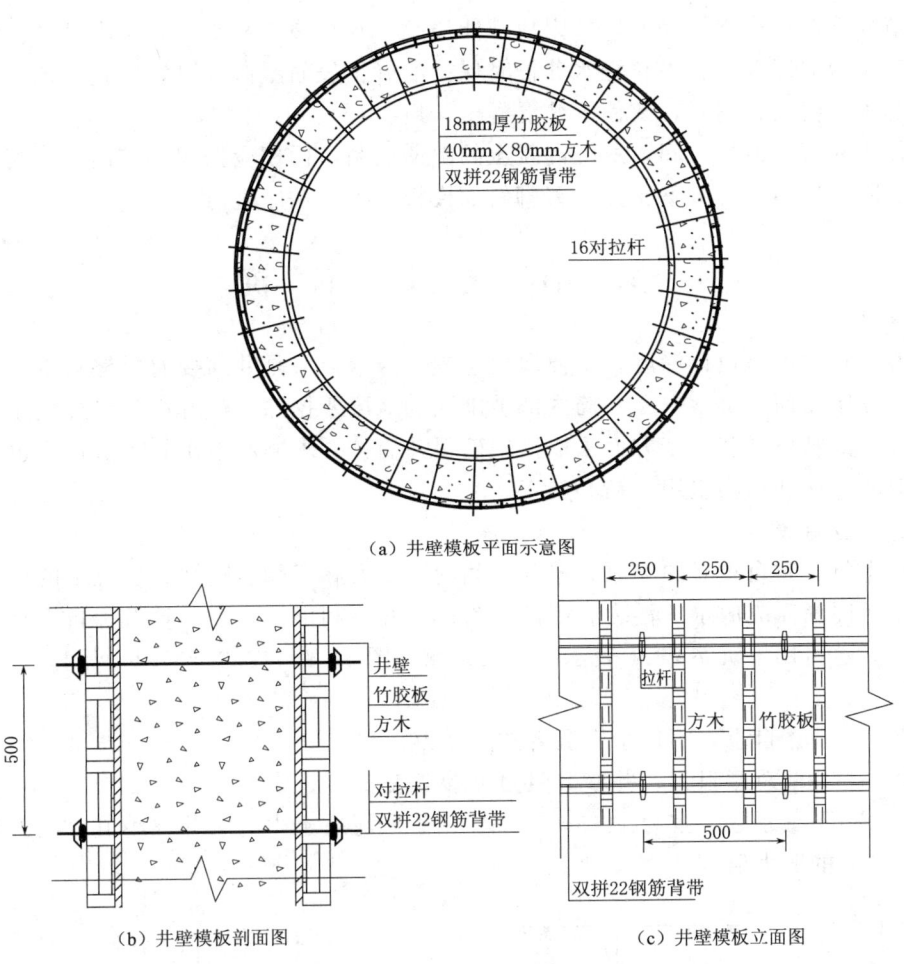

图 5-8 沉井井壁模板（单位：mm）

密，可预先将刃脚纵向钢筋焊至定长，然后放入刃脚内连接。主筋要预留焊接长度，以便和上一节沉井的钢筋连接。

沉井内的各种埋件，如灌浆管、排水管以及为固定风、水、电管线、爬梯等的埋件，均应在每节钢筋施工时按照设计位置预埋。

模板、钢筋、埋件等在安装过程中和安装完成以后，必须经过严格检验，合格后方能进行混凝土浇筑。浇筑可用塔式起重机或履带式起重机吊运混凝土吊斗，沿沉井周围均匀、分层浇筑；亦可用混凝土泵车分层浇筑，每层厚不超过300mm，并按规定距离布设下料溜筒，一般5～6m布置一套溜筒，混凝土通过溜筒均匀铺料。为避免不均匀沉陷和模板变形，四周混凝土面的高差不得大于一层铺筑厚度（约40cm）。底节井筒混凝土强度应较其他节提高一级。刃角处不宜使用大于二级配的混凝土。

沉井混凝土浇筑宜对称、均匀地分层浇筑，避免造成不均匀沉降使沉井倾斜。每节沉井应一次连续浇筑完成，下节沉井的混凝土强度达到70%后才允许浇筑上节沉井的混凝土。

一节井筒应一次连续浇完,如因故不能浇完,水平施工缝要进行可靠处理。混凝土浇筑完毕后,应立即遮盖养护。浇水养护时保持混凝土表面湿润即可,防止多余水流冲刷垫层,引起土体流失、坍陷,致使沉井混凝土开裂。

井筒内外模板拆除时间以所浇混凝土的龄期控制,拆模应按照井壁内外侧模板、隔墙下支撑、隔墙底模、刃脚下支撑、刃脚斜面模板的先后顺序进行。

第三节 沉 井 下 沉

沉井由地表沉至设计深度,主要取决于三个因素:一是井筒要有足够自重和刚度,能克服地层摩阻力而下沉;二是井筒内部被围入的地层要挖除,使井筒仅受外侧压力和下沉的阻力;三是从设计和施工方面采取措施确保井筒按要求顺利下沉。下沉过程也是问题最集中的时段,必须精心组织,精心施工。

一、下沉验算

沉井下沉,其自重必须克服井壁与土间的摩阻力和刃脚、隔墙、横梁下的反力,采取不排水下沉时尚需克服水的浮力。因此,为使沉井顺利下沉,需验算沉井自重是否满足下沉的要求,这可用下沉系数 K 表示。下沉系数(图5-9)按式(5-1)计算:

$$k_0 = G/R \tag{5-1}$$

式中 G——井体自重,不排水下沉者扣除浮力;

R——井壁总摩阻力,井壁摩阻力可参考表5-1;

k_0——下沉系数,宜为1.15~1.25,位于淤泥质土中的沉井取小值,位于其他土层的取大值。

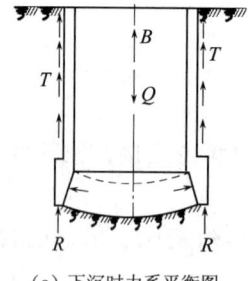
(a)下沉时力系平衡图

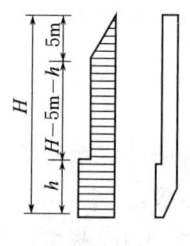
(b)下沉摩阻力计算简图

图5-9 沉井下沉系数计算简图

表5-1 井壁摩阻力

土 的 种 类	井壁摩阻力/(kN/m²)	土 的 种 类	井壁摩阻力/(kN/m²)
流塑状黏性土	10~15	粉砂和粉性土	15~25
软塑及可塑状黏性土	12~25	砂卵石	18~30
硬塑黏性土、粉土	25~50	砂砾石	15~20

沉井外壁摩阻力的确定应考虑下列情况。

(1) 采用泥浆助沉时，单位摩阻力取 3～5kPa。

(2) 当井壁外侧为阶梯形并采用灌砂助沉时，灌砂段的单位摩阻力可取 7～10kPa。

(3) 外壁的摩阻力分布，如图 5-9 所示，在 0～5m 深度内，单位面积的摩阻力从零按直线增加，大于 5m 为常数。

当下沉系数较大，或在软弱土层中下沉，沉井有可能发生突沉时，除在挖土时采取措施外，宜在沉井中加设或利用已有的隔墙或横梁等作为防止突沉的措施，并验算下沉稳定性。

当下沉系数不能满足要求时，可在基坑中制作，减小下沉深度；或在井壁顶部堆放钢、铁、砂石等材料以增加附加荷重；或在井壁与土壁间注入触变泥浆，以减小下沉摩阻力。

二、垫架、排架拆除

大型沉井应待混凝土达到设计强度的 100% 后，方可拆除垫架（枕木、砖垫座），拆除时应分组、依次、对称、同步地进行。抽除次序是：拆内模→拆外模→拆隔墙下支撑和底模→拆隔墙下的垫木→拆井壁下的垫木，最后拆除定位垫木。在抽垫木时，应边抽边在刃脚和隔墙下回填砂并捣实，使沉井压力从支承垫木上逐步转移到砂土上，这样既可使下一步抽垫容易，还可以减小沉井的挠曲应力。抽除时应加强观测，注意沉井下沉是否均匀。隔墙下排架拆除后的空穴部分用草袋装砂回填。

三、井壁孔洞处理

沉井壁上有时留有与地下通道、地沟、进水口、管道等连接的孔洞。为了避免沉井下沉时地下水和泥土涌入，也为了避免沉井各处重量不均，使重心偏移，造成沉井下沉时倾斜，在下沉前必须进行处理。对较大孔洞，制作时可在洞口预埋钢框、螺栓，用钢板、方木封闭，中填与空洞混凝土重量相等的砂石或铁块配重（图 5-10）。对进水窗则采取一

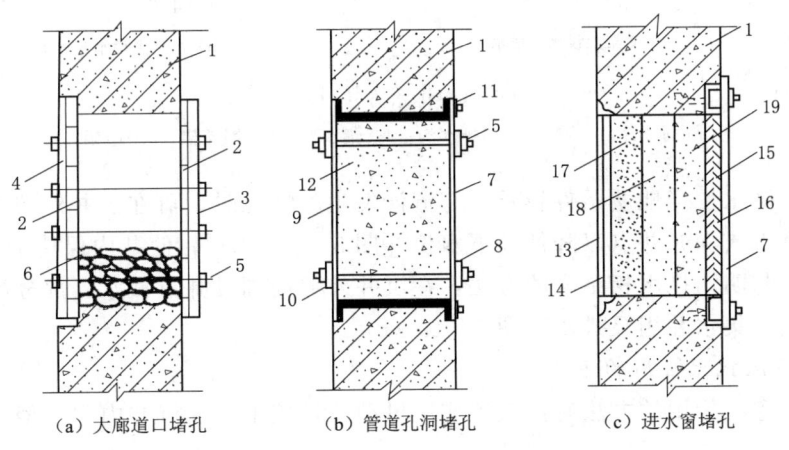

(a) 大廊道口堵孔　(b) 管道孔洞堵孔　(c) 进水窗堵孔

图 5-10　沉井井壁堵孔构造

1—沉井井壁；2—50mm 厚木板；3—枕木；4—槽钢内夹枕木；5—螺栓；6—配重；7—10mm 厚钢板；8—槽钢；9—100mm×100mm 方木；10—50mm×100mm 方木；11—橡皮垫；12—砂砾；13—钢筋算子；14—5mm 孔钢丝网；15—钢百叶窗；16—15mm 孔钢丝网；17—砂；18—5～10mm 粒径砂卵石；19—15～60mm 粒径卵石

次做好,内侧用钢板封闭。沉井封底后拆除封闭钢板、挡木等。

四、沉井下沉作业

沉井下沉有排水下沉和不排水下沉两种方案。一般应采用排水下沉,当土质条件较差,可能发生涌土、涌砂、冒水或沉井产生位移、倾斜及终沉阶段有超沉可能时,才向沉井内灌水,采用不排水下沉。

(一)排水下沉

1. 排水方法

(1) 明沟、集水井排水:在沉井内离刃脚2~3m挖一圈排水明沟,设3~4个集水井,深度比地下水大1~1.5m。沟和井底深度随沉井挖土而不断加大,在井内或井壁上设水泵,将地下水排出井外。为了不影响井内挖土操作和避免经常搬动水泵,一般采取在井壁上预埋铁件,焊钢操作平台安设水泵,或设木吊架安设水泵,用草垫或橡皮承垫,避免振动(图5-11)。如果井内渗水量很少,则可直接在井内设高扬程潜水泵将地下水排出井外。

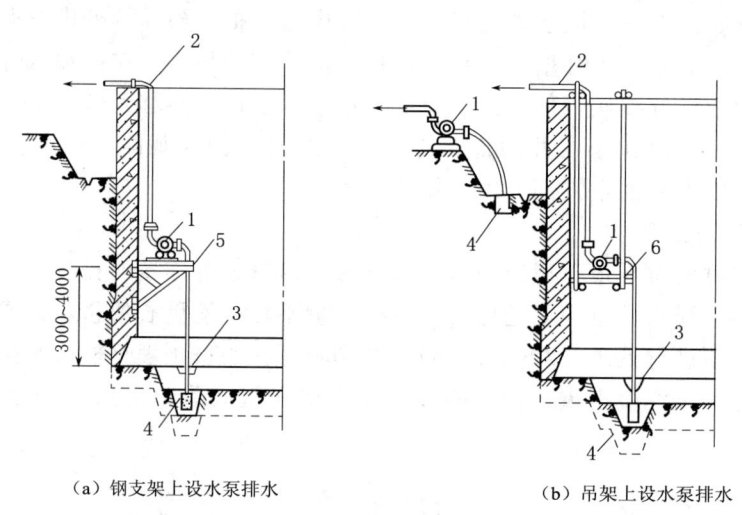

(a) 钢支架上设水泵排水　　　(b) 吊架上设水泵排水

图5-11　明沟排水方法(单位:mm)
1—水泵;2—胶管;3—排水沟;4—集水井;5—钢支架;6—吊架

(2) 井点降水:当地质条件较差、有流砂发生的情况时,可在沉井外部周围设置轻型井点、喷射井点或深井井点以降低地下水位[图5-12(b)],使井内保持干土开挖。

(3) 井点与明沟排水相结合的方法:在沉井外部周围设井点截水;部分潜水,在沉井内再辅以明沟、集水井用泵排水[图5-12(c)]。

2. 排水下沉挖土常用的方法

排水下沉挖土常用的方法有:人工或用风动工具挖土;在沉井内用小型反铲挖土机挖土;在地面用抓斗挖土机挖土。

挖土应分层、均匀、对称地进行,使沉井能均匀竖直下沉。有底架、隔墙分格的沉井,各孔挖土面高差不宜超过1m。如下沉系数较大,一般先挖中间部分,沿沉井刃脚周围保留土堤,使沉井挤土下沉;如下沉系数较小,应事先根据情况分别采用泥浆润滑套、空气幕或其他减阻措施,使沉井连续下沉,避免长时间停歇。井孔中间宜保留适当高度的

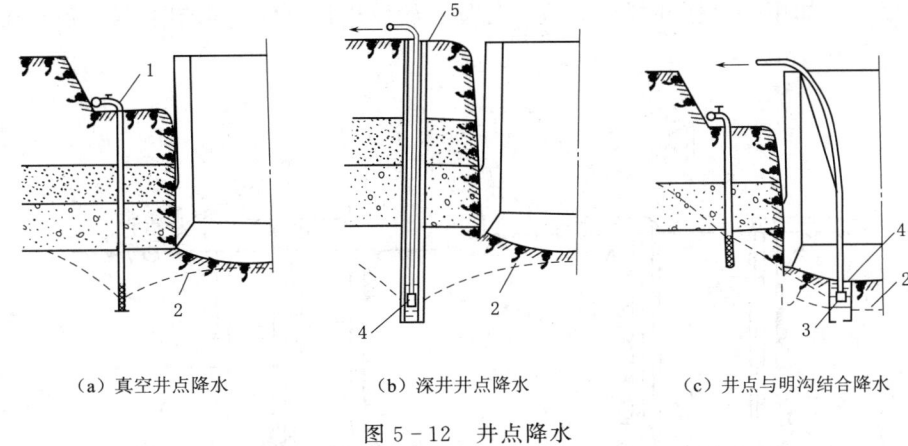

(a) 真空井点降水　　　(b) 深井井点降水　　　(c) 井点与明沟结合降水

图 5-12　井点降水

1—真空井点；2—降低后的水位线；3—明沟；4—潜水泵；5—深井井点

土体，不得将中间部分开挖过深。

对普通土层从沉井中间开始逐渐挖向四周，每层挖土厚 0.4~0.5m，沿刃脚周围保留 0.5~1.5m 土堤，然后再沿沉井壁，每 2~3m 一段向刃脚方向逐层全面、对称、均匀地削薄土层，每次削 5~10cm。当土层经不住刃脚的挤压而破裂，沉井便在自重作用下均匀垂直挤土下沉（图 5-13），使不产生过大倾斜。如下沉很少或不下沉，可再从中间向下挖 0.4~0.5m，并继续向四周均匀掏挖，使沉井平稳下沉。沉井下沉过程中，如井壁外侧土体发生塌陷，应及时采取回填措施，以减小下沉时四周土体开裂、塌陷对周围环境的影响。

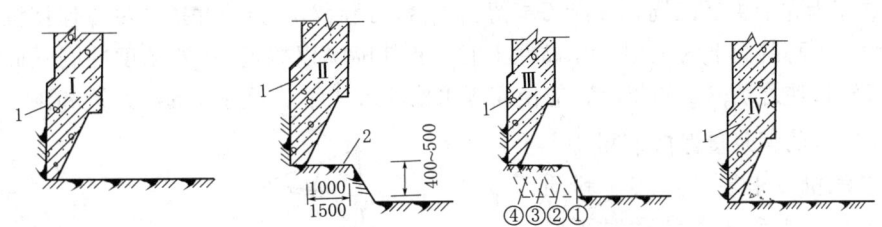

图 5-13　普通土层中开挖下沉方法（单位：mm）

1—沉井刃脚；2—土堤；Ⅰ、Ⅱ、Ⅲ、Ⅳ—削坡次序；①~④—挖土顺序

沉井下沉过程中，每 8h 至少测量两次。当下沉速度较快时，应加强观测，如发现偏斜、位移，应及时纠正。

（二）不排水下沉

不排水下沉方法有：用抓斗在水中取土；用水力冲射器冲刷土；用空气吸泥机吸泥土；用水力吸泥机吸水中泥土等。一般采用抓斗、水力吸泥机或水力冲射空气吸泥等方法在水下挖土。

（1）抓斗挖土：用吊车吊抓斗挖掘井底中央部分的土，使之形成锅底。在砾石类土或砂中，一般当锅底比刃脚低 1~1.5m 时，沉井即可靠自重下沉，而将刃脚下土挤向中央锅底，再从井孔中继续抓土，沉井即可继续下沉。在黏质土或紧密土中，刃脚下土不易向中央坍落，则应配以射水管冲土 [图 5-14（a）]。沉井由多个井孔组成时，每个井孔宜配备一台抓斗。如用一台抓斗抓土,应对称逐孔轮流进行,使其均匀下沉,各井孔内土面高差不宜大于0.5m。

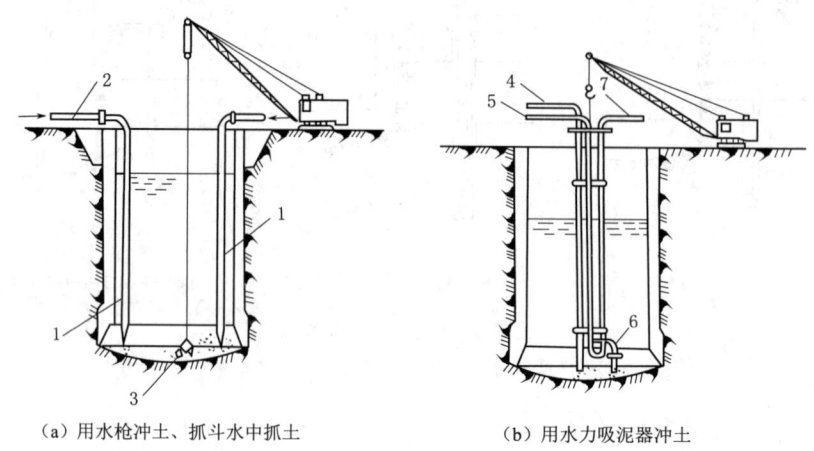

(a) 用水枪冲土、抓斗水中抓土　　　(b) 用水力吸泥器冲土

图5-14　用水枪和水力吸泥器水中冲土
1—水枪；2—胶管；3—多瓣抓斗；4—供水管；5—冲刷管；6—排泥管；7—水力吸泥导管

(2) 水力机械冲土：用高压水泵将高压水流通过进水管分别送进沉井内的高压水枪和水力吸泥机,利用高压水枪射出的高压水流冲刷土层,使其形成一定稠度的泥浆。泥浆汇流至集泥坑,然后用水力吸泥机或空气吸泥机将泥浆吸出,从排泥管排出井外[图5-14 (b)]。

冲土顺序为先中央后四周,并沿刃脚留出土台,最后对称分层冲挖。尽量保持沉井受力均匀,不得冲空刃脚踏面下的土层。冲黏性土时,宜使喷嘴以接近90°的角度冲刷立面,将立面底部冲刷成缺口使之坍落。施工时,应使高压水枪冲入井底,所造成的泥浆量和渗入的水量与水力吸泥机吸入的泥浆量保持平衡。

水力吸泥机冲土主要适用于粉质黏土、粉土、粉细砂土,使用时不受水深限制,但其出土效率则随水压、水量的增加而提高,必要时应向沉井内注水,以加高井内水位。在淤泥或浮土中使用水力吸泥时,应保持沉井内水位高出井外水位1~2m。

(3) 井内土方运出：通常在沉井边设置塔式起重机或履带式起重机(图5-15)等,将土装入斗容量1~2m³的吊斗内,用起重机吊出井外,卸入自卸汽车运至弃土处。施工时对于井下操作工人须有安全措施,防止吊斗及土石落下伤人。

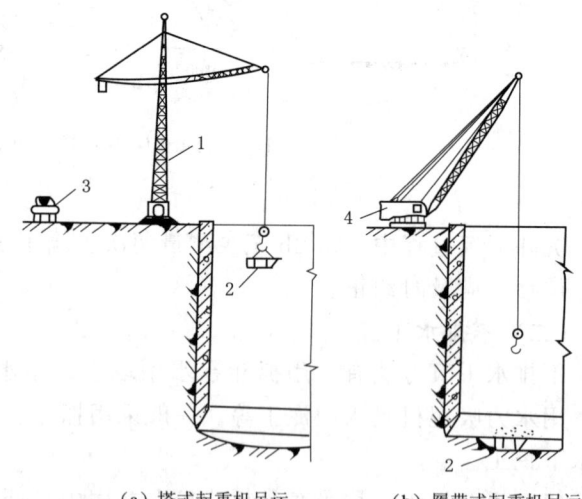

(a) 塔式起重机吊运　　(b) 履带式起重机吊运

图5-15　用塔式起重机或履带式起重机吊运土方
1—塔式起重机；2—吊斗；3—运输汽车；
4—履带式起重机

第四节 沉井接高及封底

一、沉井接高

第一节沉井下沉至顶面距地面还剩 1~2m 时，应停止挖土，保持第一节沉井位置正直。第二节沉井高度可与底节相同（5~7m）。为了减小外井壁与周边土石的摩擦力，第二节井筒周边尺寸应缩小 5~10cm。以后的各节井筒周边也应依次缩小 5~10cm。第二节沉井的竖向中轴线应与第一节的重合。凿毛顶面，然后立模均匀对称地浇筑混凝土。

接高沉井的模板，不得直接支承在地面上，防止因地面沉陷而使模板变形；为防止在接高过程中突然下沉或倾斜，必要时应在刃脚处回填或支垫；接高后的各节井筒中心轴线应为一直线。第二节井筒混凝土达到强度要求后，继续开挖下沉。以后再依次循环完成上部各节井筒的制作、下沉。

二、沉井封底

（一）地基检验和处理

当沉井沉至离规定标高尚差 2m 左右时，须用调平与下沉同时进行的方法使沉井下沉到位，然后进行基底检验。检验内容是地基土质是否和设计相符，是否平整，并对地基进行必要的处理。要保证井底地基尽量平整，浮土及软土清除干净，以保证封底混凝土、沉井及地基底紧密连接。

如果是排水下沉的沉井，可以直接进行检查，不排水下沉的沉井由潜水工进行检查或钻取土样鉴定。地基若为砂土或黏性土，可在其上铺一层砾石或碎石至刃脚底面以上 200mm。地基若为风化岩石，应将风化岩层凿掉，岩层倾斜时应凿成阶梯形。若岩层与刃脚间局部有不大的孔洞，应由潜水工清除软层并用水泥砂浆封堵，待砂浆有一定强度后再抽水清基。不排水情况下，可由潜水工清基或用水枪及吸泥机清基。

（二）封底

当沉井下沉到距设计标高 0.1m 时，应停止井内挖土和抽水，使其靠自重下沉至设计或接近设计标高，再经 2~3d 下沉稳定，或在 8h 内观测累计下沉量不大于 10mm 时，即可进行沉井封底。封底方法有排水封底和不排水封底两种，宜尽可能采用排水封底。

1. 排水封底

排水封底又叫干封底，地下水位应低于基底面 0.5m 以下。它是将新老混凝土接触面冲刷干净或打毛，对井底进行修整使之成锅底形，由刃脚向中心挖放射形排水沟，填以卵石做成滤水暗沟，在中部设 2~3 个集水井，深 1~2m，井间用盲沟连通，插入 $\phi600$~800mm、四周带孔眼的钢管或混凝土管，外包两层尼龙窗纱，四周填以卵石，使井底的水流汇集在井中，用潜水泵排出（图 5-16）。

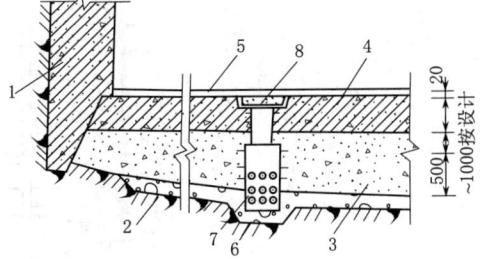

图 5-16 沉井封底（单位：mm）
1—沉井；2—卵石盲沟；3—封底混凝土；
4—底板；5—砂浆面层；6—集水井；
7—$\phi600$~800mm 带孔钢管或混凝土管，外包尼龙网；8—法兰盘盖

封底一般铺一层 150～500mm 厚碎石或卵石层，再在其上浇一层厚约 0.5～1.5m 的混凝土垫层。当垫层达到 50%设计强度后开始绑扎钢筋，两端应伸入刃脚或凹槽内，浇筑上层底板混凝土。

封底混凝土与老混凝土接触面应冲刷干净，刃脚下应填满并振捣密实，以保证沉井的最后稳定。浇筑应在整个沉井面积上分层、不间断地进行，由四周向中央推进，每层厚 30～50cm，并用振捣器捣实；当井内有隔墙时，应前后左右对称地逐孔浇筑。混凝土采用自然养护，养护期间应继续抽水。待底板混凝土强度达到 70%并经抗浮验算后，对集水井逐个停止抽水，逐个封堵。封堵方法是将滤水井中水抽干，在套管内迅速用干硬性的高强度混凝土进行堵塞并捣实，然后上法兰盘用螺栓拧紧或四周焊接封闭，上部用混凝土垫实捣平。

2. 不排水封底

当井底涌水量很大或出现流沙现象时，沉井应在水下进行封底。待沉井基本稳定后，将井底浮泥清除干净，新老混凝土接触面用水枪冲刷干净，并抛毛石，铺碎石垫层。水下混凝土封底可采用导管法浇筑（图 5-17）。若灌注面积大，可用多根导管，按先周围后中间、先低后高的顺序进行灌注，使混凝土保持大致相同的标高。各根导管的有效扩散半径应互相搭接，并能盖满井底全部范围。在灌注过程中，应注意混凝土的堆高和扩展情况，正确地调整坍落度和导管埋深，使流动坡度不陡于 1∶5。混凝土面的最终灌注高度，应比设计提高 15cm 以上。

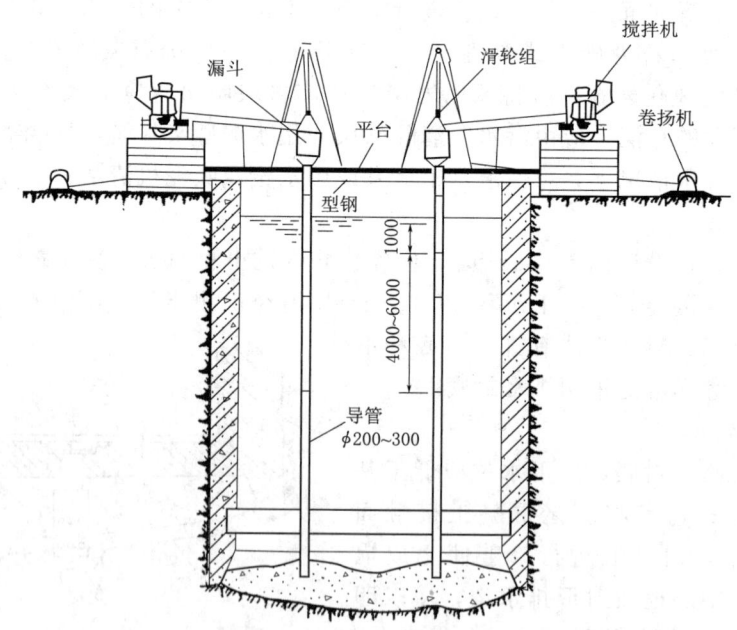

图 5-17 水下混凝土封底设备机具示意图（单位：mm）

待水下封底混凝土达到所需强度后，方可从沉井内抽水，检查封底情况，进行检漏补修，按排水封底方法施工上部钢筋混凝土底板。

第六章

基 坑 施 工

第一节 基坑排水与降水

一、概述

开挖基坑或沟槽时,土的含水层被切断,地下水会不断地渗入基坑。雨期施工时,地面水也会流入坑内,由于地下水的存在,不仅土方开挖困难,边坡也容易塌方,而且易造成地基土被水浸泡,地基土壤遭破坏,地基承载力下降,导致建筑物建成后产生较大的不均匀沉降,使建筑物开裂或破坏。因此,在基坑开挖前和开挖时,必须做好排水、降水工作。基坑的排水、降水方法很多,一般常用的有明排水法和井点降水法两类。

(1) 明排水法是在基坑开挖过程中,在坑底设置集水井,并沿坑底的周围或中央开挖排水沟,使水流入集水井内,然后用水泵抽出坑外。明排水法包括普通明沟排水法和分层明沟排水法。

(2) 井点降水法是在基坑的周围埋下深于基坑底的井点或管井,以总管连接抽水,使地下水位下降形成一个降落漏斗,并降低到坑底以下 0.5~1.0m,从而保证可在干燥无水的状态下挖土,这样不但可防止流沙、基坑边坡失稳等问题,而且便于施工。井点降水方法的种类有单层轻型井点、多层轻型井点、喷射井点、电渗井点、管井井点、深井井点等。

井点降水法可根据土的种类、透水层位置、厚度,土的渗透系数,水的补给源,井点布置形式,要求降水深度,邻近建筑,管线情况,工程特点,场地及设备条件以及施工技术水平等情况,作出技术经济和节能比较后确定选用一种或两种,或将井点降水法与明沟排水综合使用,可参照表6-1选用。

表 6-1　　各类井点的适用范围

井点类型	土层渗透系数 /(m/d)	降低水位深度/m	适用土层种类
单层轻型井点	0.1~80	3~6	粉砂、砂质粉土、黏质粉土、含薄层粉砂层的粉质黏土
多层轻型井点	0.1~80	6~12（由井点级数决定）	粉砂、砂质粉土、黏质粉土、含薄层粉砂层的粉质黏土

续表

井点类型	土层渗透系数/(m/d)	降低水位深度/m	适用土层种类
喷射井点	0.1～50	8～20	粉砂、砂质粉土、黏质粉土、粉质黏土、含薄层粉砂层的淤泥质粉质黏土
电渗井点	≤0.1	根据阴极井点确定（宜配合其他形式降水使用）	淤泥质粉质黏土、淤泥质黏土
管井井点	20～200	3～5	各种砂土、砂质粉土
深井井点	10～80	≥10 或降低深部地层承压水头	各种砂土、砂质粉土

一般来讲，当土质情况良好，土的降水深度不大时，可采用单层轻型井点；当降水深度超过 6m，且土层垂直渗透系数较小时，宜用二级轻型井点或多层轻型井点，或在坑中另布置井点，以分别降低上层土及下层土的水位。当土的渗透系数小于 0.1m/d 时，可在一侧增加电极，改用电渗井点降水；如土质较差，降水深度较大时，采用多层轻型井点设备增多、土方量增大，经济上不合算时，可采用喷射井点降水较为适宜；如果降水深度不大，土的渗透系数大，涌水量大，降水时间长，可选用管井井点；如果降水很深，涌水量大，土层复杂多变，降水时间很长，此时宜选用深井井点降水最为有效而经济。当各种井点降水方法影响邻近建筑物产生不均匀沉降和使用安全时，应采用回灌井点或在基坑有建筑物一侧采用旋喷桩加固土壤和防渗，对侧壁和坑底进行加固处理。

二、基坑明排水法

（一）普通明沟排水法

普通明沟排水法是采用截、疏、抽的方法进行排水，即在开挖基坑时，沿坑底周围或中央开挖排水沟，再在沟底设置集水井，使基坑内的水经排水沟流入集水井内，然后用水泵抽出坑外，如图 6-1 和图 6-2 所示。

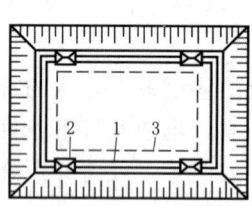

图 6-1 坑内明沟排水
1—排水沟；2—集水井；3—基础外边线

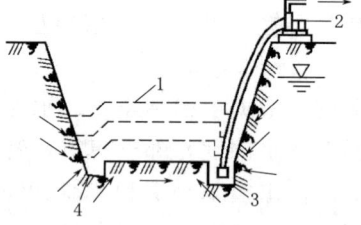

图 6-2 集水井降水
1—基坑；2—水泵；3—集水井；4—排水坑

（1）基本构造：根据地下水量、基坑平面形状及水泵的抽水能力，每隔 30～40m 设置一个集水井。集水井的截面一般为 0.6m×0.6m～0.8m×0.8m，其深度随着挖土的加深而加深，并保持低于挖土面 0.8～1.0m，井壁可用竹笼、砖圈、木枋或钢筋笼等做简易加固；当基坑挖至设计标高后，井底应低于坑底 1～2m，并铺设 0.3m 碎石滤水层，以免由于抽水时间较长而将泥沙抽出，并防止井底的土被搅动。一般基坑排水沟深 0.3～

0.6m，底宽应不小于 0.3m，排水沟的边坡为 1.1～1.5m，沟底设有 0.2%～0.5%的纵坡，其深度随着挖土的加深而加深，并保持水流的畅通。基坑四周的排水沟及集水井必须设置在基础范围以外，以及地下水流的上游。

（2）排水机具的选用：集水坑排水所用机具主要为离心泵、潜水泵和软轴泵。选用水泵类型时，一般取水泵的排水量为基坑涌水量的 1.5～2.0 倍。

（二）分层明沟排水法

如果基坑较深，开挖土层由多种土壤组成，中部夹有透水性强的砂类土壤时，为避免上层地下水冲刷下部边坡，造成塌方，可在基坑边坡上设置 2～3 层明沟及相应的集水井，分层阻截土层中的地下水（图 6-3）。这样一层一层地加深排水沟和集水井，逐步达到设计要求的基坑断面和坑底标高，其排水沟与集水井的设置及基本构造，基本与普通明沟排水法相同。

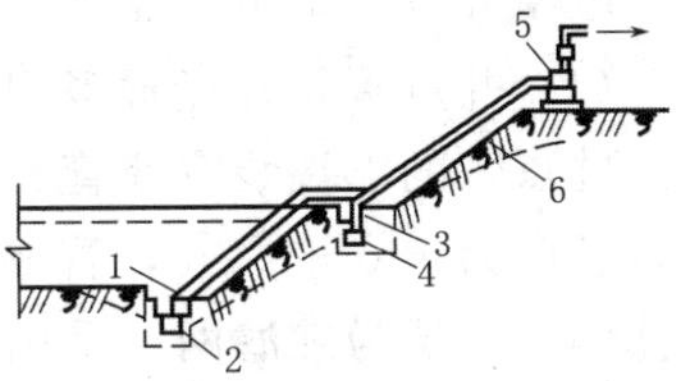

图 6-3 分层明沟排水
1—底层排水沟；2—底层集水井；
3—二层排水沟；4—二层集水井；
5—水泵；6—水位降低线

（三）流砂的形成及其防治

当基坑开挖到地下水位以下时，用明沟排水法降水排水时，有时坑底下的土会呈流动状态，随地下水一起涌进坑内，这种现象称为流砂。发生流砂时，土完全丧失承载力，砂土边挖边冒，难以开挖到设计深度。流砂严重时会引起基坑倒塌，附近建筑物会因地基土被排空而下沉、倾斜，甚至倒塌。因此，施工中要十分重视，防止流砂现象的发生。

实践经验表明，流砂现象经常发生在细砂、粉砂及亚砂土中。可能发生流砂的土质，当基坑挖深超过地下水位线 0.5m 左右，就会发生流砂现象。

细颗粒（颗粒为 0.005～0.05mm）、颗粒均匀、松散（土的天然孔隙比大于 75%）、饱和的非黏性土容易发生流砂现象，但是否出现流砂现象的重要条件是动水压力的大小。因此，在基坑施工中要设法减小动水压力和使动水压力向下，其具体措施有以下几种。

（1）水下挖土法：采用不排水施工，使坑内水压与地下水压平衡，从而防止流砂产生。此法在沉井挖土下沉过程中常采用。

（2）打板桩法：将板桩（常用钢板桩）沿基坑外围打入坑底下面一定深度，增加地下水从坑外流入坑内的渗流长度，从而减小动水压力，防止流砂产生。

（3）抢挖法：组织分段抢挖，使挖土速度超过冒砂速度，挖到设计标高后立即铺竹筏、芦席，并抛大石块以平衡动水压力，压住流砂。此法用以解决局部或轻微的流砂现象是有效的。

（4）人工降低地下水位：一般采用井点降水方法，使地下水的渗流向下，水不致渗流入坑内，动水压力的方向朝下，因而可以有效地治理流砂现象，达到局部区域降低地下水位的效果。此法效果好，实用性较广。

（5）地下连续墙法：在基坑周围先浇灌一道混凝土或钢筋混凝土的连续墙，以支承土壁，截水并防止流砂发生。

（6）冻结法：在含有大量地下水的土层或沼泽地区施工时，采用冻结土壤的方法防止流砂产生。

三、轻型井点降水法

轻型井点降低地下水位是沿基坑周围以一定的间距埋入井点管（下端为滤管），在地面上用水平铺设的集水总管将各井点管连接起来，在一定位置设置离心泵和水力喷射器，离心泵驱动工作水，当水流通过喷嘴时形成局部真空，地下水在真空吸力的作用下经滤管进入井管，然后经集水总管排出，从而降低了水位。

（一）轻型井点主要设备

轻型井点系统由井点管、连接管、集水总管及抽水设备等组成，如图6-4所示。

（1）井点管：井点管多用无缝钢管，长度一般为5~7m，用直径为38~55mm的钢管。井点管的下端装有滤管和管尖，其构造如图6-5所示。滤管直径常与井点管直径相同，长度为1.0~1.7m，管壁上钻有直径为12~18mm的星棋状排列滤孔。管壁外包两层滤网，内层为细滤网，采用30~50孔/cm的黄铜丝布或生丝布，外层为粗滤网，采用8~10孔/cm的铁丝布或尼龙丝布。常用的滤网类型有方织网、斜织网和平织网。一般在细砂中适宜采用平织网，中砂中宜采用斜织网，粗砂、砾石中则用方织网。为避免滤孔淤塞，在管壁与滤网间用铁丝绕成螺旋形隔开，滤网外面再围一层8号粗铁丝保护网。滤管下端放一个锥形铸铁头以利井管插埋。井点管的上端用弯管接头与总管相连。

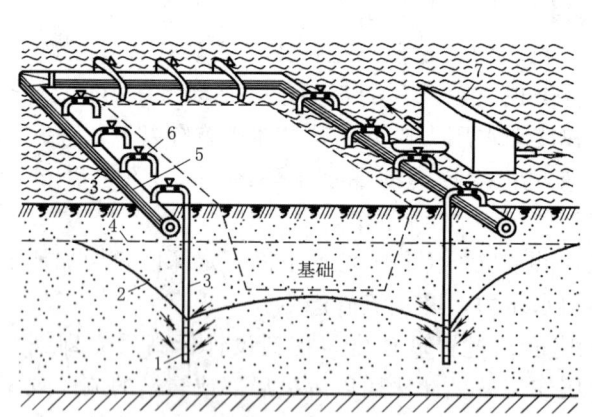

图6-4 轻型井点降低地下水位全貌示意图
1—滤管；2—降低各地下水位线；3—井点管；
4—原有地下水位线；5—总管；
6—弯联管；7—水泵房

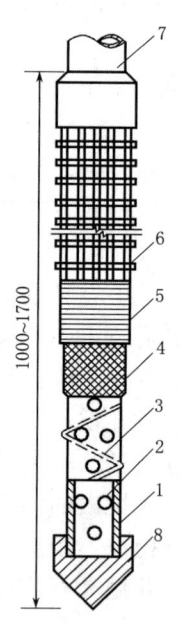

图6-5 井点管的构造（单位：mm）
1—钢管；2—管壁上的小孔；3—缠绕的塑料管；
4—细滤网；5—粗滤网；6—粗铁丝保护网；
7—井点管；8—铸铁头

（2）连接管与集水总管：连接管用胶皮管、塑料透明管或钢管弯头制成，直径为38~55mm。每个连接管均宜装设阀门，以便检修井点。集水总管一般用直径为100~127mm

的钢管分布连接，每节长约 4m，其上装有与井点管相连接的短接头，间距 0.8m 或 1.2m 或 1.6m。

（3）抽水设备：现在多使用射流泵井点，如图 6-6 所示。射流泵井点系统的工作原理如图 6-7 所示。射流泵的原理如图 6-6（a）、（b）所示，它采用离心泵驱动工作水运转，当水流通过喷嘴时，由于截面收缩，流速突然增大而在周围产生真空，把地下水吸出，而水箱内的水呈一个大气压的天然状态。射流泵能产生较高真空度，但排气量小，稍有漏气则真空度易下降，因此它带动的井点管根数较少。但它耗电少、重量轻、体积小、机动灵活。

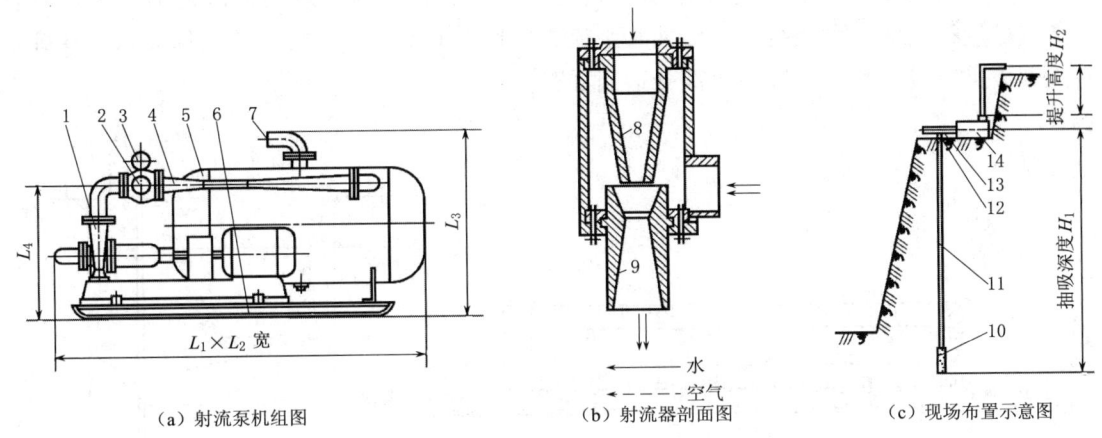

图 6-6　射流泵井点系统工作简图

1—离心泵；2—进水口；3—真空表；4—射流器；5—水箱；6—底座；7—出水口；8—喷嘴；9—喉管；10—滤水管；11—井点管；12—软管；13—总管；14—机组

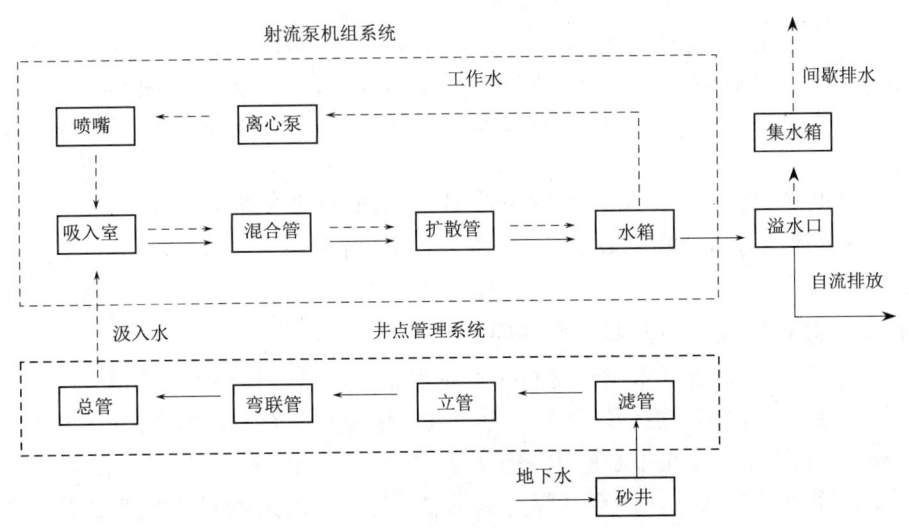

图 6-7　射流泵井点系统工作原理框图

(二) 轻型井点的布置

(1) 平面布置：轻型井点系统的平面布置主要取决于基坑的平面形状和基坑开挖深度，应尽可能将要施工的建筑物基坑面积内各主要部分都包围在井点系统之内。开挖窄而长的沟槽时，可按线状井点布置。如沟槽宽度大于 6m，且降水深度不超过 6m 时，可用单排线状井点，布置在地下水流的上游一侧，两端适当加以延伸，延伸宽度以不小于槽宽为宜，如图 6-8 所示。如开挖宽度大于 6m 或土质不良，则可用双排线状井点。当基坑面积较大时，宜采用环状井点，有时亦可布置成 U 形，以利挖土机和运土车辆出入基坑，如图 6-9 (a) 所示。井点管距离基坑壁一般可取 0.7~1.0m，以防局部发生漏气。井点管间距一般为 1.2~2.0m，由计算或经验确定。为了充分利用泵的抽水能力，集水总管标高宜尽量接近地下水位线，并沿抽水水流方向留有 0.25%~0.5% 的上仰坡角。在确定井点管数量时应考虑在基坑四角部分适当加密。

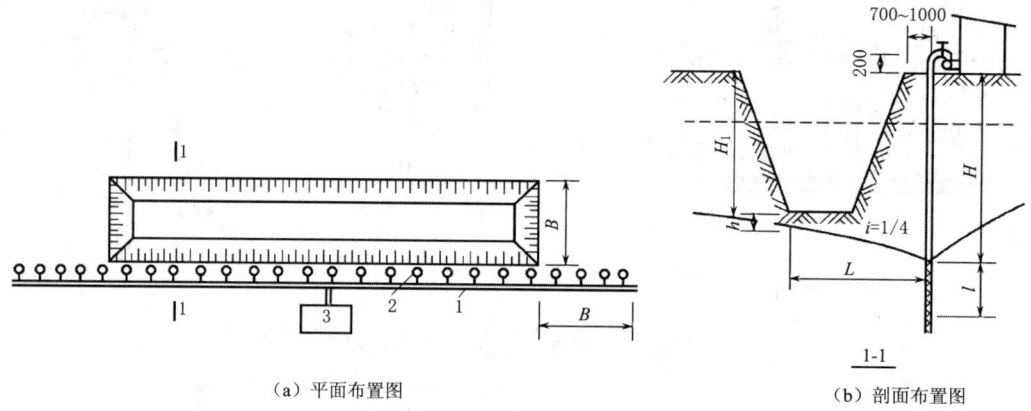

(a) 平面布置图　　　　　　(b) 剖面布置图

图 6-8　单排线状井点的布置图 (单位：mm)

1—总管；2—井点管；3—抽水设备；
H—井点管埋设面至基坑底的距离；h—降低后的地下水位至基坑中心的距离；i—地下水降落坡度；
L—井点管至群井中心的水平距离；l—滤水管的长度；B—井点管的布置宽度；
H_1—井点管埋设面至基坑底的距离

(2) 剖面布置：轻型井点的降水深度在井点管处一般可达 6~7m。井点管需要的埋设深度 H（不包括滤管），可按式 (6-1) 进行计算 [图 6-9 (b)]：

$$H \geqslant H_1 + h + iL \tag{6-1}$$

式中　H_1——井点管埋设面至基坑底的距离；

　　　h——降低后的地下水位至基坑中心的距离，一般不应小于 0.5m；

　　　i——地下水降落坡度，环状井点为 1/10，单排井点为 1/5~1/4；

　　　L——井点管至群井中心的水平距离。

确定井点管埋设深度时，注意计算得到的 H 应小于水泵的最大抽吸深度，并且必须将滤水管埋入含水层内，比基坑底深 0.9~1.2m。另外，还要考虑到井管一般要露出地面 0.2m 左右。

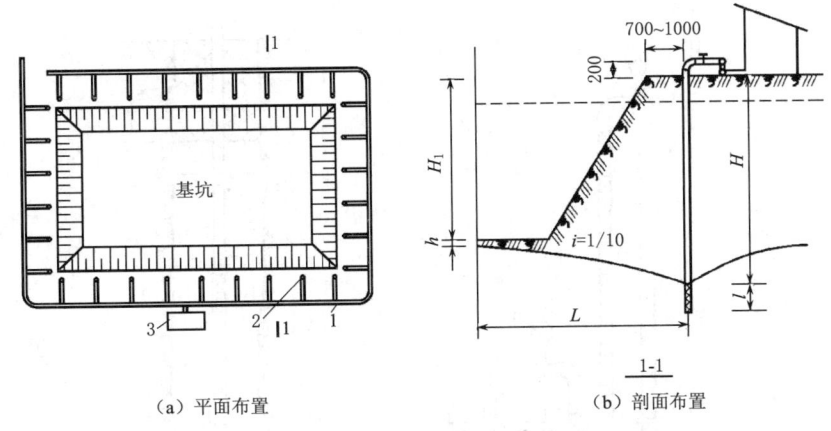

(a) 平面布置　　　　　(b) 剖面布置

图 6-9　环状井点（单位：mm）

1—总管；2—井点管；3—泵站；

H_1—井点管埋设面至基坑底的距离；h—降低后的地下水位至基坑中心的距离；i—地下水降落坡度；L—井点管至群井中心的水平距离；l—滤水管的长度；H—井点管埋设面至基坑底的距离

（三）轻型井点的施工工艺

定位放线→铺设总管→冲孔→安装井点管→添砂砾滤料、黏土封口→用弯联管接通井点管与总管→安装抽水设备并与总管接通→安装集水箱和排水管→真空泵排气→离心水泵抽水→测量观测井中地下水位变化。

（四）轻型井点的施工要点

(1) 准备工作：根据工程情况与地质条件，确定降水方案，进行轻型井点的设计计算。根据设计准备所需的井点设备、动力装置、井点管、滤管、集水总管及必要的材料。施工现场准备工作包括排水沟的开挖、泵站处的处理等。对于在抽水影响半径范围内的建筑物及地下管线应设置监测标点，并准备好防止沉降的措施。

(2) 井点管的埋设：井点管的埋设一般用水冲法进行，并分为冲孔与埋管填料两个过程。冲孔时先用起重设备将直径为 50～70mm 的冲管吊起，并插在井点埋设位置上，然后开动高压水泵（一般压力为 0.6～1.2MPa），将土冲松，如图 6-10 所示。冲孔时冲管应垂直插入土中，并做上下左右摆动，以加速土体松动，边冲边沉。冲孔直径一般为 250～300mm，以保证井管周围有一定厚度的砂滤层。冲孔深度宜比滤管底深 0.5～1.0m，以防冲管拔出时，部分土颗粒沉淀于孔底而触及滤管底部。

在埋设井点时，冲孔是重要的一环，冲水压力不宜过大或过小。当冲孔达到设计深度时，须尽快降低水压。

井孔冲成后，应立即拔出冲管，插入井点管，并在井点管与孔壁之间迅速填灌砂滤层，以防孔壁塌土［图 6-10 (b)］。砂滤层一般选用干净粗砂，填灌均匀，并填至滤管顶上部 1.0～1.5m，以保证水流通畅。井点填好砂滤料后，须用黏土封好井点管与孔壁间的上部空间，以防漏气。

(3) 连接与试抽：将井点管、集水总管与水泵连接起来，形成完整的井点系统。安装

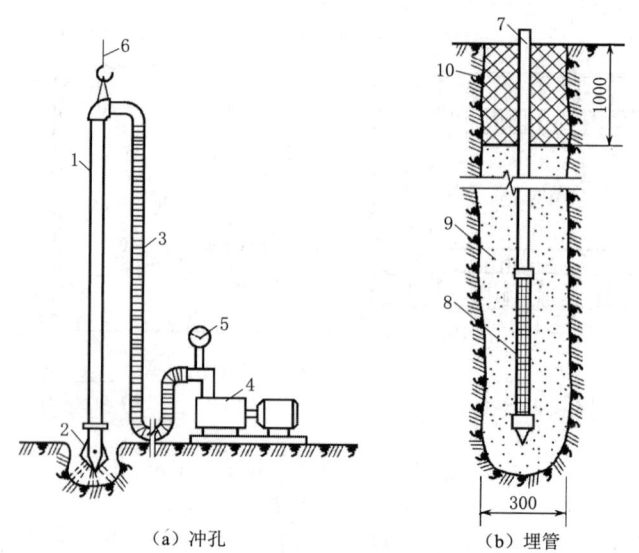

图 6-10 水冲法井点管（单位：mm）

1—冲管；2—冲嘴；3—胶管；4—高压水泵；5—压力表；6—起重机吊钩；7—井点管；
8—滤管；9—填砂；10—黏土封口

完毕，需进行试抽，以检查是否有漏气现象。开始正式抽水后，一般不宜停抽，时抽时止，滤网易堵塞，也易抽出土颗粒，使水浑浊，并引起附近建筑物由于土颗粒流失而沉降开裂。正常的降水是细水长流、出水澄清。

（4）井点运转与监测。

1）井点运转管理：井点运行后要连续工作，应准备双电源以保证连续抽水。真空度是判断井点系统是否良好的尺度，一般应不低于 55.3～66.7kPa。如真空度不够，通常是由于管路漏气，应及时修复。如果通过检查发现淤塞的井点管太多，严重影响降水效果，应逐个用高压水反冲洗或拔出重新埋设。

2）井点监测：井点监测包括流量观测、地下水位观测、沉降观测三方面。

a. 流量观测。流量观测可用流量表或堰箱。若发现流量过大而水位降低缓慢甚至降不下去，可考虑改用流量较大的水泵；若流量较小而水位降低却较快，则可改用小型水泵以免离心泵无水发热，并可节约电力。

b. 地下水位观测。地下水位观测井的位置和间距可按设计需要布置，可用井点管作为观测井。在开始抽水时，每隔 4～8h 测一次，以观测整个系统的降水效果。3d 后或降水达到预定标高前，每日观测 1～2 次。地下水位降到预定标高后，可数日或一周测 1 次，但若遇下雨时，须加密观测。

c. 沉降观测。在抽水影响范围内的建筑物和地下管线，应进行沉降观测。观测次数一般每天 1 次，在异常情况下须加密观测，每天不少于 2 次。

四、喷射井点降水法

当基坑开挖所需降水深度超过 8m 时，一层轻型井点就难以收到预期的降水效果，这时如果场地许可,可以采用二层甚至多层轻型井点增加降水深度,达到设计要求。但是这样会增加基坑土方施工工程量、增加降水设备用量并延长工期,也扩大了井点降水的影响范围而对环境保护不利。因此,当降水深度超过8m时,宜采用喷射井点。

(一) 喷射井点设备

根据工作流体的不同,喷射井点可分为喷水井点和喷气井点两种。两者的工作原理是相同的。喷射井点系统主要由喷射井点管、高压水泵(或空气压缩机)和管路系统组成,如图6-11所示。

(1) 喷射井点管:由内管和外管组成,在内管的下端装有喷射扬水器与滤管相连,如图6-12所示。当喷射井点工作时,由地面高压离心水泵供应的高压工作水经过内外管之间的环形空间直达底端,在此处工作流体由特制内管的两侧进水孔至喷嘴喷出,在喷嘴处由于断面突然收缩变小,使工作流体具有极高的流速,在喷口附近造成负压,将地下水经过滤管吸入,吸入的地下水在混合室与工作水混合,然后进入扩散室,水流在强大压力的作用下把地下水同工作水一同扬升出地面,经排水管道系统排至集水池或水箱,一部分用低压泵排走,另一部分供高压水泵压入井管外管内作为工作水流。如此循环作业,将地下水不断从井点管中抽走,使地下水逐渐下降,达到设计要求的降水深度。

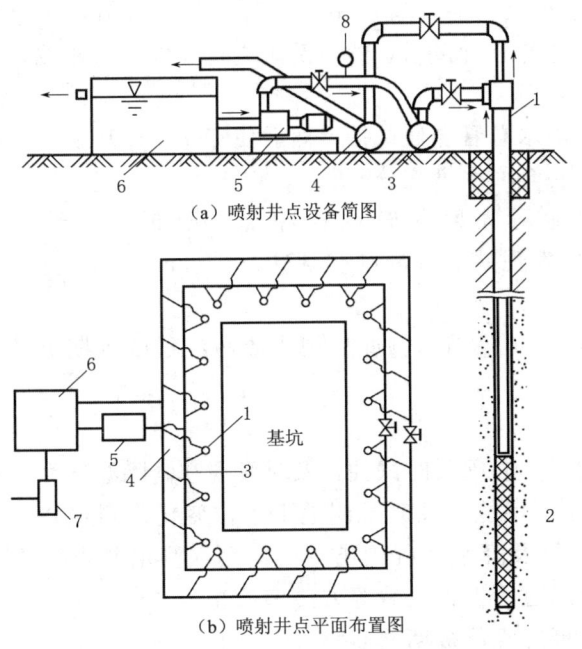
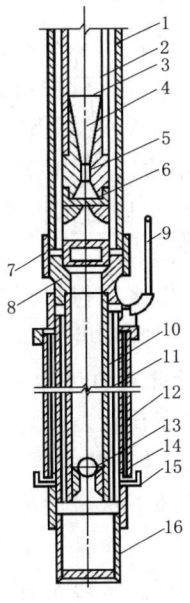

图6-11 喷射井点布置图
1—喷射井管;2—滤管;3—供水总管;4—排水总管;
5—高压离心水泵;6—水箱;7—排水泵;8—压力表

图6-12 喷射井点管构造
1—外管;2—内管;3—喷射器;4—扩散管;
5—混合管;6—喷嘴;7—缩节;8—连接座;
9—真空测定管;10—滤管芯管;11—滤管有孔套管;
12—滤管外缠滤网及保护网;13—逆止球阀;
14—逆止阀座;15—护套;16—沉泥管

(2) 高压水泵：一般可采用流量为 50~80m³/h、压力为 0.7~0.8MPa 的多级高压水泵，每套约能带动 20~30 根井管。

(3) 管路系统：包括进水、排水总管（直径 150mm，每套长度 60m）、接头、阀门、水表、溢流管、调压管等管件、零件及仪表。

喷射井点用作深层降水，在渗透系数为 0.1~20m/s 的粉土、极细砂和粉砂中较为适用。在较粗的砂粒中，由于出水量较大，循环水流就显得不经济，这时宜采用深井泵。一般一级喷射井点可降低地下水位 8~20m，甚至 20m 以上。

（二）喷射井点施工工艺及要点

1. 喷射井点施工工艺

泵房设置→安装进、排水总管→水冲或钻孔成井→安装喷射井点管、填滤管→接通进、排水总管，并与高压水泵或空气压缩机接通→将各井点管的外管管口与排水管接通，并通过循环水箱→起动高压水泵或空气压缩机抽水→离心水泵排除循环水箱中多余的水→测量观测井中地下水位变化。

2. 喷射井点施工要点

(1) 喷射井点管埋设方法与轻型井点相同，其成孔直径为 400~600mm。为保证埋设质量，宜用套管法冲孔加水及压缩空气排泥，当套管内含泥量经测定小于 5％时，下井管及灌砂，然后再拔套管。对于 10m 以上喷射井点管，宜用吊车下管。下井管时，水泵应先开始运转，以便每下好一根井点管，立即与总管接通，然后及时进行单根试抽排泥，让井管内出来的泥浆从水沟排出。

(2) 全部井点管埋设完毕后，再接通回水总管全面试抽，然后使工作水循环，进行正式工作。各套进水总管均应用阀门隔开，各套回水管应分开。

(3) 为防止喷射器损坏，安装前应对喷射井管逐根冲洗，开泵压力要小些（≤0.3MPa），以后再将其逐步开足。如果发现井点管周围有翻砂、冒水现象，应立即关闭井管并检修。

(4) 工作水应保持清洁，试抽 2d 后，应更换清水，此后视水质污浊程度定期更换清水，以减小对喷嘴及水泵叶轮的磨损。

3. 喷射井点的运转和保养

喷射井点比较复杂，在井点安装完成后，必须及时试抽，及时发现和消除漏气和"死井"。在其运转期间，需进行监测以了解装置性能，及时观测地下水位变化；测定井点抽水量，通过地下水量的变化，分析降水效果及降水过程中出现的问题；测定井点管真空度，检查井点工作是否正常。此外，还可通过听、摸、看等方法来检查。

听——有上水声是好井点，无声则可能井点已被堵塞。

摸——手摸管壁感到振动。另外，冬天热而夏天凉为好井点，反之则为坏井点。

看——夏天湿、冬天干的井点为好井点。

五、电渗井点降水法

电渗井点的工作原理如图 6-13 所示，一般与轻型井点或喷射井点结合使用，利用轻型井点或喷射井点管本身作为阴极，以金属棒如钢管（50~75mm）或钢筋（Φ20~25mm）作为阳极，埋设在井点管的内侧。通入直流电（采用直流发电机或直流电焊机）

后，带有负电荷的土颗粒向阳极移动（即电泳现象），而带有正电荷的水则向阴极方向移动集中，产生电渗现象。在电渗与井点管内的真空双重作用下，强制黏土中的水由井点管快速排出，井点管连续抽水，从而地下水位逐渐降低。

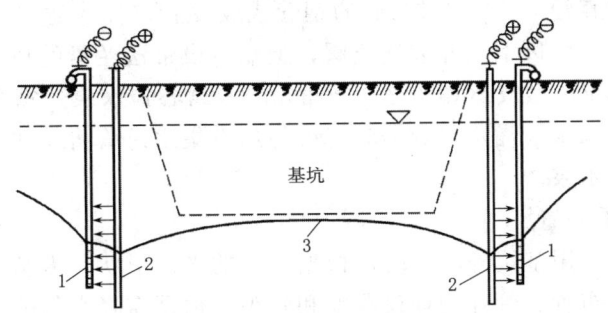

图6-13 电渗井点的工作原理
1—井点管（阴极）；2—金属棒（阳极）；3—地下水降落曲线

电渗井点适用于细颗粒土，其渗透系数小于0.1m/d，用一般井点不可能降低粉质黏土、黏土含水层中，尤其适用于饱和的淤泥和淤泥质黏土中的地下水。因此，单纯利用井点系统的真空产生的抽吸作用可能较难将水从土体中抽走，这时利用黏土的电渗现象和电泳作用特性，一方面加速土体固结，增加土体强度；另一方面也可以达到较好的降水效果。

六、管井井点降水法

对于渗透系数大于20m/d、地下水丰富的砂土、砂质粉土、粉土与碎石土等土层，用明排水易造成土颗粒大量流失，用轻型井点难以满足排降水的要求，这时可采用管井井点。

管井井点就是沿基坑每隔一定距离设置一个管井，或在坑内降水时每一定范围设置一个管井，利用管井进行重力集水，在地面用一台离心泵或在井内用小型潜水泵不断抽取管井内的水来降低地下水位。管井井点具有排水量大、排水效果好、设备简单、易于维护等优点，降水深度为3~5m，可代替多组轻型井点作用。

（一）管井井点的构造与设备

管井井点的构造如图6-14所示，主要由下列几部分组成。

（1）滤水井管：过滤部分用钢筋焊

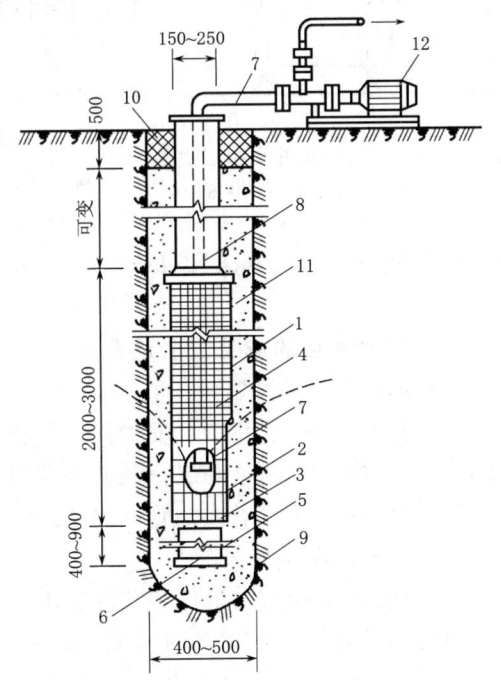

图6-14 管井井点的构造（单位：mm）
1—滤水井管；2—14mm钢筋焊接骨架；3—6×30@250；
4—10号铁丝垫筋@25mm焊于管骨架上，外包孔眼1~2mm铁丝网；5—沉砂管；6—木塞；7—吸水管；
8—150~250mm钢管；9—钻孔；10—夯填黏土；
11—填充砂砾；12—抽水设备

接骨架，外包孔眼为1~2mm滤网，长2~3m，上部井管部分用直径200mm以上的钢管、塑料管或混凝土管，或用竹、木制成的管。钻孔孔径应比井管直径大200mm以上。

（2）吸水管：用直径为50~100mm的钢管或胶皮管，插入滤水井管内，其底端应沉到管井吸水时的最低水位以下，并装逆止阀，上端装设带法兰盘的短钢管一节。

（3）水泵：采用BA型或B型流量10~25m³/h离心式水泵，每个井管装置一台。当水泵排水量大于单孔滤水井涌水量数倍时，可另加设集水总管将相邻的相应数量的吸水管连成一体，共用一台水泵。

（二）管井井点的布置

（1）坑外布置：采用基坑外降水时，根据基坑的平面形状，沿基坑外围四周呈环形或沿基坑两侧呈直线形布置。管井的埋设深度和间距，根据需降水的范围和深度以及土层的渗透系数而定，埋设深度可为5~10m，间距为10~50m，降水深度可达5m。

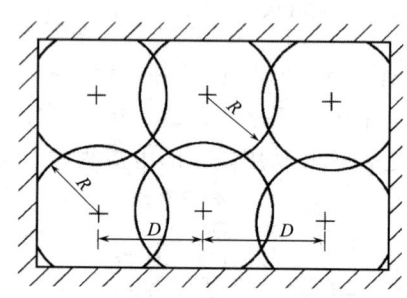

图6-15 坑内降水井点布置示意图
R—抽水影响半径；D—井点间距

（2）坑内布置：当基坑开挖面积较大或者出于防止降低地下水对周围环境的不利影响的目的而采用坑内降水时，可根据所需降水深度、单井涌水量以及抽水影响半径R等确定管井井点间距，再以此间距在坑内呈棋盘状点状布置，如图6-15所示。管井间距D一般为10~15m，同时应不小于$\sqrt{2R}$，以保证基坑内全范围地下水位降低。

一般每个滤水管井单独用一台水泵，水泵的设置标高尽可能设在最小吸程处（一般为5~7m），高度不够时，可设在基坑内。当水泵排水量大于单孔滤水管井涌水量的数倍时，可另设集水总管，把相邻的相应数量的吸水管连成一体，共用一台水泵。

（三）管井井点的施工工艺及要点

1. 管井井点施工工艺

井点测量定位→挖井口、安护筒→钻机就位→钻孔→回填井底砂垫层→吊放井管→回填井管与孔壁间的砂砾过滤层→洗井→井管内下设水泵、安装抽水控制电路→试抽水→降水井正常工作→降水完毕拔井管→封井。

2. 管井井点施工要点

（1）成孔可根据土质条件和孔深要求，人工成孔或采用冲击钻钻孔（CZ22型或CZ20型）、回转钻钻孔，机械成孔时用泥浆护壁，孔口设置护筒，以防孔口坍方，并在一侧设排泥沟、泥浆坑。孔径应较井管直径大200mm以上。成孔后应立即安装井管，以防坍孔。

（2）管井下沉前钻孔应进行清洗，冲除沉渣。可采用灌入稀泥浆用吸水泵抽出置换或用空压机洗井法，将沉渣清出井外并保持滤网畅通。

（3）井管下放时，将预先制作好的井管用吊车或三脚架用卷扬机分段下设，分段焊接牢固，直下到井底。井管安放应力求垂直并位于井孔中间，并用圆木堵住管口，管井与土壁之间用 3~15mm 粒径砾石填充作为过滤层。地面下 0.5m 范围内用黏土填充夯实，以防漏气。管顶部比自然地面高 500mm 左右。

（4）管井运行前，应进行试抽水，检查出水是否正常，有无淤塞现象，如情况异常，应进行检修。在抽水过程中，应经常对抽水机械的电动机、传动轴、电流及电压等进行检查，并对井内水位下降和流量进行观测记录。

（5）管井降水完毕后，可用起重设备将管井管口套紧徐徐拔出，滤水管拔出后可洗净再用。所留洞应用砂砾填实，上部 500mm 用黏性土填充夯实。

七、深井井点降水法

深井井点降水的工作原理是利用深井进行重力集水，在井内用长轴深井泵或井内用潜水泵进行排水以达到降水或降低承压水压力的目的。它适用于渗透系数较大（$K \geqslant 200\text{m/d}$）、涌水量大、降水较深（可达 50m）的砂土、砂质粉土，及用其他井点降水不易解决的深层降水，可采用深井井点系统。深井井点的降水深度不受吸程限制，由水泵扬程决定，在要求水位降低 5m 以上或要求降低承压水压力时，排水效果好。井距大，对施工平面布置干扰小。

（一）深井井点设备

深井井点系统由深井、井管和深井泵（或潜水泵）组成，如图 6-16 所示。

（1）深井与井管：井管由滤水管、吸水管和沉砂管三部分组成，可用混凝土管、钢筋笼或钢管制成，内径宜大于潜水泵外径 50mm。

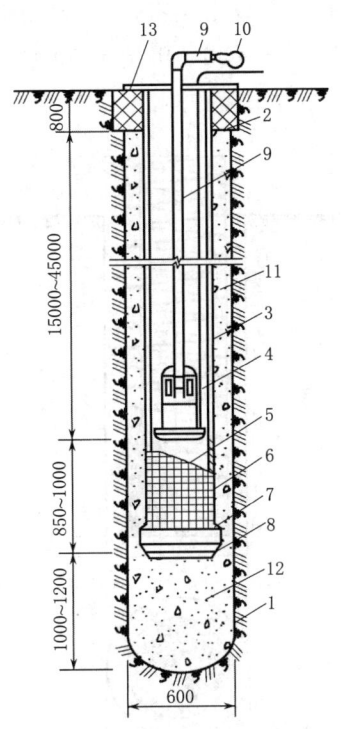

图 6-16 深井井点构造示意图（单位：mm）
1—井孔；2—井口（黏土封口）；3—$\phi 300$ 井管；4—潜水泵；5—过滤段（内填碎石）；6—滤网；7—导向段；8—开孔底板（下铺滤网）；9—$\phi 50$ 出水管；10—$\phi 50 \sim 75$ 出水总管；11—小砾石或中粗砂；12—中粗砂；13—钢板井盖

1）深井。深井的成孔方法可采用冲击钻、回转钻、潜水电钻等。根据不同的土质情况，采用泥浆护壁钻孔或冲击钻成 700mm 左右的孔。孔口设置护筒，以防孔口塌方，并在一侧设排泥沟、泥浆坑。孔径应较井管直径每边大 150mm。钻孔深度，当不设沉砂管时，应比抽水期内可能泥沙沉积的高度适当加深。

2）滤水管。对土质较好，深度在 15m 以内，可采用外径 380~600mm、壁厚 50~60mm、长 1.2~1.5m 的无砂混凝土管作滤水管，或在外再包棕树皮两层作滤网。

简易深井亦可采用钢筋笼做井管，如图 6-17 所示。用 4~8 根 $\phi 12 \sim 16$ 钢筋做主筋，自笼顶起每隔 1m 设一道 $\phi 16$ 的加强箍，再设 $\phi 6 \sim 12@100$ 箍筋，主筋与箍筋、加强箍之间点焊连接形成骨架。再外包孔眼 1mm×1mm 和 5mm×5mm 铁丝网。亦可在主筋外缠 8 号铁丝，间距 2~3mm，与主筋点焊固定，外包 14 目尼龙网或塑料纱窗，或沿钢筋骨架周边绑设竹片或细竹竿,外包草席、草帘各一层,用 12 号铁丝扎紧。钢筋笼可分节制作,每节长 8m。钢筋笼直径比井孔每边小 200mm。

对于抽取深层承压水的深井,采用钢筋笼成井满足不了侧压力的要求,可改用钢管成井,如图 6-18 所示。滤水管的长度取决于含水层厚度、透水层的渗透系数及降水速度的快慢,一般为 3~9m。通常在钢管上分三段轴条(或开孔),在轴条(或开孔)后的管壁上焊 $\phi 6$ 垫筋,要求顺直,与管壁点焊固定,再在外缠绕 12 号铁丝,间距 1~2mm,与垫筋用焊牢,或外包 10 孔/cm^2 和 41 孔/cm^2 镀锌铁丝网各两层或尼龙网。

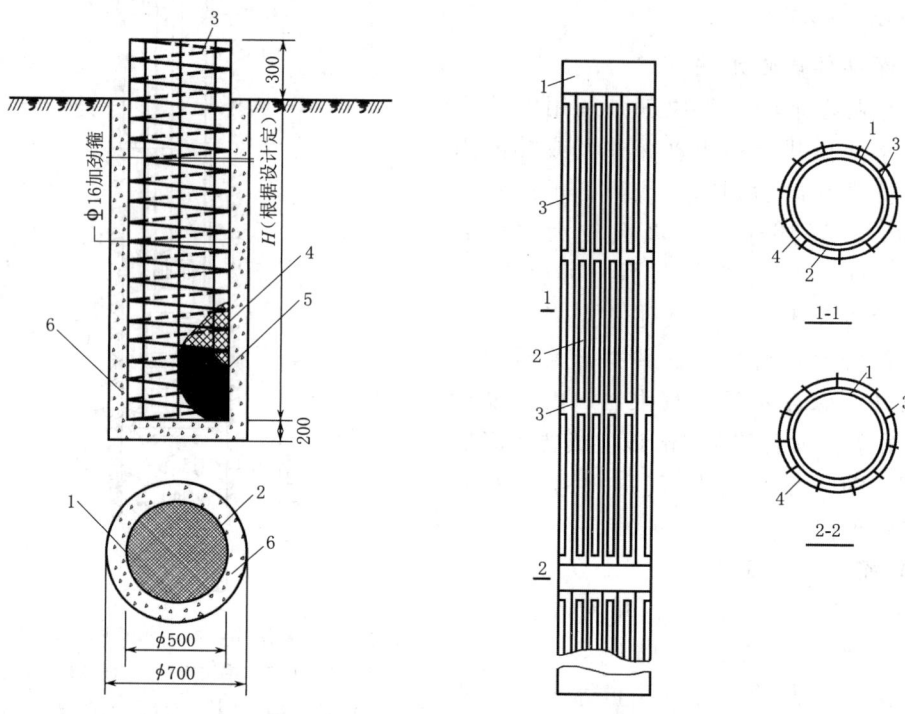

图 6-17 钢筋笼作井管的深井构造(单位:mm)
1—主筋 8Φ12;2—ϕ16 的加强箍;3—ϕ8@100 螺旋箍筋;
4—7 目铁丝网一层;5—塑料纱窗一层;
6—1~3cm 碎石滤水层

图 6-18 深井滤水管构造(单位:mm)
1—钢管;2—轴条后孔;3—ϕ6mm 垫筋;
4—缠绕 12 号铁丝与钢筋焊牢

3)吸水管。吸水管连接滤水管,起挡土、储水作用,采用与滤水管同直径钢管。

4)沉砂管。在降水过程中,沉砂管的作用是沉淀那些通过滤网的少量砂粒。一般采用与滤水管同直径钢管。

(2)深井泵:是将集中在深井中的地下水提到地面的工具,是由电动机驱动水泵的叶轮旋转,将深井中的水提上来。根据电动机的位置及使用要求,可以分为长轴深井泵和潜水泵两种。深井泵每井设置一台,并带吸水铸铁管或胶管,配上一个控制井内水位的自动开关,在井口安装 75mm 阀门以便调节流量的大小,阀门用夹板固定。每个基坑井点群应有 2 台备用泵。

(二) 深井井点布置

对于采用坑外降水的方法，深井井点的布置根据基坑的平面形状及所需降水深度，沿基坑四周呈环形或直线形布置，井点一般沿工程基坑周围离开边坡上缘 0.5~1.5m，井距一般为 30m 左右。当采用坑内降水时，同样可按图 6-16 所示的方式布置，并根据单井涌水量、降水深度及影响半径等确定井距，在坑内呈棋盘形点状布置。一般井距为 10~30m。井点宜深入到透水层 6~9m，通常还应比所应降水深度深 6~8m。

(三) 深井井点施工程序及要点

(1) 井位放样、定位。

(2) 做井口，安放护筒。井管直径应大于深井泵最大外径 50mm 以上，钻孔孔径应大于井管直径 300mm 以上。安放护筒以防孔口塌方，并为钻孔起到导向作用。做好泥浆沟与泥浆坑。

(3) 钻机就位、钻孔。深井的成孔方法可采用冲击钻、回转钻、潜水电钻等，用泥浆护壁或清水护壁法成孔。清孔后回填井底砂垫层。

(4) 吊放深井管与填滤料。井管应安放垂直，过滤部分应放在含水层范围内。井管与土壁间填充粒径大于滤网孔径的砂滤料。填滤料要一次连续完成，从底填到井口下 1m 左右，上部采用黏土封口。

(5) 洗井。若水较浑浊，含有泥沙、杂物，会增加泵的磨损，缩短寿命或使泵堵塞，可用空压机或旧的深井泵来洗井，使抽出的井水清洁后，再安装新泵。

(6) 安装抽水设备及控制电路。安装前应先检查井管内径、垂直度是否符合要求。安放深井泵时，用麻绳吊入滤水层部位，并安放平稳，然后接电动机电缆及控制电路。

(7) 试抽水。深井泵在运转前，应用清水预润（清水通入泵座润滑水孔，以保证轴与轴承的预润）。检查电气装置及各种机械装置，测量深井的静、动水位。达到要求后，即可试抽，一切满足要求后，再转入正常抽水。

(8) 降水完毕拆除水泵、拔井管、封井。降水完毕，即可拆除水泵，用起重设备拔除井管。拔出井管所留的孔洞用砂砾填实。

八、降水对环境的影响及防治措施

井点降水时，井点管周围含水层的水不断流向滤管。在无承压水等环境条件下，经过一段时间之后，在井点周围形成漏斗状的弯曲水面，即所谓"降水漏斗"曲线。经过几天或几周后，降水漏斗渐趋稳定。降水漏斗范围内的地下水位下降后，就必然会造成地基固结沉降。由于降水漏斗不是平面，因而产生的沉降也是不均匀的。在实际工程中，由于井点管滤网和砂滤层结构不良，把土层中的细颗粒同地下水一同抽出，就会使地基不均匀沉降加剧，造成附近建筑物及地下管线不同程度的损坏。

在基坑降水开挖中，为了防止邻近建筑物受影响，可采用以下措施。

(1) 井点降水时应减缓降水速度，均匀出水，勿使土粒带出。降水时要随时注意抽出的地下水是否有浑浊现象。抽出的水中带走细颗粒，不但会增加周围地面的沉降，而且还会使井管堵塞、井点失效。为此，应选用合适的滤网与回填的砂滤料。

(2) 井点应连续运转，尽量避免间歇和反复抽水，以减少在降水期间引起的地面沉降量。

(3) 降水场地外侧设置挡水帷幕，缩小降水影响范围。降水场地外侧设置一圈挡水帷幕，切断降水漏斗曲线的外侧延伸部分，缩小降水影响范围。一般挡水帷幕底面应在降落后的水位线 2m 以下。常用的挡水帷幕可采用地下连续墙、深层水泥土搅拌桩等。

(4) 设置回灌水系统，保护邻近建筑物与地下管线。回灌水系统包括回灌井、回灌沟。

1) 回灌沟：施工中最简单的回灌方法是采用回灌沟，如图 6-19（a）所示，图中若建筑物离基坑稍远，且无隔水层或弱透水层时，则用回灌沟的方法较为经济易行。

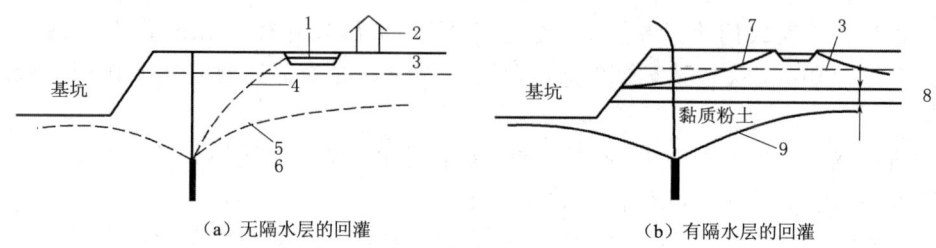

图 6-19 回灌沟

1—回灌沟；2—建筑物；3—原有地下水位；4—回灌后的水位降落曲线；5—无回灌时的水位降落曲线；
6—压缩性土；7—回灌水位；8—黏质粉土；9—井点水位降落线

2) 回灌井：土层中存有黏质粉土夹层时，则用回灌沟就不适宜，如图 6-19（b）所示。此时，应采用回灌井的方法，如图 6-20 所示。回灌井布置在被保护建筑与井点之间，它是一个较长的穿孔井管，和井点的滤管一样，井外填以适当级配的滤料，井口须用黏土封口，以防止空气进入，这种方法避免了回灌沟的水位形成增加荷载的作用，从而有效地达到回灌地下水使原有地下水位保持不变的作用。

回灌井点的布置和管路设备等与抽水井点相似，仅增加回灌水箱、闸阀和水表等少量设备。回灌井点的滤管长度应大于抽水井的滤管，通常为 2~2.5m。

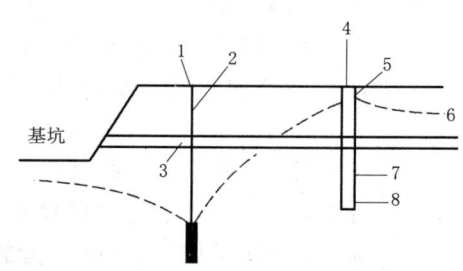

图 6-20 回灌井

1—排水；2—进点；3—黏质粉土；4—回灌水；
5—封孔；6—回灌后的地下水位；7—滤料；
8—有孔回灌井管

3) 由于回灌水时会有沉淀物、活动性的锈蚀及不溶解的物质积聚在注水管内，在注水期内需不断增加注水压力才能保持稳定的注水量，一般采用压力为 100kN/m² 或 10m 水柱。对注水期较长的大型工程可以采用涂料加阴极防护的方法，并在储水箱进出口处设置滤网，以减轻注水管堵塞的现象。注水过程中应保持回灌水的清洁。

4) 回灌井水量的计算方法与一般井点的计算方法相同，水位变化需用地下水位观测井来连续记录地下水位的变化。通过调节注水系统的压力使地下水层可能保持原始的天然地下水位位置。

第二节 基 坑 支 护

一、概述

为防止基坑开挖造成邻近建（构）筑物地基不均匀沉降、开裂，侧向位移或管道出现开裂、漏水、漏气，影响居民正常生活、工厂生产等问题的出现，保证工程安全、顺利施工，常需要在深基坑的四周设置挡土板、桩、墙等临时性辅助结构物挡住土的侧压力，以维持天然地基土的平衡状态，这样既可以保证邻近建筑物和地上、地下设施的正常使用，又可垂直开挖基坑，同时可减少开挖大量的土方，加快进度。

深基坑支护的基本要求如下。

（1）确保基坑围护体系能起到挡土作用，基坑四周边坡保持稳定。

（2）确保基坑四周相邻的建（构）筑物、地下管线、道路等的安全，在基坑土方开挖及地下工程施工期间，不因土体的变形、沉陷、坍塌或位移而受到危害。

（3）在有地下水的地区，通过排水、降水、截水等措施，确保基坑工程施工在地下水位以上进行。

深基坑支护的设置原则是：

（1）要求技术先进、结构简单、因地制宜、就地取材、经济合理。

（2）尽可能与工程永久性挡土结构相结合，作为结构的组成部分，或材料能够部分回收、重复使用。

（3）受力可靠，能确保基坑边坡稳定，不给邻近已有建（构）筑物、道路及地下设施带来危害。

（4）保护环境，保证施工期间的安全。

基坑支护设计与施工应综合考虑工程地质与水文地质条件、基础类型、基坑开挖深度、降排水条件、周边环境对基坑侧壁位移的要求、基坑周边荷载、施工季节、支护结构使用期限等因素；同时还应根据对基坑周边环境及地下结构施工的影响程度，按表 6-2 选用相应的侧壁安全等级及重要性系数。

表 6-2　　　　　基坑侧壁安全等级及重要性系数

安全等级	破坏后果	系数
一级	支护结构破坏、土体失稳或过大变形对基坑周边环境及地下结构施工影响很严重	1.10
二级	支护结构破坏、土体失稳或过大变形对基坑周边环境及地下结构施工影响一般	1.00
三级	支护结构破坏、土体失稳或过大变形对基坑周边环境及地下结构施工影响不严重	0.90

支护体系的结构形式繁多，目前国内常用的支护结构形式有排桩墙支护、水泥土桩墙支护、土层锚杆支护、土钉墙支护、钢筋混凝土支撑支护、地下连续墙支护等。

基坑支护虽是一种施工临时性措施结构物，但对保证工程顺利进行，以及邻近地基和已有建（构）筑物的安全影响极大。因此，基坑支护方案的选择应根据基坑周边环境、土层结构、工程地质、水文情况、基坑形状、开挖深度、施工拟采用的挖方、排水方法、施工作业设备条件、安全等级和工期要求以及技术经济效果等因素加以综合全面地考虑而定。支护结构并不是越大、越厚、埋置越深，就越牢靠越好，施工前应进行多方案技术、经济比较，选择一个最优支护方案。根据技术上先进可行，经济上适用、合理，使用上安全可靠的原则，可以选择应用其中一种，也可将2~3种支护结合使用。同时还应做到因地、因工程制宜，就地取材，保护环境，节约资源，施工简便快速，保证质量。

特别应注意的是，选择透水性支护还是止水性支护。对于因降水而有可能导致固结沉降的软弱地基、细砂层或黏土层组成的软弱的互层地基以及含水层丰富的砂砾地层，宜优先选用止水性支护；其他可采用透水性支护。

二、水泥土桩墙支护工程

水泥土桩墙支护是加固软土地基的一种新方法，它是利用水泥、石灰等材料作为固化剂，通过深层搅拌机械，将软土和固化剂（浆液或粉体）强制搅拌，利用固化剂和软土之间所产生的一系列物理-化学反应，使软土硬结成具有整体性、水稳定性和一定强度的围护结构。

（一）特点

（1）具有挡土、截水双重功能，施工机具设备相对较简单，成墙速度快，材料单一，造价较低。

（2）加固深度从数米到50~60m。一般认为含有高岭石、多水高岭石与蒙脱石等黏土矿物的软土加固效果较好；含有伊利石、氯化物等黏性土以及有机质含量高、酸碱度（pH）较低的黏性土的加固效果较差。

（二）适用条件

（1）基坑侧壁安全等级宜为二级、三级。

（2）水泥土墙施工范围内地基承载力不宜大于150kPa。

（3）基坑深度不宜大于6m。

（4）基坑周围具备水泥土墙的施工宽度。

（5）深层搅拌法最适宜于各种成因的饱和软黏土，包括淤泥、淤泥质土、黏土和粉质黏土等。

（三）基本构造

深层搅拌桩支护结构是将搅拌桩相互搭接而成，平面布置可采用壁状体，如图6-21所示。若壁状的挡墙宽度不够时，可加大宽度，做成格栅状支护结构，即在支护结构宽度内，不需整个土体都进行搅拌加固，可按一定间距将土体加固成相互平行的纵向壁，再沿纵向按一定间距加固肋体，用肋体将纵向壁连接起来。这种挡土结构目前常采用双头搅拌机进行施工，一个头搅拌的桩体直径为700mm，两个搅拌轴的距离为500mm，搅拌桩之间的搭接距离为200mm。

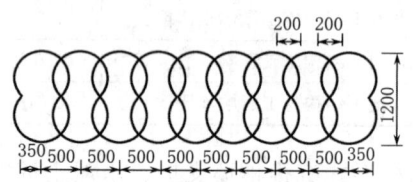

图6-21 壁状支护结构
（单位：mm）

墙体宽度B和插入深度D应根据基坑深度、土质情况及其物理、力学性能、周围环境、地面荷载等计算确定。在软土地区，当基坑开挖深度$h \leqslant 5m$时，可按经验取$B=(0.6~$

$0.8)h$,尺寸以 500mm 进位,$D=(0.8\sim1.2)h$。基坑深度一般控制在 7m 以内,过深则不经济。根据使用要求和受力特性,搅拌桩挡土结构的竖向断面形式如图 6-22 所示。

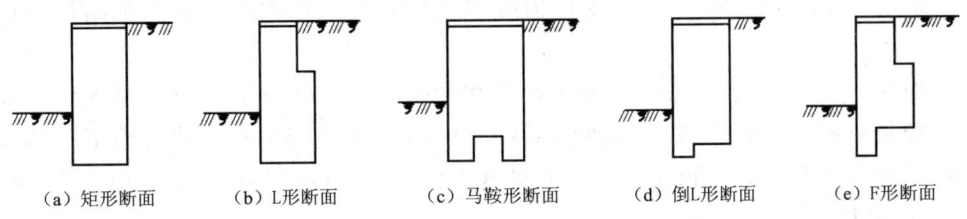

(a)矩形断面　　(b)L形断面　　(c)马鞍形断面　　(d)倒L形断面　　(e)F形断面

图 6-22　搅拌桩挡土结构的竖向断面形式

三、排桩墙支护工程

基坑开挖时,对不能放坡或由于场地限制不能采用搅拌桩围护,开挖深度在 6~10m 左右时,可采用排桩围护。排桩围护可采用钻孔灌注桩、人工挖孔桩、预制钢筋混凝土板桩或钢板桩等。

(一)排桩围护结构的布置形式

(1)柱列式排桩围护。当边坡土质较好、地下水位较低时,可利用土拱作用,以稀疏钻孔灌注桩或挖孔桩支挡土坡,如图 6-23(a)所示。

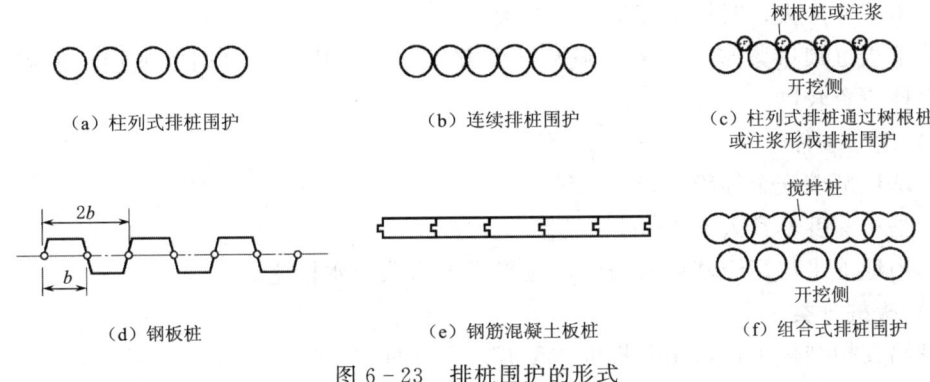

(a)柱列式排桩围护　　(b)连续排桩围护　　(c)柱列式排桩通过树根桩或注浆形成排桩围护

(d)钢板桩　　(e)钢筋混凝土板桩　　(f)组合式排桩围护

图 6-23　排桩围护的形式

(2)连续排桩围护[图 6-23(b)]。在软土中一般不能形成土拱,支挡桩应该连续密排。密排的钻孔桩可以互相搭接,或在桩身混凝土强度尚未形成时,在相邻桩之间做一根素混凝土树根桩把钻孔桩排连起来,如图 6-23(c)所示。也可以采用钢板桩、钢筋混凝土板桩,如图 6-23(d)、(e)所示。

(3)组合式排桩围护。在地下水位较高的软土地区,可采用钻孔灌注桩排桩与水泥土桩防渗墙组合的形式,如图 6-23(f)所示。

(二)排桩围护结构的基本构造

(1)钢筋混凝土挡土桩间距一般为 1.0~2.0m,桩直径为 0.5~1.1m,埋深为基坑深的 0.5~1.0 倍。桩配筋由计算确定,一般主筋为 14~32mm,当为构造配筋时,每根桩不少于 8 根,箍筋采用 8@100~200。

(2)对于开挖深度不大于 6m 的基坑,在场地条件允许的情况下,采用重力式深层搅拌桩挡墙较为理想。当场地受限制时,也可先用 $\phi600$ 密排悬臂钻孔桩,桩与桩之间可用树根桩封密，也可在灌注桩后注浆或打水泥搅拌桩做防水帷幕。

（3）对于开挖深度为6~10m的基坑，常采用ϕ800~1000的钻孔桩，后面加深层搅拌桩或注浆防水，并设2~3道支撑，支撑道数视土质情况、周围环境及围护结构变形要求而定。

（4）对于开挖深度大于10m的基坑，以往常采用地下连续墙，设多层支撑，虽然安全可靠，但价格昂贵。近年来上海常采用ϕ800~1000大直径钻孔桩代替地下连续墙，同样采用深层搅拌桩防水，多道支撑或中心岛施工法，这种围护结构已成功应用于开挖深度达到13m的基坑。

（5）排桩顶部应设钢筋混凝土冠梁连接，冠梁宽度（水平方向）不宜小于桩径，冠梁高度（竖直方向）不宜小于400mm；当冠梁作为连系梁时，可按构造配筋。

（6）基坑开挖后，排桩的桩间土防护可采用钢丝网混凝土护面、砖砌等处理方法，当桩间渗水时，应在护面设泄水孔。当基坑面在实际地下水位以上且土质较好、暴露时间较短时，可不对桩间土进行防护处理。

四、板桩施工

（一）特点

（1）强度高、刚度大、整体性好、能适应各种平面形状的土壤。

（2）施工噪声大，对周边环境影响较大。

（3）钢板桩锁口紧密、水密性强、打设方便、施工快速、可回收使用；但需大量钢材，一次性投资较高。

（二）适用条件

（1）基坑侧壁安全等级二级、三级。

（2）基坑深度不宜大于10m。

（3）当地下水位高于基坑底面时，应采用降水或截水措施。

（三）板桩分类

板桩墙支护结构中，常用的板桩类型有以下几种。

（1）钢板桩。钢板桩支护结构是将钢板桩打入土层，构成一道连续的板墙，必要时设置支撑或拉锚，抵抗土压力和水压力并保持周围地层的稳定围护结构。钢板桩支护的优点是：板桩材料质量可靠，在软弱土层中施工速度快，施工也较简单，并且有较好的挡水性，临时性结构的钢板桩可拔出多次重复使用，降低成本。常用的截面形式有Z形、U

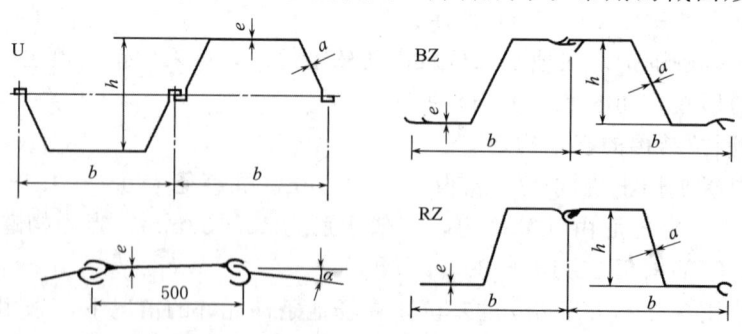

图6-24 常用钢板桩截面形式（单位：mm）

形和直腹板式，如图 6-24 所示，其中以 U 形应用最多，可用于 5～10m 深的基坑。国产的拉森式（U 形）钢板桩的技术规格见表 6-3。

表 6-3　　　　　　　　　国产拉森式（U 形）钢板桩

图 示	型号	尺 寸/mm				截面积 A 单根/cm^2	质量/（kg/m）		惯 性 矩		截面抵抗矩	
		宽度 b	高度 h	腹板厚 t_1	翼缘厚 t_2		单根	每米宽	单根/cm^4	宽/(cm^4/m)	单根/cm^3	宽/(cm^3/m)
	鞍Ⅳ型	400	180	15.5	10.5	99.14	77.73	193.3	4.02	31.963	343	2043
	鞍Ⅳ型（新）	400	180	15.5	10.5	98.70	76.94	192.5	3.97	31.950	336	2043
	包Ⅳ型	500	185	16.0	10.0	115.13	90.80	181.6	5.95	45.655	424.8	2410

(2) 钢筋混凝土板桩。钢筋混凝土板桩常采用矩形截面槽榫结合形式，桩尖部分做成三面斜坡以利于打入并使桩能挤紧。钢筋混凝土板桩施工简易，造价相对低廉，往往在工程结束后不再拔出，以不致因拔桩对附近建筑物产生影响和危害，但打桩时对附近建筑物的影响必须充分考虑。

（四）钢板桩施工

目前在基坑支护中，多采用钢板桩，下面以钢板桩为例介绍板桩施工的主要程序。

(1) 钢板桩的施工机具。钢板桩施工机具有冲击式打桩机，包括自由落锤、柴油锤、蒸汽锤等；振动打桩机，可用于打桩及拔桩；此外还有静力压桩机等。

(2) 钢板桩的布置。钢板桩的设置位置应在基础最突出的边缘外，留有支模、拆模的余地，便于基础施工。在场地紧凑的情况下，也可利用钢板做底板或承台侧模，但必须配以纤维板（或油毛毡）等隔离材料，以利钢板桩拔出。

(3) 钢板桩的打入方法。钢板桩的打入方法主要有单根桩打入法、屏风式打入法、围檩打桩法。

1) 单根桩打入法：将板桩一根根地打入至设计标高。这种施工法速度快，桩架高度相对低一些，但容易倾斜，当板桩打设要求精度较高、板桩长度较长（大于 10m）时，不宜采用。

2) 屏风式打入法：将 10～20 根板桩成排插入导架内，使之成屏风状，然后桩机来回施打，并使两端先打到要求深度，再将中间部分的板桩顺次打入。这种屏风施工法可防止板桩的倾斜与转动，对要求闭合的围护结构常用此法，缺点是施工速度比单桩施工法慢，且桩架较高。

3) 围檩打桩法：分单层、双层围檩，是在地面上一定高度处离轴线一定距离，先筑起单层或双层围檩架，而后将钢板桩依次在围檩中全部插好，待四角封闭合拢后，再逐渐按阶梯状将钢板桩逐块打至设计标高。这种方法能保证钢板桩墙的平面尺寸、垂直度和平整度，适用于精度要求高、数量不大的场合，缺点是施工复杂，施工速度慢，封闭合拢时需异形桩，如图 6-25 所示。

(4) 钢板桩的施工顺序：钢板桩的打设虽然在基坑开挖前已完成，但整个板桩支护结

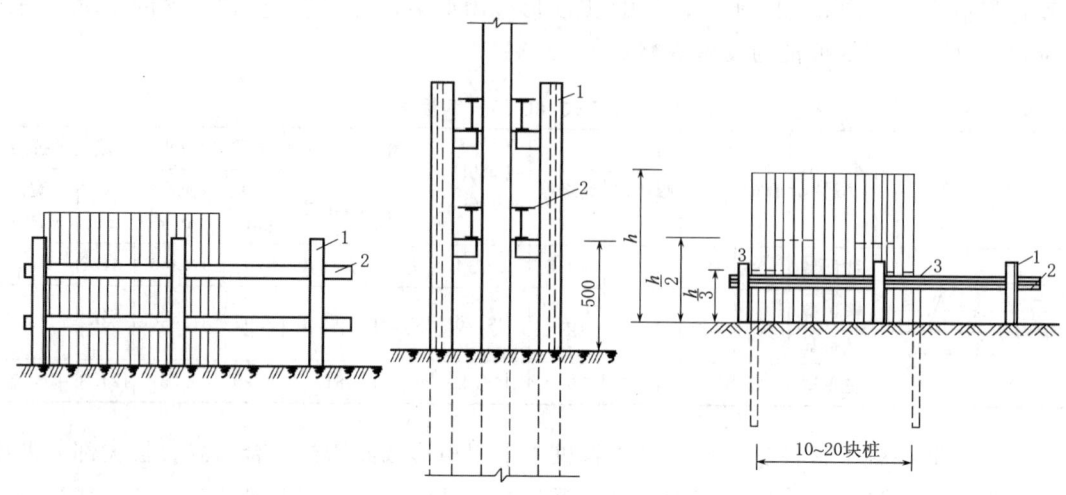

图 6-25　单层、双层围檩示意图（单位：mm）

1—围檩桩；2—围檩；3—两端先打入的定位钢板桩；h—钢板桩的高度

构需要等地下结构施工完成后，在许可的条件下将板桩拔除才算完全结束。因此，对于钢板桩的施工应考虑打设、挖土、支撑（如果有）、地下结构施工、支撑拆除及钢板桩拔除。一般多层支撑钢板桩的施工顺序如图 6-26 所示。

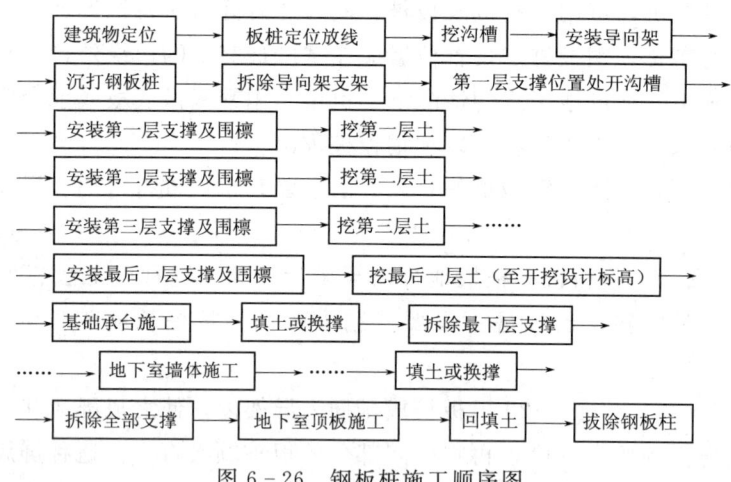

图 6-26　钢板桩施工顺序图

（5）钢板桩的打设要点。

1）打桩流水段的划分。打桩流水段的划分与桩的封闭合拢有关。流水段长度大，合拢点就少，相对积累误差大，轴线位移相应也大，如图 6-27（a）、（b）所示；流水段长度小，合拢点就多，相对积累误差小，但封闭合拢点增加，如图 6-27（c）所示。另外采取先边后角打设方

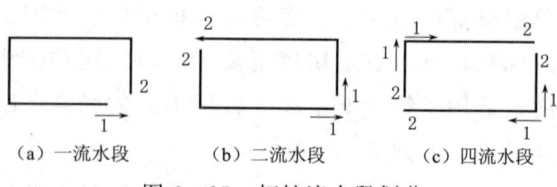

图 6-27　打桩流水段划分

法，可保端面相对距离，不影响墙内围檩支撑的安装精度，对于打桩积累误差可在转角外作轴线修正。

2) 钢板桩在使用前应进行检查整理，尤其对多次利用的板桩，在打拔、运输、堆放过程中，容易受外界因素影响而变形，在使用前均应进行检查，对表面缺陷和挠曲进行矫正。打入前还应将桩尖处的凹槽底口封闭，避免泥土挤入，锁口应涂以黄油或其他油脂，用于永久性工程的桩表面应涂红丹防锈漆。

3) 为保持钢板桩垂直打入和打入后钢板桩墙面平直，钢板桩打入前宜安装围檩支架。围檩支架由围檩和围檩桩组成，其形式在平面上有单面和双面之分，高度上有单层、双层和多层。第一层围檩的安装高度约在地面上 50cm。双面围檩之间的净距以比两块板桩的组合宽度大 8～10mm 为宜。围檩支架有钢质（H 钢、工字钢、槽钢等）和木质，但都需十分牢固，围檩支架每次安装的长度，视具体情况而定，应考虑周转使用，以提高利用率。

4) 由于板桩墙构造的需要，常要配备改变打桩轴线方向的特殊形状的钢板桩，如在矩形墙中为 90°的转角桩。一般是将工程所使用的钢板桩从背面中线处切断，再根据所选择的截面进行焊接或铆接组合而成，或采用转角桩。转角桩的组合形状有图 6-28 所示几种。

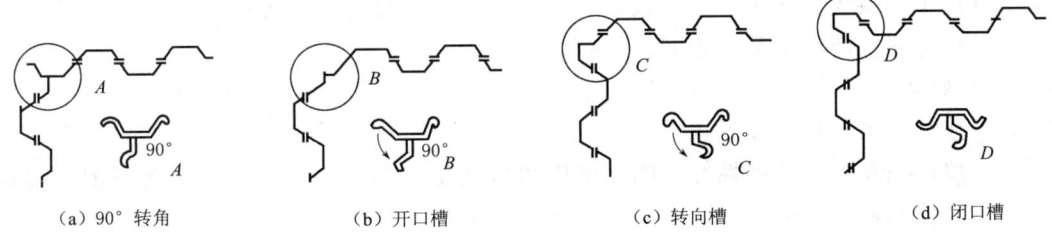

图 6-28 转角桩的组合形状

5) 钢板桩打设先用吊车将板桩吊至插桩点进行插桩，插桩时锁口对准，每插入一块即套上桩帽，上端加硬木垫，轻轻锤击。为保证桩的垂直度，应用两台经纬仪加以控制。为防止锁口中心线平面位移，可在打桩行进方向的钢板桩锁口处设卡板，不让板桩位移，同时在围檩上预先算出每块板桩的位置，以便随时检查纠正，待板桩打至预定深度后，立即用钢筋或钢板与围檩支架焊接固定。

6) 偏差纠正。钢板桩打入时如出现倾斜和锁口接合部有空隙，到最后封闭合拢时有偏差，一般用异形桩（上宽下窄或宽度大于或小于标准宽度的板桩）来纠正。当加工困难，亦可用轴线修正法进行而不用异形桩，如图 6-29 所示。

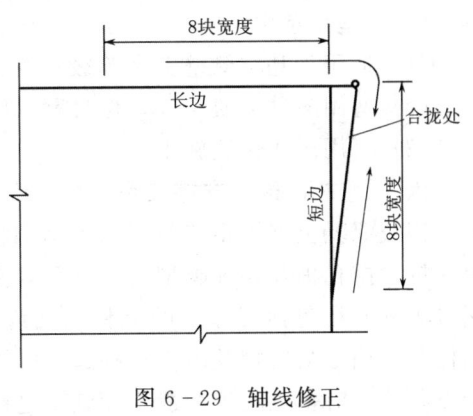

图 6-29 轴线修正

(6) 钢板桩的拔除。钢板桩拔出时的拔桩阻力由土对桩的吸附力与桩表面的摩擦阻力组成。拔桩方法有静力拔桩、振动拔桩和冲击拔桩三种，不论何种方法，都是从克服拔桩阻力着眼。

1) 拔桩起点和顺序。可根据沉桩时的情况确定拔桩起点，必要时也可以用间隔拔的方法。拔桩的顺序最好与打桩时相反。

2) 拔桩过程中必须保持机械设备处于良好的工作状态。加强受力钢索的检查，避免突然断裂。

3) 当钢板桩拔不出时，可用振动锤或柴油锤再复打一次，可克服土的黏着力或将板桩上的铁锈等消除，以便顺利拔出。

4) 拔桩会带出土粒形成孔隙，并使土层受到扰动，特别在软土地层中，会使基坑内已施工的结构或管道发生沉降，并引起地面沉降而严重影响附近建筑和设施的安全，对此必须采取有效措施。对拔桩造成的土的孔隙要及时用中粗砂填实，或用膨润土浆液填充；当控制土层位移有较高要求时，必须采取在拔桩时跟踪注浆等填充法。

五、地下连续墙

地下连续墙是利用特制的成槽机械在泥浆（又称稳定液，如膨润土泥浆）护壁的情况下进行开挖，形成一定槽段长度的沟槽；再将在地面上制作好的钢筋笼放入槽段内。采用导管法进行水下混凝土浇筑，完成一个单元的墙段，各墙段之间以特定的接头方式（如用接头管或接头箱做成的接头）相互联结，形成一道连续的地下钢筋混凝土墙。地下连续墙的施工方法与防渗墙施工基本相同。

（一）特点

地下连续墙工艺具有如下优点。

(1) 墙体刚度大、整体性好，因而结构和地基变形都较小，既可用于超深围护结构，也可用于主体结构。

(2) 对砂卵石地层或要求进入风化岩层时，钢板桩就难以施工，但却可采用合适的成槽机械施工的地下连续墙结构。

(3) 可减少工程施工时对环境的影响。施工时振动少，噪声低；对周围相邻的工程结构和地下管线的影响较小，对沉降及变位较易控制。

(4) 可进行逆筑法施工，有利于加快施工进度，降低造价。

（二）适用条件

(1) 适用于基坑侧壁安全等级一级、二级、三级。

(2) 适用各种地质条件，但悬臂式结构在软土场地中不宜大于5m。

(3) 可用于逆作法施工。

六、钢或混凝土支撑工程

钢或混凝土支撑系统包括挡土结构物和内支撑两部分，挡土结构物包括地下连续墙、灌注桩、挖孔桩及各种类型的板桩等，支撑有钢支撑、混凝土支撑。当支撑较长时（一般超过15m）还包括支撑下的立柱及相应的立柱桩，支柱有格构式立柱、钢管立柱、型钢立柱等。挡土结构物及内支撑一起增强围护结构的整体稳定，不仅直接关系基坑的安全和土方开挖，对基坑的工程造价和施工进度影响也很大。

(一) 特点

(1) 受力合理,易于控制变形,安全可靠,但需大量支撑材料,基坑内施工不便。

(2) 作用在挡土结构物上的水、土压力可以由内支撑有效地传递和平衡,它们还能减少支护结构的位移,内支撑可以直接平衡两端围护墙上所受到的侧压力,构造简单,受力明确。

(二) 适用条件

(1) 适用于基坑侧壁安全等级一级、二级、三级。

(2) 适用于各种不易设置锚杆的较松软土层及软土地基,建筑密集的城市中应用也较多。

(3) 当地下水位高于基坑底面时,排桩内侧设置钢或钢筋混凝土支撑应采取降水措施。

(三) 基本构造形式

(1) 单跨压杆式支撑。当基坑平面呈窄长条状、短边的长度不很大时,采用这种形式具有受力明确、施工安装方便等优点,图 6-30 即为这种形式的示意图。

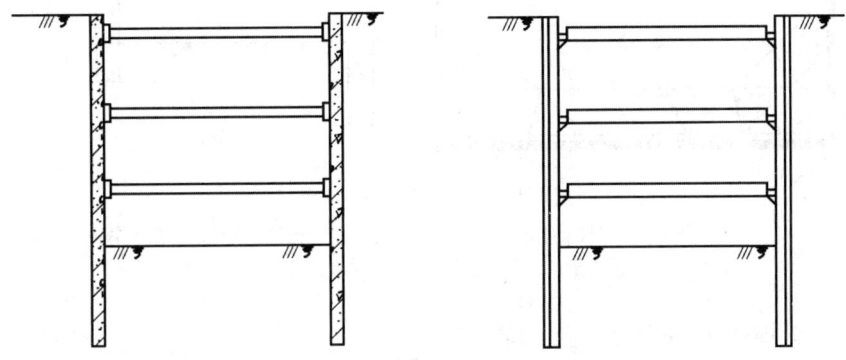

图 6-30 单跨压杆式支撑

(2) 多跨压杆式支撑。当基坑平面尺寸较大,支撑杆件在基坑短边长度下的极限承载力尚不能满足围护系统的要求时,就需要在支撑杆件中部设置若干支点,就组成了多跨压杆式支撑系统,如图 6-31 所示。

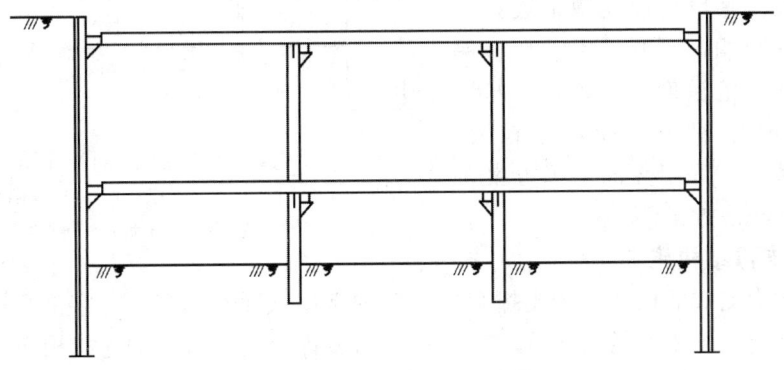

图 6-31 多跨压杆式支撑

(四) 支撑布置的基本形式

一般情况下，支撑布置的基本形式有水平支撑体系和竖向斜撑体系两种。

(1) 水平支撑体系由围檩（即布置在围护墙内侧，并沿水平方向四周兜转的圈梁）、水平支撑和立柱组成。水平支撑体系整体性好，水平力传递可靠，平面刚度较大，适合于大小深浅不同的各种基坑，适用范围较广，如图 6-32 所示。

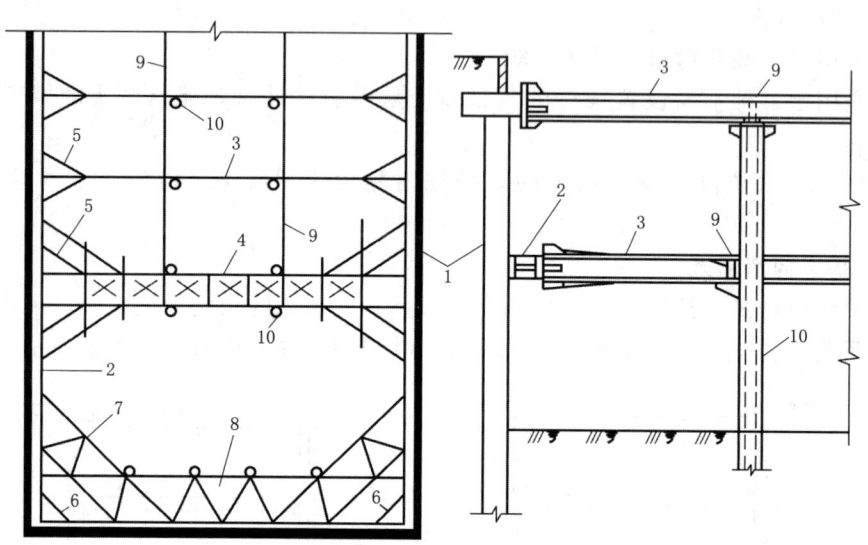

图 6-32 水平支撑体系
1—围护墙；2—围檩；3—对撑；4—对撑桁架；5—八字撑；6—斜角撑；
7—斜撑桁架；8—边桁架；9—连系杆；10—立柱

(2) 竖向斜撑体系由围檩、竖向斜撑、斜撑基础、水平连系杆以及立柱等组成，如图 6-33 所示。

竖向斜撑体系要求土方采取"盆形"开挖，即先开挖中部土方，沿四周围护墙边预留土坡，待斜撑安装后，再挖除四周土坡。基坑变形受到土坡和斜撑基础变形的影响，一般适用于环境保护要求不高、开挖深度小于 8m 的基坑（软土小于 7m）。对于平面尺寸较大、形状复杂的基坑，采用竖向斜撑方案可以获得较好的经济效果。

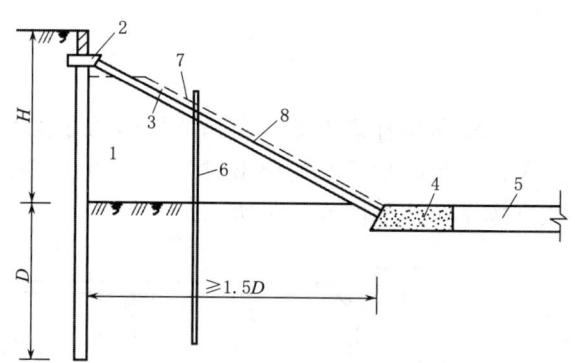

图 6-33 竖向斜撑体系
1—围护墙；2—檩条；3—斜撑；4—斜撑基础；5—基础压杆；
6—立柱；7—土坡；8—连系杆

(五) 钢支撑结构施工

(1) 钢结构支撑的构造。钢支撑和钢围檩的常用截面有钢管、工字钢和槽钢。节点构造是钢支撑设计与施工中需要充分注意的一个重要内容，不合适的连接构造容易使基坑产生过大变形。

1) 钢支撑可适用于各种不同的支护墙体，如钢板桩、预制混凝土板桩、灌注桩排桩、地下连续墙等。钢支撑一般均做成标准节段，在安装时根据支撑长度再辅以非标准节段。非标准节段可在施工现场切割加工。标准节段长度为6m左右，节段间多用法兰高强螺栓连接，也可采用焊接方式，如图6-34所示。焊接连接一般可以达到截面等强度要求，传力性能较好，但现场工作量较大。螺栓连接的可靠性不如焊接，但现场拼装方便。

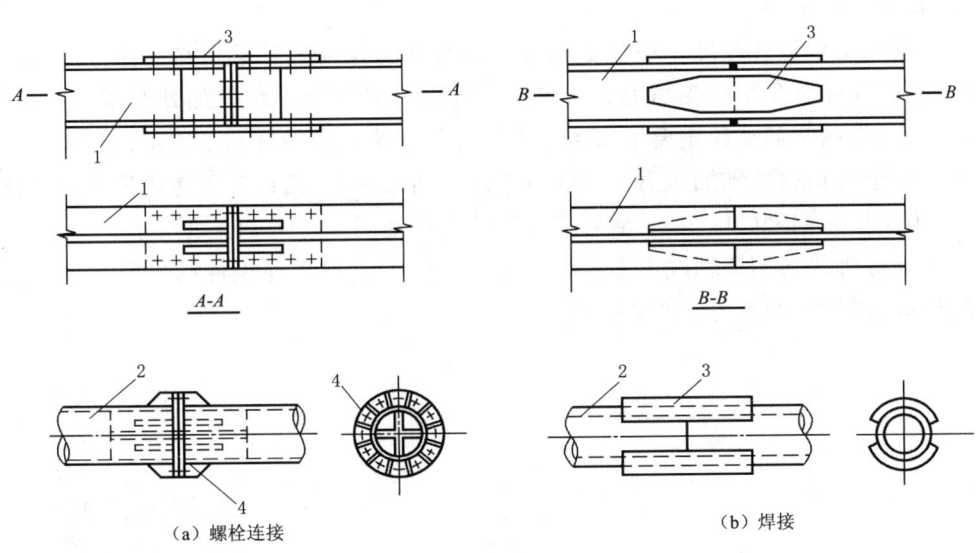

图6-34 H钢和钢管的拼接
1—H钢；2—钢管；3—钢板；4—法兰

2) 钢围檩也可采用钢结构或钢筋混凝土结构。钢围檩的截面形式如图6-35所示，一般要求截面宽度不小于300mm。

3) 立柱构造。一般情况下，在基坑开挖面以上采用格构式钢柱，其断面尺寸为(350~500)mm×(300~500)mm，如图6-36所示，以方便主体工程基础底板钢筋施工，同时也便于和支撑构件连接。开挖面以下可采用直径不小于650mm的钻孔桩（也可利用工程桩），或采用与开挖面以上立柱截面相同的钢管及H型钢桩。当为钻孔桩时，其上部钢立柱在桩内的埋入长度应不小于钢立柱长边的4倍，并与桩内钢筋笼焊接。

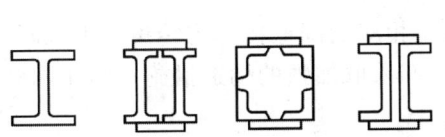

图6-35 常用钢围檩截面形式

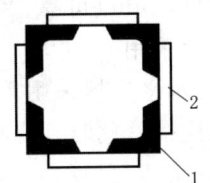

图6-36 上立柱截面形式
1—角钢；2—缀板或缀条

为减小立柱沉降或坑底土回弹对支撑结构的不利影响，立柱的下端应支承在较好的土层上。在软土地区，立柱在开挖面以下的埋置深度不宜小于基坑开挖深度的2倍。

(2) 钢支撑施工工艺。根据支撑布置图在支护墙上定出围檩位置→在支护墙上设置围檩托架或吊杆→安装围檩→在基坑立柱上焊支撑托架→安装横向水平支撑→安装纵向水平支撑→对支撑预加压力→用夹具或电焊固定纵横支撑交叉处及支撑与立柱相交处→用细石混凝土填充围檩和支护墙间的空隙。

(3) 钢支撑施工要点。

1) 支撑端头应设置厚度不小于10mm的钢板作封头端板，端板与支撑杆件满焊，焊缝高度及长度应能承受全部支撑力或与支撑等强度，必要时，增设加劲肋板，肋板数量、尺寸应满足支撑端头局部稳定要求和传递支撑力的要求，如图6-37所示。

2) 为便于对钢支撑预加压力，端部可做成"活络头"，活络头应考虑液压千斤顶的安装及千斤顶顶压后钢楔的施工。"活络端头"的构造如图6-37（b）所示。

3) 钢支撑轴线与围檩轴线不垂直时，应在围檩上设置预埋铁件或采取其他构造措施以承受支撑与围檩间的剪力（图6-38）。

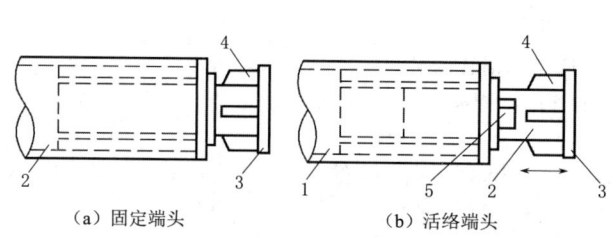

图6-37 钢支撑端部构造
1—钢管支撑；2—活络头；3—端头封板；
4—肋板；5—钢楔

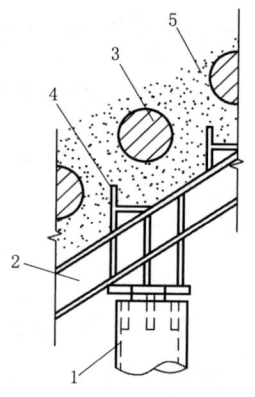

图6-38 支撑与围檩斜交时的连接构造
1—钢支撑；2—围檩；3—支护墙；4—剪力块；
5—填嵌细石混凝土

4) 水平纵横向的钢支撑应尽可能设置同一标高上，宜采用定型的十字接头连接，这种连接整体性好，节点可靠。采用重叠连接，虽然施工安装方便，但支撑结构的整体性差，应尽量避免采用。

5) 纵横向水平支撑采用重叠连接时，相应的围檩在基坑转角处不在同一平面内相交，也需采用叠交连接。此时，应在围檩的端部采取加强的构造措施，防止围檩的端部为悬臂受力状态。

6) 立柱间距应根据支撑的稳定及竖向荷载大小确定，但一般不大于15m。当立柱穿过基础底板时应采用止水构造措施。

7) 对钢支撑预加压力是钢支撑施工中很重要的措施之一，它可大大减少支护墙体的侧向位移，并可使支撑受力均匀。施加预应力的方法有两种：一种是用千斤顶在围檩与支撑的交接处加压，在缝隙处锲进钢锲锚固，然后就撤去千斤顶；另一种是用特制的千斤顶作为支撑的一个部件，安装在支撑上，预加压力后留在支撑上，待挖土结束支撑拆除前卸荷。

8) 预加压力应分级施加，重复进行，加至设计值时，应再次检查各连接点的情况，必要时应对节点进行加固，待额定压力稳定后予以锁定。预加压力宜控制在支撑力设计值的 40%~60%。当预压力取用支撑力设计值的 80% 以上时，应防止围护结构的外倾、损坏和对坑外环境的影响。

9) 支撑端部的八字撑应在主支撑施加压力后安装。支撑构件穿越主体工程底板或外墙板时，应设置止水片。

10) 根据场地条件、起重设备能力和具体的支撑布置，尽可能在地面把构件拼装成较长安装段，以减少在基坑内的拼装节点。对使用多年的钢支撑，应通过检查确认其尺寸等符合使用要求方能使用。钢围檩的坑内安装段长度不宜小于相邻 4 个支撑点之间的距离。拼装点宜设置在主支撑点位置附近。

（六）现浇钢筋混凝土支撑结构施工

(1) 现浇钢筋混凝土支撑的构造：钢筋混凝土支撑体系应在同一平面内整浇。支撑及围檩一般采用矩形截面。支撑截面高度除应满足受压构件的长细比要求（不大于 75）外，还应不小于其竖向平面内计算跨度（一般取相邻立柱中心距）的 1/20。围檩的截面高度（水平向尺寸）不应小于其水平方向计算跨度的 1/8，围檩的截面宽度（竖向尺寸）不应小于支撑的截面高度。

混凝土围檩与围护墙之间不应留水平间隙。在竖向平面内围檩可采用吊筋与墙体连接，吊筋的间距一般不大于 1.5m，直径可根据围檩及水平支撑的自重，由计算决定。

当混凝土围檩与地下连续墙之间需要传递水平剪力时，应在墙体上沿围檩长度方向预留剪力钢筋或剪力槽。

(2) 钢筋混凝土支撑施工要点。

1) 钢筋混凝土支撑体系（支撑及围檩）应在同一平面内整浇，支撑与支撑、支撑与围檩相交处宜采用加腋，使其形成刚性节点。

2) 支撑施工宜用开槽浇筑的方法，底模板可用素混凝土，也可采用木、小钢模等铺设，也可利用槽底作土模，侧模多用木、钢模板。

3) 钢筋混凝土支撑与立柱的连接在顶层支撑处可采用钢板承托方式，在顶层以下的支撑位置，一般可由立柱直接穿过支撑，如图 6-39 所示。其立柱的设置与钢支撑立柱设置相同。

4) 设在支护墙腰部的钢筋混凝土腰梁与支护墙间应浇筑密实，腰梁可用设置在冠梁或上支撑腰梁的悬吊钢筋作竖向吊点，如图 6-40 所示。悬吊钢筋直径不宜小于 20mm，间距一般为 1~1.5m，两端应弯起，插入腰梁和冠梁长度不小于 40d。

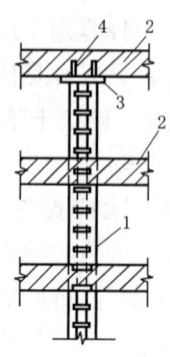
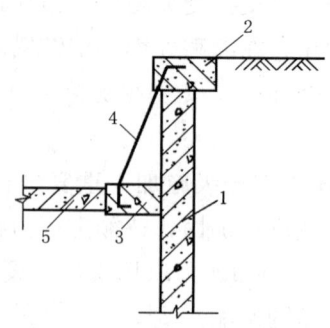

图 6-39 钢筋混凝土支撑与立柱的连接
1—钢立柱；2—钢筋混凝土支撑；3—承托钢板（10mm厚）；4—插筋

图 6-40 腰梁钢筋吊点
1—支护墙；2—冠梁；3—腰梁；4—悬吊钢筋；5—支撑

5）混凝土支撑的基坑，一般应在混凝土强度达到设计强度的80％以上后，才能开挖支撑下的土方。

七、土层锚杆

土层锚杆是一种新型的受拉杆件，通过钻孔将它的一端与工程结构物或挡土桩墙联结，另一端锚固在地基的土层或岩层中，以承受结构物的上托力、拉拔力、倾侧力或挡土墙的土压力、水压力，它利用土层的锚固力维持挡土支护结构物的稳定。

（一）特点

（1）锚杆代替内支撑，它设置在围护墙背后，因而在基坑内有较大的空间，有利于挖土施工。

（2）锚杆施工机械及设备的作业空间不大，因此可适用于各种地形及场地。

（3）锚杆可采用预加拉力，以控制结构的变形量。

（4）施工时的噪声和振动均很小。

（二）适用条件

（1）适用于基坑侧壁安全等级一级、二级、三级。

（2）一般黏土、砂土地基皆可应用，软土、淤泥质土地基要进行实验确认后应用。

（3）适用于难以采用支撑的大面积深基坑。

（4）不宜用于地下水大、含有化学腐蚀物的土层和松散软弱土层。

（三）锚杆的构造及类型

（1）锚杆的构造。锚杆支护体系由挡土结构物与土层锚杆系统两部分组成，如图6-41所示。

1）挡土结构物包括地下连续墙、

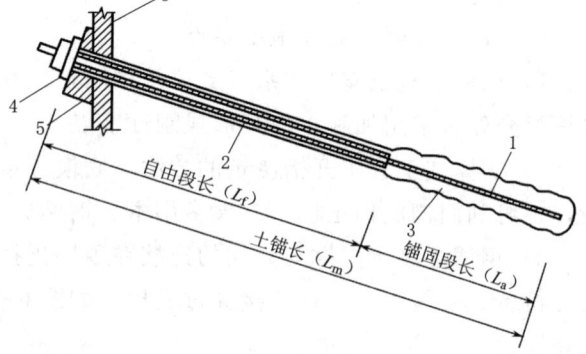

图 6-41 灌浆土层锚杆系统的构造示意图
1—锚杆（索）；2—自由段；3—锚固段；4—锚头；5—垫块；6—挡土结构

灌注桩、钢管桩、H型钢桩加挡板及各种类型的板桩等。

2) 灌浆土层锚杆系统由锚杆（索）、自由段、锚固段及锚头等组成。锚杆和自由段可用钢筋、钢管、钢丝束或钢绞线。钢筋和钢管使用较多，钢管用于承载力较高的情况。钢拉杆有单杆和多杆之分，单杆多用直径 $\Phi 26$ 和 $\Phi 32$ 螺纹钢筋，近年发展采用 $\Phi 25$、45SiMnV 高强度钢筋；多杆锚杆采用 2～4 根 $\Phi 16$ 钢筋。锚杆的结构如图 6-42 所示。锚固段由水泥浆在压力下灌浆成型。自由段四周无摩阻力，仅起传递拉力的作用。

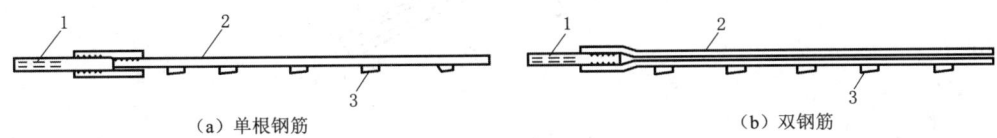

图 6-42 锚杆结构
1—螺杆；2—钢筋拉杆；3—定位板

锚头由台座、承压垫板和紧固器等组成。台座用钢板或 C35 混凝土做成，应有足够的强度。临时性锚杆如用型钢垫座，两型钢间隙应不大于 100mm；钢筋混凝土垫座锚孔应不大于 120mm；承压垫板用 20～40mm 厚钢板。当拉杆为粗钢筋时，一般在端部焊螺钉端杆，用螺母做紧固器，必要时也可用焊接的方法，如拉杆用钢绞线等，则用锚具作紧固器。

锚杆的尺寸、埋置深度应保证不使锚杆引起地面隆起和地面不出现地基的剪切破坏，最上层锚杆一般需覆土厚度不小于 4～5m；锚杆的层数应通过计算确定，一般上下层间距 2.0～5.0m，水平间距 1.5～4.5m，或控制在锚固体直径的 10 倍；锚杆的倾角不宜小于 12.5°，一般宜与水平呈 15°～25°倾斜角，且不应大于 45°；锚杆的长度应使锚固体置于滑动土体外的好土层内，通常长度为 15～25m，其中锚杆自由段长度不宜小于 5m，并应超过潜在滑裂面 1.5m；锚固段长度一般为 5～7m，有效锚固长度不宜小于 4m；在饱和软黏土中锚杆固定段长度以 20m 左右为宜。锚杆钻孔直径一般为 90～130mm；用地质钻也可达 146mm。

(2) 锚杆的类型。锚杆按锚固段的形式有圆柱形、扩大端部形及连续球形，如图 6-43 所示。对于拉力不高，临时性挡土结构可采用圆柱形锚固体；锚固于砂质土、硬黏土层并要求较高承载力的锚杆，可采用端部扩大头形锚固体；锚固于淤泥质土层并要求较高承载力的锚杆，可采用连续球体形锚固体。

（四）施工工艺

锚杆施工主要工序是：钻孔、插放钢筋或钢绞线、灌浆、养护、安装锚头、预应力张拉、继续挖土。其工艺流程为：

挖第一层土→移机就位→校正孔位、调正角度→钻孔→接螺旋钻杆继续钻孔至预定深度→插放钢筋或钢绞线→插入注浆管灌浆→养护→安装锚头→预应力张拉→紧螺栓或顶紧楔片→挖第二层土，按此循环，直到坑底标高→设置坡顶及坡底排水装置。

（五）施工要点

(1) 钻孔。目前在土层锚杆钻孔中常用的钻孔机械一部分是从国外引进的土层锚杆专

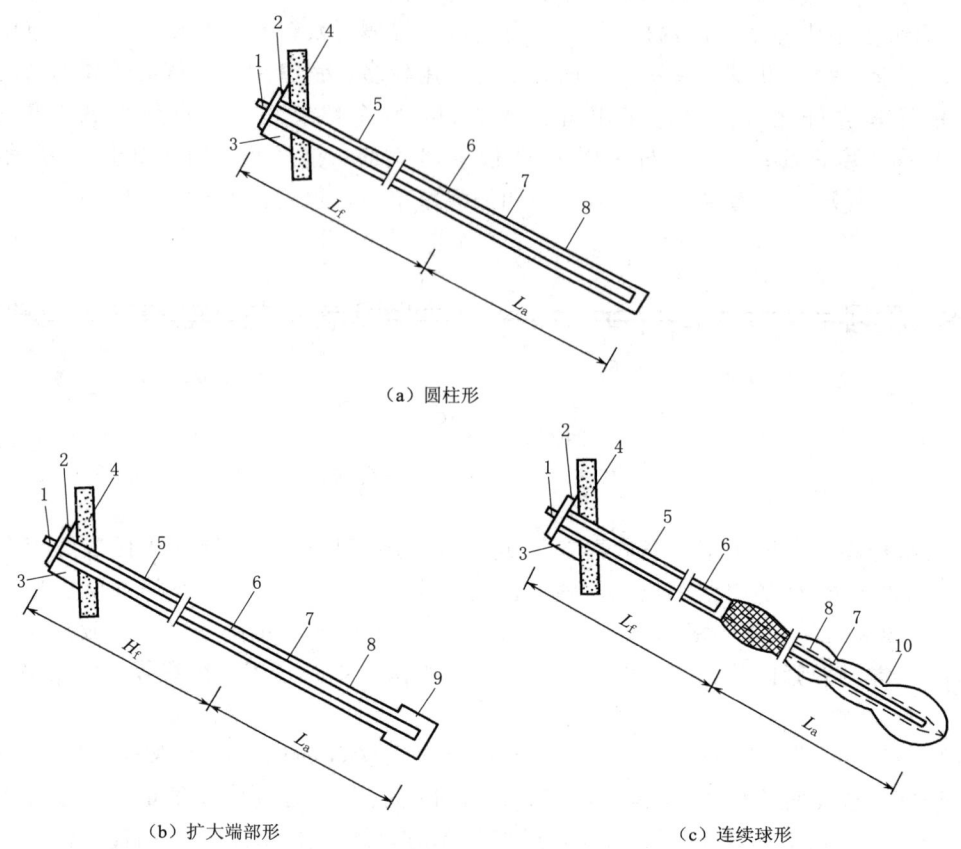

图 6-43 锚固段的形式

1—锚具；2—承压板；3—台座；4—围护结构；5—钻孔；6—注浆防腐处理；7—预应力筋；
8—圆柱形锚固体；9—端部扩大头；10—连续球体；
L_f—自由段长度；L_a—锚固段长度

用钻机，一部分是利用我国常用的地质钻机和工程钻机加以改装用来进行土层锚杆钻孔，如 XU-300 型、XU-600 型、XJ-100 型和 SH-30 型钻机等。

（2）锚拉杆的制作与安放。作用于支护结构（钢板桩、地下连续墙等）上的荷载是通过拉杆传给锚固体，再传给锚固土层的。土层锚杆用的拉杆有粗钢筋、钢丝束和钢绞线。当土层锚杆承载能力较小时，一般采用粗钢筋；当承载能力较大时，一般选用钢丝束和钢绞线。

用粗钢筋制作时，为了承受荷载需要采用的拉杆是两根以上组成的钢筋束时，应将所需长度的拉杆点焊成束，间隔 2~3m 点焊一点。为了使拉杆钢筋能放置在钻孔的中心以便插入，可在拉杆下部焊船形支架，间距 1.5~2.0m 一个。为了插入钻孔时不致从孔壁带入大量的土体到孔底，可在拉杆尾端放置圆形锚靴。

在孔口附近的拉杆应事先涂一层防锈漆，并用两层沥青玻璃布包扎做好防锈层。

国内常用钢绞线锚索，一般钢绞线由 3、5、7、9 根成索。钢绞线的制作是通过分割器（隔离件）组成，其距离为 1.0～1.5m，如图 6-44 所示。

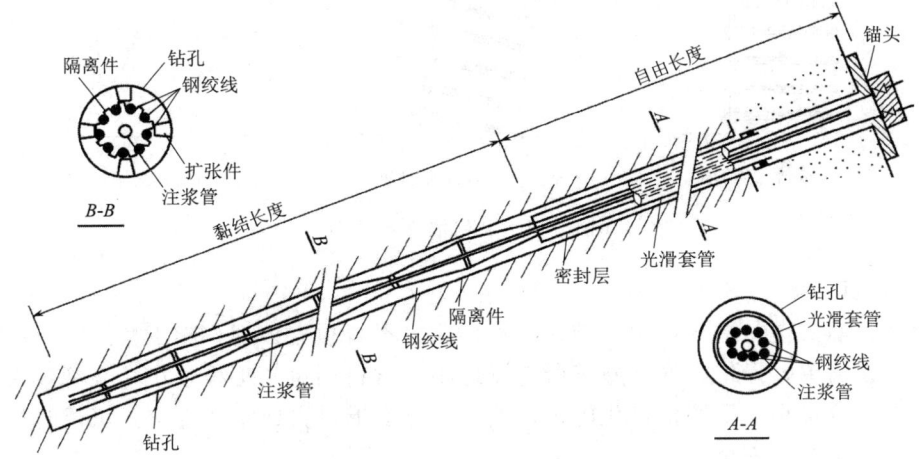

图 6-44 多股钢绞线锚杆示意图

（3）灌浆。灌浆材料用 32.5 级以上的水泥，浆液配合比（质量比）可按表 6-4 采用。

表 6-4 土层锚杆注浆浆液配合比（质量比）

注浆次序	浆液	32.5 级硅酸盐水泥	水	砂（$d<0.5mm$）	早强剂
第一次	水泥砂浆	1	0.4	0.3	0.035
第二次	水泥浆			—	

锚固段注浆应分两次进行，第一次灌注水泥砂浆，第二次应在第一次注浆初凝后进行，压注纯水泥浆，注浆压力不大于上覆压力的 2 倍，也不大于 8.0MPa。

（4）预应力张拉。锚固体强度大于 15MPa 并不小于 75% 的水泥砂浆设计强度时，可以进行预应力张拉。

1）张拉时，为避免相邻锚杆张拉的应力损失，可采用"跳张法"即隔一拉一的方法。

2）正式张拉前，应取设计拉力 10%～20%，对锚杆预张 1～2 次，使各部位接触紧密，杆体与土层紧密，产生初剪。

3）正式张拉应分级加载，每级加载后恒载 3min 记录伸长值。张拉到设计荷载（不超过轴力），恒载 10min，再无变化可以锁定。

4）锁定预应力以设计轴力的 75% 为宜。

八、土钉墙支护工程

土钉墙支护是在基坑开挖过程中将较密排列的土钉（细长杆件）置于原位土体中，并在坡面上喷射钢筋网混凝土面层。通过土钉、土体和喷射混凝土面层的共同工作，形成复合土体。土钉墙支护充分利用土层介质的自承力，形成自稳结构，承担较小的变形压力，土钉承受主要拉力，喷射混凝土面层调节表面应力分布，体现整体作用。同时由于土钉排列较密，通过高压注浆扩散后使土体性能提高。土钉墙支护如图 6-45 所示。

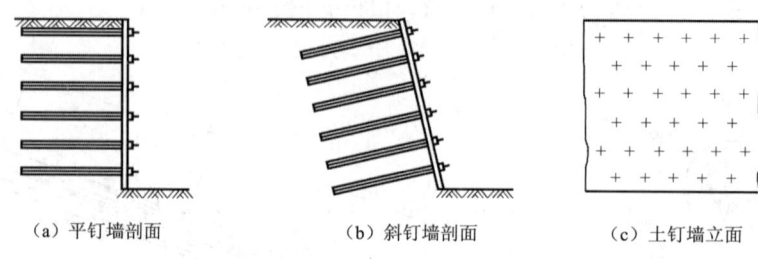

图 6-45 土钉墙支护简图

（一）特点

(1) 土钉墙支护是边开挖边支护，流水作业，不占独立工期，施工快捷。

(2) 设备简单，操作方便，施工所需场地小。材料用量和工程量小，经济效果好。

(3) 土体位移小，采用信息化施工，发现墙体变形过大或土质变化，可及时修改、加固或补救，确保施工安全。

（二）适用条件

(1) 基坑侧壁安全等级为二级、三级非软土场地。

(2) 地下水位较低的黏土、砂土、粉土地基，土钉墙基坑深度不宜大于12m。

(3) 当地下水位高于基坑底面时，应采取降水或截水措施。

（三）土钉墙的基本构造

(1) 土钉长度：一般对非饱和土，土钉长度 L 与开挖深度 H 之比为 $L/H=0.6\sim1.2$，密实砂土及干硬性黏土取小值。为减少变形，顶部土钉长度宜适当增加。非饱和土底部土钉长度可适当减小，但不宜小于 $0.5H$。对于饱和软土，由于土体抗剪能力很低，土钉内力因水压作用而增加，设计时取 L/H 值大于1为宜。

(2) 土钉间距：土钉间距的大小影响土体的整体作用效果，目前尚不能给出有足够理论依据的定量指标。土钉的水平间距和垂直间距一般宜为1.2～2.0m。垂直间距依土层及计算确定，且与开挖深度相对应。上下插筋交错排列，遇局部软弱土层间距可小于1.0m。

(3) 土钉直径：最常用的土钉材料是变形钢筋、圆钢、钢管及角钢等。当采用钢筋时，一般为 $\phi18\sim\phi32$，Ⅱ级以上螺纹钢筋；当采用角钢时，一般为 $50\times50\times5$ 角钢；当采用钢管时，一般为 $\phi50$ 钢管。

(4) 土钉倾角：土钉垂直方向向下倾角一般在5°～20°，土钉倾角取决于注浆钻孔工艺与土体分层特点等多种因素。研究表明，倾角越小，支护的变形越小，但注浆质量较难控制。倾角越大，支护的变形越大，但倾角大，有利于土钉插入下层较好的土层内。

(5) 注浆材料：用水泥砂浆或水泥素浆。水泥采用不低于32.5级的普通硅酸盐水泥，其强度等级不宜低于M10；水灰比1:(0.40～0.50)，水泥砂浆配合比宜为1:1～1:2（质量比）。

(6) 支护面层：土钉支护中的喷射混凝土面层不属于主要挡土部件，在土体自重作用下主要是稳定开挖面上的局部土体，防止其崩落和受到侵蚀。临时性土钉支护的面层通常用 50~150mm 厚的钢筋网喷射混凝土。钢筋网常用 Φ6~8，Ⅰ级钢筋焊成 15~30cm 方格网片。永久性土钉墙支护面层厚度为 150~250mm，设两层钢筋网，分两次喷成。

（四）土钉墙支护的施工

土钉墙支护的成功与否不仅与结构设计有关，而且在很大程度上取决于施工方法、施工工序和施工速度，设计与施工的紧密配合是土钉墙支护成功的重要环节。

（1）施工机具：土钉墙支护施工设备主要有钻孔设备、混凝土喷射机及注浆泵。钻孔设备一般采用 KHYD75A 型矿用电动岩石钻。注浆泵采用 2UB5 型压浆泵及 DLB50/40 漏斗泵。混凝土喷射机采用 ZP5-A 型及 HPZ-5 型。

（2）施工工艺流程：土钉墙支护施工应按设计要求自上而下、分层分段进行。其主要过程如下。

1）开挖有限的深度。

2）在开挖面上设置一排土钉。

3）喷射混凝土面层。

4）继续向下开挖有限深度，并重复上述步骤，直至所需的深度。对于注浆土钉，一般是先钻孔，再置入土钉并注浆。

其具体工艺流程为：施工放样→开挖第一层土→修边坡→钻孔→放置土钉→第一次注浆→绑扎钢筋网片（留搭接钢筋）→喷第一层混凝土→第二次注浆→喷第二层混凝土→开挖下层土，按此循环，直到坑底标高→设置坡顶及坡底排水装置。

当土质较好时，也可采取如下顺序：确定基坑开挖边线→按线开挖工作面→修整边坡→埋设喷射混凝土厚度控制标志→放土钉孔位线并做标志→成孔→安设土钉、注浆→绑扎钢筋网，土钉与加强钢筋或承压板连接，设置钢筋网垫块→喷射混凝土→下一层施工。

（3）施工要点。

1）开挖、修坡：土方开挖用挖掘机作业，挖掘机开挖应离预定边坡线 0.4m 以上，以保证土方开挖少扰动边坡壁的原状土，一次开挖深度由设计确定，一般为 1.0~2.0m，土质较差时应小于 0.75m。正面宽度不宜过长，开挖后，用人工及时修整。边坡坡度不宜大于 1：0.1。

2）初喷混凝土：边坡修整后，立即喷射第一层混凝土，其厚度为 50~80mm。

3）土钉施工：

a. 成孔。按设计规定的孔径、孔距及倾角成孔，孔径宜为 70~120mm。成孔方法有洛阳铲成孔和机械成孔。成孔后及时将土钉（连同注浆管）送入孔中，沿土钉长度每隔 2.0m，设置一对中支架。

b. 设置土钉。土钉的置入可分为钻孔置入、打入或射入方式。最常用的是钻孔注浆型土钉。钻孔注浆土钉是先在土中成孔，置入变形钢筋或钢管，然后沿全长注浆填孔。打入土钉是用机械（如振动冲击钻、液压锤等），将角钢、钢筋或钢管打入土体。打入土钉不注浆，与土体接触面积小，钉长受限制，所以布置较密，其优点是不需预先钻孔，施工较为快速。射入土钉是用高压气体做动力，将土钉射入土体。射入钉的土钉直径和钉长受一定限制，但施工速度更快。注浆打入钉是将周围带孔、端部密闭的钢管打入土体后，从管内注浆，并透过壁孔将浆体渗到周围土体。

c. 注浆。注浆时先高速低压从孔底注浆，当水泥浆从孔口溢出后，再低速高压从孔口注浆。水泥浆、水泥砂浆应拌和均匀，随拌随用，一次拌和的浆液应在初凝前用完。注浆前应将孔内的杂土清除干净；注浆开始或中途停止超过30min时，应用水或稀水泥浆润滑注浆泵及其管路；注浆时，注浆管应插至距孔底250～500mm处，孔口宜设置止浆塞及排气管。

d. 绑钢筋网，焊接土钉头。层与层之间的竖筋用对钩连接，竖筋与横筋之间用扎丝固定，土钉与加强钢筋或垫板施焊。

按设计所需厚度喷射第二层混凝土。

第一层土钉施工完毕后，等注浆材料达到设计强度的70%以上时，方可进行下层土方开挖，按此循环直至坑底标高。

（五）复合型土钉墙支护

土钉墙支护是通过土钉、土体和喷射混凝土面层的共同工作形成复合土体的支护结构。因其工艺简单、经济可靠，在一定范围内得到应用，并取得良好的经济效益和社会效益，但土钉墙支护通常仅适用在地下水位较低、自立性能较好的土层中。对于较软弱的淤泥质地层应采用复合型土钉墙支护。

所谓复合型土钉墙支护，就是以水泥搅拌桩等超前支护组成防渗帷幕，解决土体的自立性、隔水性以及喷射面层与土体的黏结问题。由超前支护、土钉和土体组成复合型土钉墙支护结构，如图6-46所示。

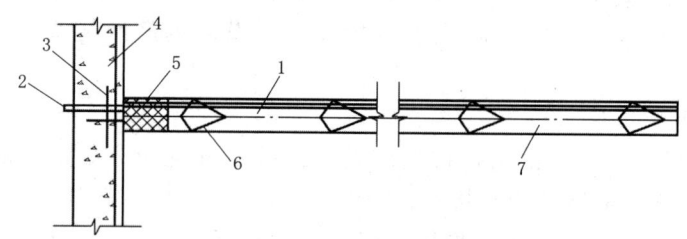

图6-46 土钉体及面层构造

1—土钉钢筋；2—注浆排气管；3—井字钢筋（或垫板）；4—喷射混凝土面层（配钢筋网）；
5—止浆塞；6—中支架；7—注浆体

（1）土钉构造：由于复合土钉墙是在软弱土层中应用，软弱土层提供的抗剪能力低，土钉间距应较密布置，一般水平与竖向间距取相同值，间距在1.0～1.2m之间为宜。土钉要有足够的截面面积和长度，以确保在整个服务期间内不被拉断和拔出。

（2）复合土钉墙支护面层：面层在复合土钉墙支护体系中起着较为重要的作用，如限制土体坍塌，将土钉、水泥土桩连成整体等。面层一般按构造设置，按强度验算。构造上取ϕ6.5@150双向ϕ8@200双向钢筋网片。喷射厚100mm，C20细石混凝土，宜分成两次喷射。

第三节 基础开挖

一、土质基坑(槽)施工

基坑(槽)施工包括定位、放线、基槽(坑)土方开挖等。

(一) 定位

土方开挖以前,要做好建筑好的定位放线工作。

建筑物定位是将建筑物外轮廓的轴线交点测定到地面上,用木桩标定出来,桩顶钉上小钉指示点位,这些桩叫角桩,如图6-47所示,然后根据角桩进行细部测设。

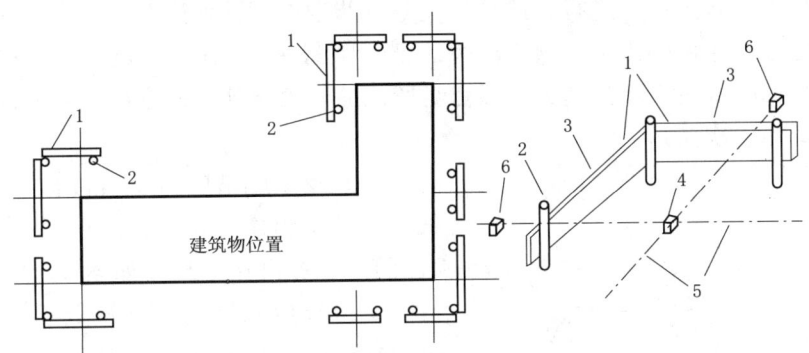

图 6-47 建筑定位
1—龙门板;2—龙门桩;3—轴线钉;4—角桩;5—轴线;6—控制桩

为了方便地恢复各轴线位置,要把主要轴线延长到安全地点并做好标志,称为控制桩。为便于开槽后施工各阶段中确定轴线位置,应把轴线位置引测到龙门板上,用轴线钉标定。龙门板顶部标高一般定在±0.00m,主要是便于施工时控制标高。

(二) 放线

放线是根据房屋定位确定的轴线位置,用石灰画出开挖的边线。开挖上口尺寸的确定应根据基础的设计尺寸和埋置深度、土壤类别及地下水情况,确定是否留工作面和放坡等。

(三) 基槽(坑) 土方开挖

基槽(坑)开挖时,严禁扰动基层土层,破坏土层结构,降低承载力。要加强测量,以防超挖。控制方法为:在距设计基底标高300~500mm时,及时用水准仪抄平,打上水平控制桩,以作为挖槽(坑)时控制深度的依据。当开挖不深的基槽(坑)时,可在龙门板顶面拉上线,用尺子直接量开挖深度;当开挖较深的基坑时,用水准仪引测槽(坑)壁水平桩,一般距槽底300mm,沿基槽每3~4m钉设一个。

使用机械挖土时,为防止超挖,可在设计标高以上保留200~300mm土层不挖,而改用人工挖土。

基础土方的开挖方法有人工挖方和机械挖方两种。应根据基础特点、规模、形式、深度以及土质情况和地下水位,结合施工场地条件确定。一般大中型工程基坑土方量大,宜于使用土方机械施工,配合少量人工清槽;小型工程基槽窄,土方量小,宜采用人工或人工配合小型挖土机施工。

1. 人工开挖

(1) 在基础土方开挖之前,应检查龙门板、轴承线桩有无位移现象,并根据设计图纸校核基础灰线的位置、尺寸、龙门板标高等是否符合要求。

(2) 基础土方开挖应自上而下分步分层下挖,每步开挖深度约 30cm,每层深度以 60cm 为宜,按踏步型逐层进行剥土;每层应留足够的工作面,避免相互碰撞发生安全事故;开挖应连续进行,尽快完成。

(3) 挖土过程中,应经常按事先给定的坑槽尺寸进行检查,不够时对侧壁土及时进行修挖,修挖槽帮应自上而下进行,严禁从坑壁下部掏挖"神仙土"。

(4) 所挖土方应两侧出土,抛于槽边的土方距离槽边 1m、高度 1m 为宜。以保证边坡稳定,防止因压载过大产生塌方。除留足所需的回填土外,多余的土应一次运至用土处或弃土场,避免二次搬运。

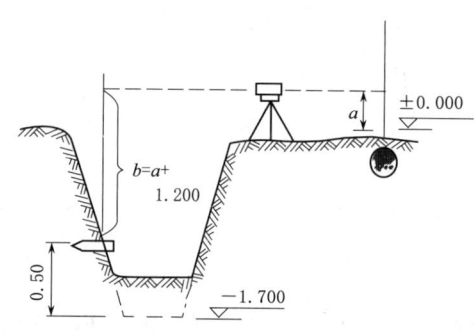

图 6-48 基槽底部抄平示意图(单位:m)

(5) 挖至距槽底约 50cm 时,应配合测量放线人员抄出距槽底 50cm 平线,沿槽边每隔 3~4m 钉水平标高小木桩,如图 6-48 所示。应随时依此检查槽底标高,不得低于标高。如个别处超挖,应用与基土相同的土料填补,并夯实到要求的密实度;或用碎石类土填补,并仔细夯实。如在重要部位超挖时,可用低强度等级的混凝土填补。

(6) 如挖方后不能立即进行下一工序或在冬、雨期挖方,应在槽底标高以上保留 15~30cm 不挖,待下道工序开始前再挖。冬期挖方每天下班前应挖一步虚土并盖草帘等保温,尤其是挖到槽底标高时,地基土不准受冻。

2. 机械开挖

(1) 点式开挖。厂房的柱基或中小型设备基础坑,因挖土量不大、基坑坡度小,机械只能在地面上作业,一般多采用抓铲挖土机和反铲挖土机。抓铲挖土机能挖一类、二类土和较深的基坑;反铲挖土机适于挖四类以下土和深度在 4m 以内的基坑。

(2) 线式开挖。大型厂房的柱列基础和管沟基槽截面宽度较小,有一定长度,适于机械在地面上作业,一般多采用反铲挖土机。如基槽较浅,又有一定的宽度,土质干燥时也可采用推土机直接下到槽中作业,但基槽需有一定长度并设上下坡道。

(3) 面式开挖。有地下室的房屋基础、箱形和筏式基础、设备与柱基础密集,采取整片开挖方式时,除可用推土机、铲运机进行场地平整和开挖表层外,多采用正铲挖土机、反铲挖土机或拉铲挖土机开挖。用正铲挖土机工效高,但需有上下坡道,以便运输工具驶入坑内,还要求土质干燥;反铲和拉铲挖土机可在坑上开挖,运输工具可不驶入坑内,坑内土潮湿也可以作业,但工效比正铲低。

二、岩石基础开挖

岩石基础开挖一般采用爆破开挖，施工前，应进行爆破试验，选定合适的爆破参数，进行爆破设计等。

(一) 合理安排开挖程序，保证施工安全

基础（基坑、岸坡）开挖，通常有好几个工种平行作业，容易引起安全事故，因此，整个基坑开挖程序，要掌握好"先岸坡后河槽，自上而下"的原则，从基础轮廓线的岸坡边缘开始，由上而下，分层开挖，直至河槽部位；河槽部位的开挖，也要分层开挖，逐步下降。同时为了扩大开挖工作面、提升钻眼爆破效果、解决好开挖施工时的基坑排水问题，通常要选择合适的部位，抽槽先进，即开挖先锋槽形成以后，再逐层扩挖下降。先锋槽的位置，一般选在地形较低、排水方便、容易形成出渣运输道路的部位，同时也要考虑水工建筑物的底部轮廓，如截水槽、齿槽部位，常常结合布置先锋槽。一般情况下，不允许采用自下而上或造成岩体倒悬的开挖程序。

1. 选择开挖程序的原则

从整个工程施工的角度考虑，选择合理的开挖程序，对加快工程进度具有重要作用。选择开挖程序时，应综合考虑以下原则。

(1) 根据地形条件、建筑物布置、导流方式和施工条件等具体情况合理安排。

(2) 把保证工程质量和施工安全作为安排开挖程序的前提，尽量避免在同一垂直面上进行双层或多层作业。

(3) 按照施工导截流、拦洪度汛、蓄水发电等工程总进度要求，分期、分阶段地安排好开挖程序，并注意开挖施工的连续性和考虑后续工程的施工要求。

(4) 根据气候变化，选择合理的开挖部位。

(5) 对不良地质地段或不稳岩体岸（边）坡的开挖，必须充分重视，做到开挖程序合理、措施得当，保障施工安全。

2. 开挖程序及其适用条件

水利水电工程的岩石基础开挖，一般包括岸坡和基坑开挖。岸坡开挖一般不受季节限制；而基坑开挖则多在围堰的防护下，它是主体工程控制性的关键工序。对于溢洪道或渠道等工程的开挖，如无特殊要求，则可按渠首、闸室、渠身段、尾水消能段或边坡、底板等部位的石方做分项分段安排，并考虑其开挖程序的合理性，可参照表6-5进行选择。

表6-5　　　　　　　岩石基础开挖程序及其适用条件

开挖程序	安 排 步 骤	适 用 条 件
自上而下开挖	先开挖岸坡，后开挖基坑；或先开挖边坡，后开挖底板	用于施工场地窄小，开挖量大且集中的工程部位
自下而上开挖	先开挖下部，后开挖上部	施工场地较大、岸（边）坡较低缓或岩石条件许可，并有可靠的技术措施
上下结合开挖	岸坡与基坑或边坡与底板上下结合开挖	用于有较宽阔的施工场地和可以避开施工干扰的工程部位
分期或分段开挖	按施工时段或开挖部位、高程等进行开挖	用于分期导游的基坑开挖或临时过水要求的工程项目

（二）及时排队基坑积水、渗水和地表水，确保开挖工作在不受水的干扰之下进行

岸坡部位开挖时，要十分注意地表水的排除在开挖轮廓外围，修好排水沟，将地表水引走。河槽部位开挖时，要布置好集水排水系统，配备移动方便排水设施，及时将积水、渗水排除。

（三）通盘规划运输线路，组织好出渣运输工作

出渣运输线路的布置要与开挖分层相协调，开挖分层高度视边坡稳定条件而定，一般在 5～30m 之间，故运输线路也要分层布置，将各层开挖工作面的堆渣场或者通向堆渣场的运输干线连接起来，基础的废渣，最好加以利用，直接运至使用地点并结合施工要求考虑，以利于开挖和后续工序的施工。出渣运输工作的组织，应将开挖、运输和堆存统筹考虑，加快开挖进度和降低开挖费用。

（四）正确选择开挖方法，保证开挖质量

（1）岩基开挖应根据水工建筑物的开挖深度、范围和开矿以及岩石条例、工程量及施工技术要求，选择开挖方法。一般采用钻眼爆破分层开挖的方法。钻爆开挖方式相适应的爆破方法及其应用条件、优缺点和要求见表 6-6。

表 6-6　　　钻爆开挖方式相适应的爆破方法及其应用条件、优缺点和要求

爆破方法	适 用 条 件	优 缺 点	主 要 要 求
延长药包梯段微差爆破	广泛用于各种类型石方开挖工程，梯段高度结合开挖分层厚度确定	减轻爆破地震强度；减少炸药耗用量；提高岩石破碎度和减少飞石	对于地下石方开挖限用于保护层以上的爆破，最大一段起爆药量应不大于 500kg
保护层爆破	适用于各种条件和开挖规格尺寸，保护层厚度根据岩石性质和上一层的爆破方式确定	1. 施工简便易行； 2. 施工耗用劳力多占用工期长	若保护层厚度大于 1.5m，应分两钻爆开挖，距建基面 1.5m 以上一层采用手风钻钻孔、微差爆破，最大一段起爆药量不大于 300kg；距建基面 1.5m 以内一层采用手风钻至钻斜孔火花爆破，坚硬岩石可钻至建基面孔，但孔深不得超过 50cm，软破碎岩石应留足 20～30cm 撬挖层
预裂爆破	对裂隙率小于 5% 的岩石，爆破后一般可获得满意结果。通常配合深孔爆破实现边坡预裂可配合扇形爆破实现边坡和水平面顶裂	1. 减少开挖层次，缩短施工期； 2. 减轻爆破地震强度，减少超挖量，提高开挖质量； 3. 钻爆工艺复杂，要求钻孔精度高	要求爆破后的预裂缝宽度一般不小于 1cm；壁面不平整度不大于 15cm；孔壁不应产生明显的爆破裂隙且半圆形孔壁清晰可见
沟槽爆破	常用于齿槽、截水墙先锋槽、渠道等挖爆破	对槽深小于 6m 的沟可获较好的爆破效果	对小于 6m 的沟槽可一次爆破成型（底部预留保护层），最大一段起爆药量不大于 100kg；对大于 6m 的沟槽应采用梯段爆破，最大一段起爆药量不大于 300kg
药室爆破	经安全技术认证，并有爆破设计，方可使用	爆破规模大，破坏力强	根据岩石性质、爆破设施对象具体设计

分层开挖必须确定适宜分层厚度，即确定爆破梯段和铲装梯段的高度。适宜的分层高度应该是在保证开挖质量和施工安全的前提下，使钻爆和铲装作业有较高的生产率与最少的费用，并且可以满足开挖强度的要求，分层厚度的确定应根据开挖工程性质、开挖量、开挖范围和深度及技术和工期要求，结合挖掘机械的工作性能、岩层的稳定性、出渣道路布置条件等因素做综合分析；当设计有平台或马道结构要求时，还应结合其高程进行分析，岩层类型适用条件及施工要求见表6-7。

表6-7　　　　　　　　　　岩层类型适用条件及施工要求

类　　型	适　用　条　件	施　工　要　求
自上而下逐层爆破开挖	开挖深度大于4m的基坑；需要有专用的深孔钻机和大斗容、大吨位的出渣机械	先在中间开挖先锋槽（槽宽应大于或等于挖掘机回转半径），然后向两侧扩大开挖
台阶式分层爆破开挖	挖方量大、边坡较缓的岸坡；开挖断面需满足大型施工机械联合作业的空间要求	在坡顶平整场地和在边坡上沿每层开辟施工道路；上下多层同时作业时，应予错开和进行必要的防护
竖向分段爆破开挖	边坡较高、较陡的岸坡	由边坡表面向里，竖向分段钻爆；爆破后的石渣翻至坡脚处，集中出渣
深孔与药室组合爆破开挖	分层高度大于钻机下沉钻孔深度的岸坡	梯上部布置深孔，梯段下部布置药室
药室爆破开挖	平整施工场地和开辟施工道路为机械施工创造场地条件	开挖1.6m×1.4m导洞，在洞内开凿药室

为了保证开挖质量，要求在爆破开挖过程中，防止由于爆破震动的影响而破坏岩基，产生爆破裂缝，或使原有的构造裂隙发展，超过允许范围，恶化岩体自然产状；防止由于爆破作用的影响而损害周围的建筑物；保证岩基开挖的形态符合设计要求；严格控制基坑的边坡。

（2）特殊的地质构造，如断层破碎带、软弱夹层、岩溶等，当这些构造埋藏较浅时，以开挖处理为宜；当这些构造埋深较深或延伸很远时，采用开挖处理不仅在技术上有困难，而且在经济上不合算，这就要针对具体情况，提出具体的特殊处理措施。

1）断层破碎带。由于地质构造上的原因所形成的破碎带，有断层破碎带和挤压破碎带，因为经过地质变迁的错动和挤压，其中的岩块往往极易破碎，风化强烈，且有泥质充填物夹在里边，若作为水工建筑物的基础，则必须要求处理。一般情况下，对于宽度较小或者是封闭的断层破碎带，且延伸不是很深或者走向垂直于水流，并无渗水通道，对基础的影响不是很大，需要处理的深度一般较小，宜采用开挖和回填混凝土的方法，处理时先将一定深度范围内的断层和断层两侧的破碎风化的部位清理干净，直到岩体外露，然后回填混凝土，必要时，需辅以接触灌浆；如果断层带需处理的深度较大，为了克服深层开挖的困难，防止两侧岩体的塌落，可以采用大直径钻头钻孔，钻到需要的深度再回填混凝土，或者挖一层、回填一层，在回填的混凝土中留出继续下挖用的通道，再继续下挖至预定的深度；对于贯穿上下游宽而深的断层破碎带，或深度覆盖河床深槽，宜采用支承的方法，解决深开挖的困难，其水流渗漏，可以通过修筑截水墙和防渗墙，必要时，辅以深孔帷幕灌浆，同时，断层开挖时，可避免爆破振动对周转岩层的影响。

2) 软弱夹层。软弱夹层主要是反映基层面或裂隙面中间强度较低已经泥化的夹层，其处理方法，视夹层的产状和地基的受力而定，对于陡倾角的夹层，而且没有渗水、漏水，除了对基础范围内的夹层进行开挖、回填处理外，还必须进行封闭处理，切断水源通路；对于缓倾角夹层，特别是向下游倾斜的泥化夹层，由于层面的抗剪强度低，若夹层埋藏很深，或夹层下部有足够厚度的支撑岩，并能维持基岩的深层抗滑稳定，则只考虑处理上游部位的夹层，并进行封闭处理，切断渗水通道；或夹层埋藏很深，该处地基应力的变化不是很显著，也没有深层滑动的危险，则可采用固结灌浆，但夹层内的充填物不易清洗，灌浆效果不理想，因而，可采用开挖回填混凝土塞的方法，将夹层封闭在建筑物底下。

3) 岩溶处理。岩溶是由于地表水或地下水对可溶性岩石溶蚀的结果而产生的一系列地质现象，岩溶形成的溶槽、漏斗、溶洞、岩溶湖、岩溶泉等地质缺陷削弱了岩基的承载能力，形成渗水通道，岩溶处理方法为堵、铺、截、围、导、灌等六方面，目的是防止渗漏。从施工角度看，不外乎是开挖、回填、灌浆三种方法，对于处在基坑表层或埋藏较浅的溶洞，可以从地表开挖，清除充填物，回填混凝土塞；对于在石灰岩中的溶蚀，沿陡倾角埋藏很深，不易直接开挖者，应根据具体情况，进行灌浆或洞挖回填等。

4) 不稳定岩坡开挖过程中观测。在开挖过程中，由于边坡岩体的平衡遭到破坏，坡体应力将重新分布，以求达到新的平衡状态。在新的应力条件下，坡体可能发生局部或整体性的变形和破坏。因此，在施工过程中应加强观测，注意分析不稳定原因，控制边坡变形。

a. 观测范围：大体积整体岩体的滑动；局部岩体或单独结构节理裂隙和张开裂隙等观测；岩坡表面和深层的滑动。

b. 开挖措施和要求：在岩体稳定分析的基础上，判明影响边坡稳定的主导因素，对边坡变形和破坏形式和原因作出正确的判断，并且制订可行的开挖措施，以免因工程施工影响和恶化边坡的稳定性。

尽量改善边坡的稳定性。拦截地面水和排除地下水，防止边坡稳定恶化。可在边坡变形区以外 5m 开挖截水天沟和变形区以内开挖排水沟，拦截和排除地表水。同时可采用喷浆、勾缝、覆盖等方式保护坡体不受渗水侵害。对于地下水的排，可根据岩体结构特征水文地质条件，采用平洞排水或钻孔排水；对于有明显含水层可能产生深层滑动的边坡，可采用平洞排水。对于不稳定型边坡开挖，可先做稳定处理，然后进行开挖。例如采用抗滑挡墙、抗滑桩、锚筋桩、预应力锚索以及灌浆等方法；必要时进行边挡护边开挖。尽量避免雨季施工，并力争一次处理完成。确需雨季施工，需采取临时封闭措施。

按照"先坡面，后坡脚"自上而下的开挖程序施工，并限制坡比、坡高要在允许范围内，必要时增设马道。开挖时，注意不切断层面或楔体棱线，不使滑体悬空而失去支撑作用。坡高应尽量控制不涉及有害软弱面和不稳定岩体。

控制爆破规定，应不使爆破振动附加动荷载使边坡失稳。为避免造成过多的爆破裂隙，开挖邻近最终边坡时，应采光面、预裂爆破，必要时发改用小炮、风镐或人工撬挖。

c. 不稳定岩体的开挖方式。

一次削坡开挖：主要用于开挖边坡高度较低的不稳岩体，如开挖溢洪道或渠道边坡。

其施工要点是由坡面至坡脚顺面开挖，即先降低滑体高度，再循序向里开挖。

分段跳槽开挖：主要用于有支挡（如挡土墙、抗滑桩）要求的边坡开挖。其施工要点是开挖一段、支挡一段，且分段跳开挖。

分台阶开挖：在坡高较大时，采用分层留出平台或马道以提高边坡稳定性。

（3）为保证基岩分层爆破开挖时，周转岩体不受破坏，应按留足保护层的方式进行开挖。分层厚度视爆破方式、挖掘机的性能而定。

（4）保护层以上或以外的岩体，与一般分层钻眼梯段爆破基本相同。若不具备梯段地形，则应先平地拉槽毫秒起爆，创造梯段爆破条件，因此，在进行梯段爆破时，应采用合适的梯段高度、爆破参数、炸药单耗量，控制最大一段起爆药量。

（5）保护层的开挖是控制基础质量的关键，宜选用预裂爆破或光面爆破，合理布孔、合理装药、合理起爆。对于较弱破碎岩层，应留出 20～30cm 撬挖层。

（6）基础开挖过程中，对设计开口线外坡面、岸坡和坑槽开挖壁面等，若有不安全因素，必须进行处理并采取相应的防护措施。同时，随着开挖高程的下降，对坡面应及时测量检查，防止超欠挖，避免在形成高边坡后再进行坡面处理。

（五）合理组织弃渣的堆放

充分利用开挖的土石方，既避免二次倒运，打乱施工总体布置，又节省投资。同时，对影响度汛安全及含有害物质的废渣不准排放在河床中，以免污染河水。

第七章

灌浆工程施工

第一节 灌浆设备

一、灌浆制浆与储浆设备

灌浆制浆与储浆设备包括两部分：一是浆液搅拌机，为拌制浆液用的机械，其转速较高，能充分分离水泥颗粒，以增强水泥浆液的稳定性；二是储浆搅拌桶，储存已拌制好的水泥浆，供给灌浆机抽取而进行灌浆用的设备，转速可较低，仅要求其能连续不断地搅拌，维持水泥浆不发生沉积。

水泥灌浆常用的搅拌机主要有下列几种型式。

(一) 旋流式搅拌机

这种搅拌机主要由桶体、高速搅拌室、回浆管和回浆阀、排浆管和排浆阀以及叶轮等组成，如图 7-1 所示。高速搅拌室内装有叶轮，设置于桶体的一侧或两侧，由电动机直接带动。

搅拌机的工作原理：浆液由桶底出口被叶轮吸入搅拌室内，借叶轮高速（一般为 1500~2000r/min）旋转产生强烈的剪切作用，将水泥充分分散，而后经由回浆管返回浆桶。当浆液返回回浆桶时，以切线方向流入桶内时，在桶内产生涡流，这样往复循环，使浆液搅拌均匀。待水泥浆拌制好后，关闭回浆阀，开启排浆阀，将浆液送入储浆搅拌桶内。这种型式的搅拌机，转速高、搅拌均匀、搅拌时间短。

(二) 叶桨式搅拌机

它是靠搅拌机中装着的两个或多个能回转的叶桨来搅动拌制浆液的，结构简单。搅拌机的转速一般均较低，分为立式和卧式两种型式。

1. 立式搅拌机

岩石基础灌浆常用的水泥浆搅拌机是立式双层叶桨型的，上层为搅拌机，下层为储浆搅拌桶，两者的容积相同（常用的容积有 150L、200L、300L 和 500L 四种），同轴搅拌，上层搅拌好的水泥浆，经过筛网将其中大颗粒及杂质滤除后，放入下层待用，如图 7-2 所示。

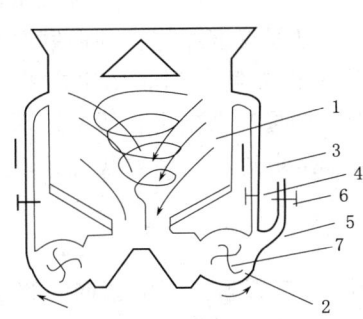

图 7-1 旋流式搅拌机示意图
1—桶体；2—高速搅拌室；3—回浆管；
4—回浆阀；5—排浆管；6—排浆阀；
7—叶轮

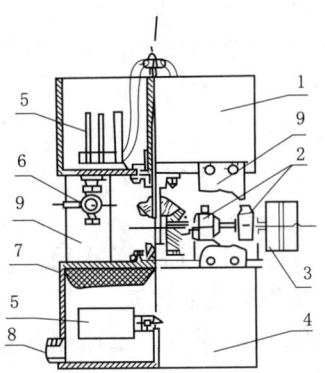

图 7-2 立式双桶搅拌机
1—搅拌桶；2—轴承座；3—皮带轮；4—储浆桶；
5—搅拌叶片；6—阀门；7—滤网；
8—出浆口；9—支架

2. 卧式搅拌机

最常用的卧式搅拌机如图 7-3 所示，是由 U 形筒体和两根水平搅拌轴组成的，两根轴上装有互为 90°角的搅拌叶片，并以同一速度反向转动，以增加搅拌效果。

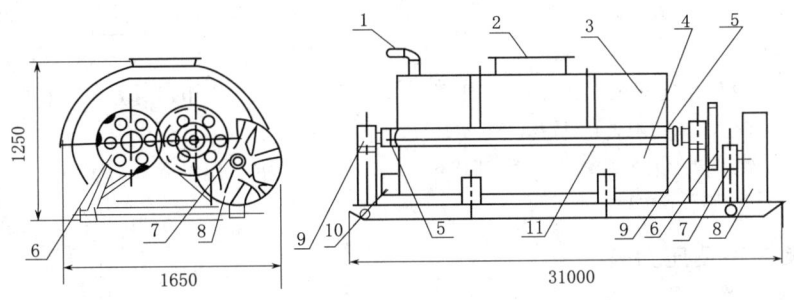

图 7-3 卧式搅拌机（单位：mm）
1—注水管子；2—加料口；3—搅拌桶；4—储浆桶；5—搅拌轴；
6—传动齿轮；7—主动齿轮；8—皮带轮；9—轴承座；
10—放浆口；11—机架

集中制浆站的制浆能力应满足灌浆高峰期所有机组用浆需要。

二、灌浆泵

灌浆泵性能应与浆液类型、浓度相适应，容许工作压力应大于最大灌浆压力的 1.5 倍，并应有足够的排浆量和稳定的工作性能。灌浆泵一般采用多缸柱塞式灌浆泵。

往复式泵是依靠活塞部件的往复运动引起工作室的容积变化，从而吸入和排出浆体。往复式泵有单作用式和双作用式两种结构形式。

（一）单作用往复式泵

单作用往复式泵主要由活塞、吸水阀、排水阀、吸水管、排水管、曲柄、连杆、滑块（十字头）等组成，如图 7-4 所示。单作用往复式泵的工作原理可以分为吸水和排水两个过程。当曲柄滑块机构运动时,活塞将在两个泵室内做不等速往复运动。当活塞向右移动时,泵室内容积逐渐增大,压力逐渐降低,当压力降至某一程度时,排水阀关闭,吸水管中的水在大气压力作用下顶开吸水阀而进入泵室。这一过程将继续进行到活塞运动至右端极限位置时才停止。这个过程就叫作吸水过程。当活塞向左移动时,泵室内的水受到挤压,压力增高到一定值时,将吸水阀关闭,同时顶开排水阀将水排出。活塞运动到最左端极限位置时,将所吸入的水全部排尽。这个过程就叫作排水过程。活塞往复运动一次完成一个吸水、排水过程称为单作用。

(二) 双作用往复式泵

双作用往复式泵的活塞两侧都有吸排水阀,如图 7-5 所示。当活塞向左移动时,泵室左部的水受到挤压,压力增高,进行排水过程,而泵室右部容积增大、压力降低,进行吸水过程;当活塞向右移动时,则泵室右部排水、左部吸水。如此活塞往复运动一次完成两个吸水、排水过程称为双作用。

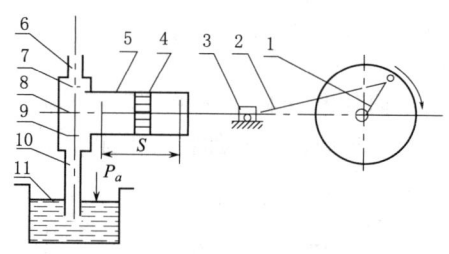

图 7-4 单作用往复式泵工作原理图
1—曲柄;2—连杆;3—滑块;4—活塞;5—水缸;
6—排水管;7—排水阀;8—泵室;9—吸水阀;
10—吸水管;11—水池

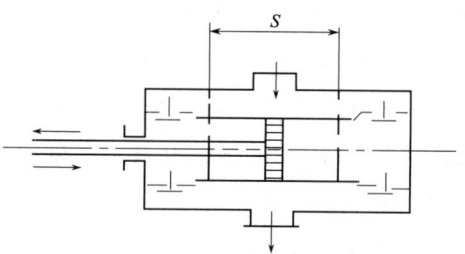

图 7-5 双作用往复式泵工作原理图

三、灌浆管路及压力表

(一) 灌浆管路

输浆管主要有钢管和胶皮管两种,钢管适应变形能力差,不易清理,因此一般多用胶皮管,但在高压灌浆时仍须用钢管。灌浆管路应保证浆液流动畅通,并能承受1.5倍的最大灌浆压力。

(二) 灌浆塞

灌浆塞又称灌浆阻塞器或灌浆胶塞(球),用以堵塞灌浆段和上部联系的必不可少的堵塞物,以免翻浆、冒浆以及不能升压而影响灌浆质量。灌浆塞的形式很多,一般应由富有弹性、耐磨性能较好的橡皮制成,应具有良好的膨胀性和耐压性能,在最大灌浆压力下能可靠地封闭灌浆孔段,并且易于安装和卸除。图 7-6 所示为岩石灌浆用灌浆塞。

(三) 压力表

灌浆泵和灌浆孔口处均应安设压力表。使用压力宜

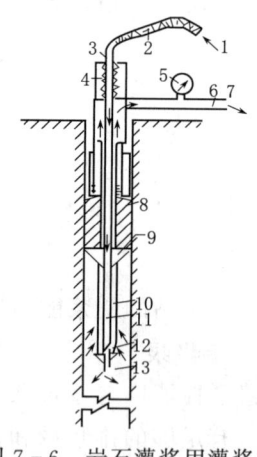

图 7-6 岩石灌浆用灌浆塞
1,11—进浆管;2—胶皮管;3—钢管;
4—丝杆;5—压力表;6—阀门;
7,10—回浆管;8—胶皮管;
9—阻塞器;12—花管;
13—出浆管

在压力表最大标示值的 1/4～3/4 之间。压力表应经常进行检定，不合格的和已损坏的压力表严禁使用。压力表与管路之间应设有隔浆装置。

第二节 岩 基 灌 浆

一、帷幕灌浆

（一）钻孔

帷幕灌浆孔宜采用回转式钻机和金刚石钻头或硬质合金钻头钻进，帷幕灌浆钻孔位置与设计位置的偏差不得大于 1%。因故变更孔位时，应征得设计部门的同意。实际孔位应有记录，孔深应符合设计规定，帷幕灌浆孔宜选用较小的孔径，钻孔孔壁应平直、完整。帷幕灌浆钻孔必须保证孔向准确。钻机安装必须平正稳固，钻孔宜埋设孔口管，钻机立轴和孔口管的方向必须与设计孔向一致；钻进应采用较长的粗径钻具并适当地控制钻进压力。帷幕灌浆孔应进行孔斜测量，发现偏斜超过要求，应及时纠正或采取补救措施。

钻灌浆孔时应对岩层、岩性以及孔内各种情况进行详细记录。钻孔遇有洞穴、塌孔或掉钻难以钻进时，可先进行灌浆处理，而后继续钻进。如发现集中漏水，应查明漏水部位、漏水量和漏水原因，经处理后，再行钻进。钻进结束等待灌浆或灌浆结束等待钻进时，孔口均应堵盖，妥加保护。

（二）洗孔和冲洗

1. 洗孔

灌浆孔（段）在灌浆前应进行钻孔冲洗，孔内沉积厚度不得超过 20cm。帷幕灌浆孔（段）在灌浆前宜采用压力水进行裂隙冲洗，直至回水清净时止。冲洗压力可为灌浆压力的 80%，该值若大于 1MPa 时，采用 1MPa。

洗孔的目的是将残存在孔底岩粉和黏附在孔壁上的岩粉、铁砂碎屑等杂质冲出孔外，以免堵塞裂隙的通道口而影响灌浆质量。钻孔钻到预定的段深并取出岩芯后，将钻具下到孔底，用大流量水进行冲洗，直至回水变清，孔内残存杂质沉淀厚度不超过 10～20cm 时，结束洗孔。

2. 冲洗

冲洗的目的是用压力水将岩石裂隙或空洞中所充填的松软、风化的泥质充填物冲出孔外，或是将充填物推移到需要灌浆处理的范围外，这样裂隙被冲洗干净后，利于浆液流进裂隙并与裂隙接触面胶结，起到防渗和固结作用。使用压力水冲洗时，在钻孔内一定深度需要放置灌浆塞。

冲洗有单孔冲洗和群孔冲洗两种方式。

（1）单孔冲洗。单孔冲洗仅能冲净钻孔本身和钻孔周围较小范围内裂隙中的填充物，因此，此法适用于较完整的、裂隙发育程度较轻、充填物情况不严重的岩层。

单孔冲洗有以下几种方法。

1）高压冲洗：整个过程在大的压力下进行，以便将裂隙中的充填物向远处推移或压实，但要防止岩层抬动变形。如果渗漏量大，升不起压力，就尽量增大流量、加大流速，增强水流冲刷能力,使之能挟带充填物走得远些。

2) 高压脉动冲洗:首先用高压冲洗,压力为灌浆压力的80%~100%,连续冲洗5~10min后,将孔口压力迅速降到零,形成反向脉冲流,将裂隙中的碎屑带出,回水呈浑浊色。当回水变清后,升压用高压冲洗,如此一升一降,反复冲洗,直至回水洁净后,延续10~20min为止。

3) 扬水冲洗:将管子下到孔底、上接风管,通入压缩空气,使孔内的水和空气混合,由于混合水体的密度轻,将孔内的水向上喷出孔外,孔内的碎屑随之喷出孔外。

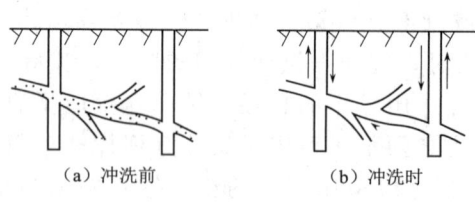

图7-7 群孔冲洗裂缝示意图

(2) 群孔冲洗。群孔冲洗是把两个以上的孔组成一组进行冲洗,可以把组内各钻孔之间岩石裂隙中的充填物清出孔外,如图7-7所示。

群孔冲洗主要是使用压缩空气和压力水。冲洗时,轮换地向某一个或几个孔内压入气、压力水或气水混合体,使之由另一个孔或另几个孔出水,直到各孔喷出的水是清水后停止。

(三) 压水试验

压水试验的目的是测定围岩吸水性、核定围岩渗透性。

帷幕灌浆采用自上而下分段灌浆法,先导孔应自上而下分段进行压水试验,各次序灌浆孔的各灌浆段在灌浆前宜进行简易压水试验。

压水试验应在裂隙冲洗后进行。简易压水试验可在裂隙冲洗后或结合裂隙冲洗进行。压力可为灌浆压力的80%,该值若大于1MPa,采用1MPa。压水20min,每5min测读一次压入流量,取最后的流量值作为计算流量,其成果以透水率表示。帷幕灌浆采用自下而上分段灌浆法时,先导孔仍应自上而下分段进行压水试验。各次序灌浆孔在灌浆前全孔应进行一次钻孔冲洗和裂隙冲洗。除孔底段外,各灌浆段在灌浆前可不进行裂隙冲洗和简易压水试验。

(四) 灌浆施工

1. 灌浆的施工次序

(1) 灌浆施工次序划分的原则。灌浆施工次序划分的原则是逐序缩小孔距,即钻孔逐渐加密。这样浆液逐渐挤密压实,可以促进灌浆帷幕的连续性;能够逐序升高灌浆压力,有利于浆液的扩散和提高浆液结石的密实性;根据各次序孔的单位注入量和单位吸水量的分析,可起到反映灌浆情况和灌浆质量的作用,为增、减灌浆孔提供依据;减少邻孔串浆现象,有利于施工。

(2) 帷幕孔的灌浆次序。大坝的岩石基础帷幕灌浆通常是由一排孔、二排孔、三排孔所构成,多于三排孔的比较少。

1) 单排孔帷幕施工(同二排、三排、多排帷幕孔的同一排上灌浆孔的施工次序),首先钻灌第Ⅰ次序孔,然后钻灌第Ⅱ次序孔,最后钻灌第Ⅲ次序孔。

2) 由两排孔组成的帷幕,先钻灌下游排,后钻灌上游排。

3) 由三排或多排孔组成的帷幕,先钻灌下游排,再钻灌上游排,最后钻灌中间排。

2. 灌浆方法

基岩灌浆方式有循环式和纯压式两种。帷幕灌浆应优先采用循环式，射浆管距孔底不得大于50cm；浅孔固结灌浆可采用纯压式。

灌浆孔的基岩段长小于6m时，可采用全孔一次灌浆法；大于6m时，可采用自上而下分段灌浆法、自下而上分段灌浆法、综合灌浆法或孔口封闭灌浆法。

帷幕灌浆段长度宜采用5～6m，特殊情况下可适当缩减或加长，但不得大于10m。进行帷幕灌浆时，坝体混凝土和基岩的接触段应先行单独灌浆并应待凝，接触段在岩石中的长度不得大于2m。

单孔灌浆有以下几种方法。

(1) 全孔一次灌浆。全孔一次灌浆是把全孔作为一段来进行灌浆。一般在孔深不超过6m的浅孔、地质条件良好、岩石完整、渗漏较小的情况下，无其他特殊要求，可考虑全孔一次灌浆、孔径也可以尽量减小。

(2) 全孔分段灌浆。根据钻孔各段的钻进和灌浆的相互顺序，又分为以下几种方法。

1) 自上而下分段灌浆法。自上而下逐段钻进、随段位安设灌浆塞、逐段灌浆的一种施工方法。这种方法适宜在岩石破碎、孔壁不稳固、孔径不均匀、竖向节理、裂隙发育、渗漏情况严重的情况下采用。施工程序一般是：钻进（一段）→冲洗→简易压水试验→灌浆待凝→钻进（下一段）。

2) 自下而上分段灌浆法。将钻孔一直钻到设计孔深，然后自下而上逐段进行灌浆的施工方法。这种方法适宜岩石比较坚硬完整、裂隙不很发育、渗透性不甚大。在此类岩石中进行灌浆时，采用自下而上灌浆可使工序简化，钻进、灌浆两个工序各自连续施工；无须待凝，节省时间，工效较高。

3) 综合分段灌浆法。综合自上而下与自下而上相结合的分段灌浆法。有时由于上部岩层裂隙多，又比较破碎，上部地质条件差的部位先采用自上而下分段灌浆法，其后再采用综合分段灌浆法。

4) 小孔径钻孔、孔口封闭、无栓塞、自上而下分段灌浆法。把灌浆塞设置在孔口、自上而下分进、逐段灌浆并不待凝的一种分段灌浆法。孔口应设置一定厚度的混凝土盖重。全部孔段均能自行复灌，工艺简单，免去了起、下塞工序和塞堵不严的麻烦，不需要待凝，节省时间，发生孔内事故可能性较小。

3. 灌浆压力

(1) 灌浆压力的确定。由于浆液的扩散能力与灌浆压力的大小密切相关，采用较高的灌浆压力，可以减少钻孔数，且有助于提高可灌性，使强度和不透水性等得到改善。当孔隙被某些软弱材料充填时，较高灌浆压力能在充填物中造成劈裂灌注，增强灌浆效果。随着灌浆基础处理技术和机械设备的完善配套，6.0～10MPa的高压灌浆在采用提高灌浆压力措施和浇筑混凝土盖板处理后，在一些大型水利工程中应用较广。但当灌浆压力超过地层的压重和强度而没有采取相应措施时，将有可能导致地基及其上部结构的破坏。因此一般以不使地层结构破坏或发生局部的和少量的破坏作为确定地基允许灌浆压力的基本原则。

灌浆压力宜通过灌浆试验确定，也可通过公式计算或根据经验先行拟定，而后在灌浆施工过程中调整确定。灌浆试验时，一般将压力升到一定数值而注浆量突然增大时的这一压力作为确定灌浆压力的依据（即临界压力）。

采用循环式灌浆，压力表应安装在孔口回浆管路上；采用纯压式灌浆，压力表应安装在孔口进浆管路上。压力读数宜读压力表指针摆动的中值，当灌浆压力为 5MPa 或大于 5MPa 时，也可读峰值。压力表指针摆动范围应小于灌浆压力的 20%，摆动幅度宜做记录。灌浆应尽快达到设计压力，但注入率大时应分级升压。

如缺乏试验资料，做灌浆试验前须预定一个试验数值确定灌浆压力。考虑灌浆方法和地质条件的经验公式为

$$[p_c] = p_0 + mD \tag{7-1}$$

式中　$[p_c]$——容许灌浆压力，MPa；

　　　p_0——表面段容许灌浆压力，MPa；

　　　m——灌浆段每增加 1m，容许增加的压力，MPa/m；

　　　D——灌浆段深度，m。

(2) 灌浆过程中灌浆压力的控制。

1) 一次升压法。灌浆开始将压力尽快地升到规定压力，单位吸浆量不限。在规定压力下，每一级浓度浆液的累计吸浆量达到一定限度后，调换浆液配合比，逐级加浓，随着浆液浓度的逐级增加，裂隙逐渐被填充，单位吸浆量将逐渐减少，直至达到结束标准，即灌浆结束。

此法适用于透水性不大、裂隙不甚发育的较坚硬、完整岩石的灌浆。

2) 分级升压法。在灌浆过程中，将压力分为几个阶段，逐级升高到规定的压力值。灌浆开始如果吸浆量大，使用最低一级的灌浆压力。当单位吸浆量减少到一定限度（下限），则将压力升高一级；当单位吸浆量又减少到下限时，再升高一级压力；如此进行下去，直到现在规定压力下，灌至单位吸浆量减少到结束标准时，即可结束灌浆。

在灌浆过程中，在某一级压力下，如果单位吸浆量超过一定限度（上限），则应降低一级压力进行灌浆，待单位吸浆量达到下限值时，再提高到原一级压力，继续灌浆。单位吸浆量的上限、下限，可根据岩石的透水性、在帷幕中不同部位及灌浆次序而定。一般上限定为 60~80L/min，下限为 30~40L/min。

此法仅是在遇到基础岩石透水严重、吸浆量大的情况下采用。

二、固结灌浆

固结灌浆一般是在岩石表层钻孔，经灌浆将岩石固结。破碎、多裂隙的岩石经固结后，其弹性模量和抗压强度均有明显的提高，可以增强岩石的均质性、减少不均匀沉陷、降低岩石的透水性能。

(一) 固结灌浆布置

固结灌浆的范围主要根据大坝基础的地质条件、岩石破碎情况、坝型和基础岩石应力条件而定。对于重力坝，基础岩石比较良好时，一般仅在坝基内的上游和下游应力大的地区进行固结灌浆；坝基岩石普遍较差，而坝又较高的情况下，则多进行坝基全面的固结灌浆。此外，在裂隙多、岩石破碎和泥化夹层集中的地区要着重进行固结灌浆。有的工程甚至在坝基以外的一定范围内也进行固结灌浆。对于拱坝，因作用于基础岩石上的荷载较大，且较集中，因此一般多是整个坝基进行固结灌浆，特别是两岸受拱坝推力大的坝肩拱座基础，更需要加强固结灌浆工作。

1. 固结灌浆孔的布设

固结灌浆孔的布设常采用的形式有方格形、梅花形和六角形，也有采用菱形或其他形式的，如图7-8、图7-9、图7-10所示。

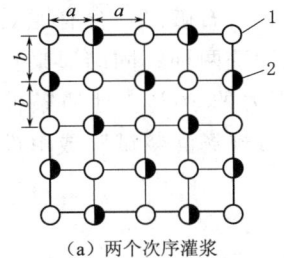

（a）两个次序灌浆

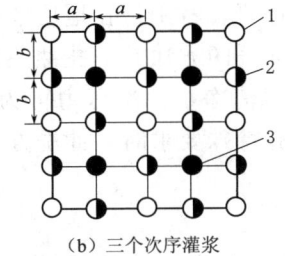

（b）三个次序灌浆

图7-8　固结灌浆方格形布孔图
1—第Ⅰ次序孔；2—第Ⅱ次序孔；3—第Ⅲ次序孔；
a—孔距；b—排距

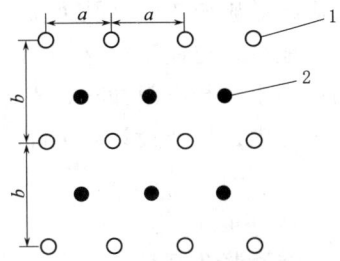

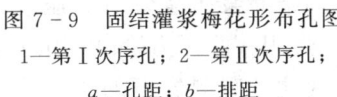

图7-9　固结灌浆梅花形布孔图
1—第Ⅰ次序孔；2—第Ⅱ次序孔；
a—孔距；b—排距

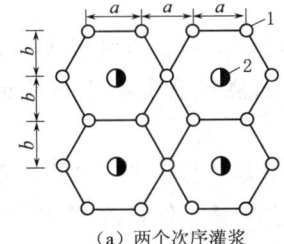

（a）两个次序灌浆

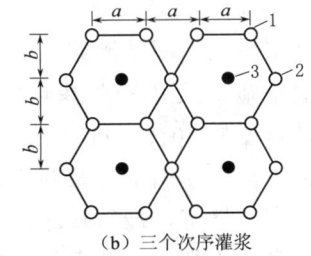

（b）三个次序灌浆

图7-10　固结灌浆六角形布孔图
1—第Ⅰ次序孔；2—第Ⅱ次序孔；3—第Ⅲ次序孔；
a—孔距；b—排距

由于岩石的破碎情况、节理发育程度、裂隙的状态、宽度和方向的不同，孔距也不同。大坝固结灌浆最终孔距一般在3～6m之间，而排距等于或略小于孔距。

2. 固结灌浆孔的深度

固结灌浆孔的深度一般是根据地质条件、大坝的情况以及基础应力的分布等多种条件综合考虑而定的。

固结灌浆孔依据深度的不同，可分为以下三类。

（1）浅孔固结灌浆。浅孔固结灌浆是为了普遍加固表层岩石，固结灌浆面积大、范围广。孔深多为5m左右。可采用风钻钻孔，全孔一次灌浆法灌浆。

（2）中深孔固结灌浆。中深孔固结灌浆是为了加固基础较深处的软弱破碎带以及基础岩石承受荷载较大的部位。孔深5～15m，可采用大型风钻或其他钻孔方法，孔径多为50～65mm。灌浆方法可视具体地质条件采用全孔一次灌浆或分段灌浆。

（3）深孔固结灌浆。在基础岩石深处有破碎带或软弱夹层、裂隙密集且深而坝又比较高、基础应力也较大的情况下，常需要进行深孔固结灌浆。孔深 15m 以上。常用钻机进行钻孔，孔径多为 75~91mm，采用分段灌浆法灌浆。

（二）钻孔冲洗及压水试验

1. 钻孔冲洗

固结灌浆施工，钻孔冲洗十分重要，特别是在地质条件较差、岩石破碎、含有泥质充填物的地带，更应重视这一工作。冲洗的方法有单孔冲洗和群孔冲洗两种。固结灌浆孔应采用压力水进行裂隙冲洗，直至回水清净，冲洗压力可为灌浆压力的 80%。地质条件复杂，多孔串通以及设计对裂隙冲洗有特殊要求时，冲洗方法宜通过现场灌浆试验或由设计确定。

2. 压水试验

固结灌浆孔灌浆前的压水试验应在裂隙冲洗后进行，试验孔数不宜少于总孔数的 5%，选用一个压力阶段，压力值可采用该灌浆段灌浆压力的 80%（或 100%）。压水的同时，要注意观测岩石的抬动和岩面集中漏水情况，以便在灌浆时调整灌浆压力和浆液浓度。

（三）固结灌浆施工

1. 固结灌浆施工时间及次序

（1）固结灌浆施工时间。固结灌浆工作很重要，工程量也常较大，是筑坝施工中一个必要的工序。固结灌浆施工最好是在基础岩石表面浇筑有混凝土盖板或有一定厚度混凝土，且已达到其设计强度的 50% 后进行。

（2）固结灌浆施工次序。固结灌浆施工的特点是"围、挤、压"，就是先将灌浆区圈围住，再在中间插孔灌浆挤密，最后逐序压实。这样易于保证灌浆质量。固结灌浆的施工次序必须遵循逐渐加密的原则。先钻灌第Ⅰ次序孔，再钻灌第Ⅱ次序孔，以此类推。这样可以随着各次序孔的施工，及时地检查灌浆效果。

浅孔固结灌浆，在地质条件比较好、岩石又较为完整的情况下，灌浆施工可采用两个次序进行。

深孔和中深孔固结灌浆，为保证灌浆质量，以三个次序施工为宜。

2. 固结灌浆施工方法

固结灌浆施工以一台灌浆机灌一个孔为宜，必要时可以考虑将几个吸浆量小的灌浆孔并联灌浆，严禁串联灌浆。并联灌浆的孔数不宜多于 4 个。

固结灌浆宜采用循环灌浆法。可根据孔深及岩石完整情况采用一次灌浆法或分段灌浆法。

3. 灌浆压力

灌浆压力直接影响着灌浆的效果，在可能的情况下，以采用较大的压力为好。但浅孔固结灌浆受地层条件及混凝土盖板强度的限制，往往灌浆压力较小。

一般情况下，浅孔固结灌浆压力，在坝体混凝土浇筑前灌浆时，可采用 0.2~0.5MPa；浇筑 1.5~3m 厚混凝土后再行灌浆时，可采用 0.3~0.7MPa。在地质条件差或软弱岩石地区，根据具体情况还可适当降低灌浆压力。深孔固结灌浆，各孔段的灌浆压力值，可参考帷幕灌浆孔选定压力的方法来确定。

比较重要的或规模较大的基础灌浆工程，宜在施工前先进行灌浆试验，用以选定各项技术参数，其中也包括确定适宜的灌浆压力。

固结灌浆过程中，要严格控制灌浆压力。循环式灌浆法是通过调节回浆流量来控制灌浆压力的；纯压式灌浆法则是直接调节压入流量。固结灌浆当吸浆量较小时，可采用"一次升压法"，尽快达到规定的灌浆压力，而在吸浆量较大时，可采用"分级升压法"，缓慢地升到规定的灌浆压力。

在调节压力时，要注意岩石的抬动，特别是基础岩石的上面已浇筑有混凝土时，更要严格控制抬动，以防止混凝土产生裂缝，破坏大坝的整体性。

为了准确地控制抬动量，灌浆施工时，应埋设抬动测量装置。在施加大的灌浆压力或发现流量突然增大时，应注意观察，以监测岩石抬动状况。若发现岩石发生抬动并且抬动值接近规定的极限值（一般为 0.2mm），应立即降低灌浆压力，并应将此时的有关技术数据（如压力、吸浆量、抬动值等）及灌浆情况详细地记载在灌浆原始记录上。如果岩石表面不允许有抬动，一发现岩石稍许抬动，就应立即降低灌浆压力，这也是控制灌浆压力的一个有效措施。

4. 浆液配比

灌浆开始时，一般采用稀浆开始灌注，根据单位吸浆量的变化，逐渐加浓。固结灌浆液浓度的变换比帷幕灌浆可简单一些。灌浆开始后，尽快地将压力升高到规定值，灌注 500～600L，单位吸浆量减少不明显时，即可将浓度加大一级。在单位吸浆量很大、压力升不上去的情况下，也应采用限制进浆量的办法。

5. 固结灌浆结束标准与封孔

在规定的压力下，当注入率不大于 0.4L/min 时，继续灌注 30min，灌浆可以结束。

固结灌浆孔封孔应采用"机械压浆封孔法"或"压力灌浆封孔法"。

（四）固结灌浆效果检查

固结灌浆质量检查的方法和标准应视工程的具体情况与灌浆的目的而定。一般情况下应进行压水试验检查，要求测定弹性模量的地段，应进行岩体波速或静弹性模量测试检查。

固结灌浆压水试验检查宜在该部位灌浆结束 3～7d 后进行，检查孔的数量不宜少于灌浆孔总数的 5%。孔段合格率应在 80% 以上，不合格孔段的透水率值不超过设计规定值的 50%，且不集中，灌浆质量可认为合格。

岩体波速和静弹性模量测试，应分别在该部位灌浆结束 14d 和 28d 后进行。

第三节　土基及土坝灌浆

一、高压喷射灌浆

高压喷射灌浆是利用钻机把带有特制喷嘴的注浆管钻进至土层的预定位置后，用高压泵将水泥浆液通过钻杆下端的喷射装置，以高速喷出，冲击切削土层，使喷流射程内土体破坏，同时钻杆一方面以一定的速度（20r/min）旋转，另一方面以一定速度（15～30cm/min）徐徐提升，使水泥浆与土体充分搅拌混合，胶结硬化后即在地基中形成具有一定强度（0.5～8.0MPa）的固结体，从而使地基得到加固。

（一）类型

根据使用机具设备的不同，高压喷射注浆法可分为单管法、二重管法和三重管法。在施工中，根据工程需要和机具设备条件选用。

1. 单管法

单管法用一根单管喷射高压水泥浆液作为喷射流。由于高压浆液喷射流在土中衰减大，破碎土的射程较短，成桩直径较小，一般为 0.3～0.8m。

2. 二重管法

二重管法用同轴双通道的二重注浆管，复合喷射高压水泥浆液和压缩空气两种介质。以浆液作为喷射流，但在其外围环绕着一圈空气流成为复合喷射流，破坏土体的能量显著加大，成桩直径一般为 1.0m 左右。

3. 三重管法

三重管法用分别输送水、气、浆三种介质的同轴三重注浆管，使高压水流和在其外围环绕着的一圈空气流组成复合喷射流，冲切土体，形成较大的空隙，再由高压浆流填充空隙。三重管法成桩直径较大，一般为 1.0～2.0m，但成桩强度相对较低（0.9～1.2MPa）。

加固体的形状与喷射流移动方向有关，有旋转喷射（简称"旋喷"）、定向喷射（简称"定喷"）和摆动喷射（简称"摆喷"）三种注浆形式。加固形状可分为柱状、壁状和块状。作为地基加固，一般采用旋喷注浆形式。

（二）机具设备

高压喷射注浆的施工机具设备由高压发生装置、钻机注浆、特种钻杆和高压管路四部分组成。因喷射种类不同，使用的机具设备和数量不同。其主要包括钻机、高压泵、泥浆泵、空压机、浆液搅拌器、注浆管、喷嘴、操纵控制系统、高压管路系统、材料储存系统等。

（三）材料

旋喷使用的水泥应采用新鲜无结块 42.5MPa 及以上普通硅酸盐水泥。水泥浆液的水灰比应按工程要求确定，一般可取 1∶1～1.5∶1，常用 1∶1。根据需要可加入适量的速凝、悬浮或防冻等外加剂及掺合料。

（四）施工要点

（1）单管法、双管法和三管法喷射注浆的施工程序基本一致，即机具就位、贯入喷射注浆管、喷射注浆、拔管及冲洗等。三重管高压喷射注浆施工工艺流程如图 7-11 所示。

（2）高压喷射注浆单管法及二重管法的高压水泥浆液射流和三重管法高压水射流的压力宜大于 20MPa，三重管法使用的低压水泥浆液流压力宜大于 1MPa，气流压力宜取 0.7MPa，提升速度可取 0.1～0.25m/min。

（3）施工前应根据现场环境和地下埋设物的位置等情况，复核高压喷射注浆的设计孔位。

（4）钻机与高压注浆泵的距离不宜过远，要求钻机安放保持水平，钻杆保持垂直，其

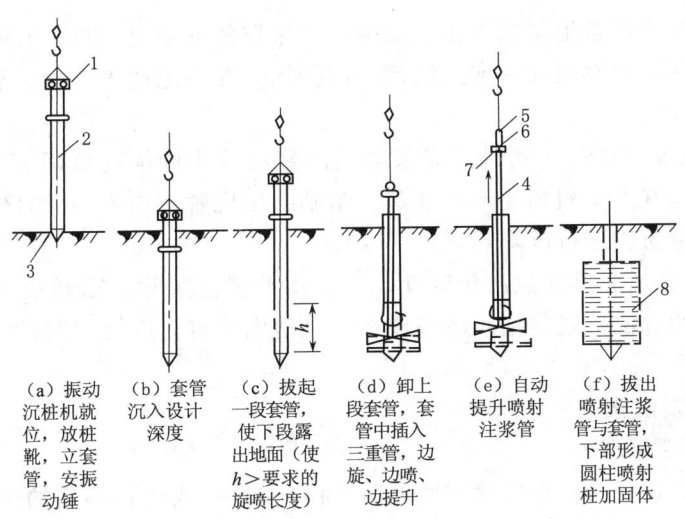

图 7-11 三重管高压喷射注浆施工工艺流程
1—振动锤；2—钢套管；3—桩靴；4—三重管；5—浆液胶管；
6—高压水胶管；7—压缩空气胶管；8—喷射桩加固体

倾斜度不得大于 1.5%，水平位置偏差不大于 50mm。

（5）单管法和二重管法可用注浆管射水成孔至设计深度后，再一边提升一边进行喷射注浆。三重管法施工须预先用钻机或振动打桩机钻成直径 150～200mm 的孔，然后将三重注浆管插入孔内。如因塌孔插入困难，可用低压（小于 1MPa）水冲孔喷下，但须把高压水喷嘴用塑料布包裹，以免泥土堵塞。

（6）插入旋喷管后先做高压水射水试验，合格后按旋喷、定喷或摆喷的工艺要求和选定的参数，由下而上进行喷射注浆，注浆管分段提升的搭接长度不得小于 100mm。

（7）当采用三重管法旋喷，开始时，先送高压水，再送水泥浆和压缩空气，在一般情况下，压缩空气可晚送 30s。在桩底部边旋转边喷射 1min 后，再边旋转、边提升、边喷射。

（8）对需要扩大加固范围或提升强度的工程，可采取复喷措施，即先喷一遍清水再喷一遍或两遍水泥浆。

（9）高压喷射注浆时，先应达到预定的喷射压力、喷浆量后再逐渐提升注浆管。中间发生压力骤然下降或上升故障时应停止提升和旋喷，以防桩体中断，并立即检查排除故障。

（10）高压喷射注浆时，当冒浆量大于注浆量的 20% 或不冒浆，应查明原因。

冒浆量过大的主要原因是有效喷射范围与注浆量不相适应，注浆量大大超出喷浆固结所需的浆量所致，减少冒浆量可采取的措施有：增加喷射压力；适当缩小喷嘴孔径；加快旋转速度。对于冒出地面的浆液，若能迅速地进行过滤、沉淀除去杂质和调整浓度，可予以回收利用。但回收的浆液中难免有砂粒，只有三重管喷射注浆法可以利用冒浆再注浆。

不冒浆的主要原因是地层中有较大空隙，可采取的措施有：在浆液中掺入适量的速凝剂，缩短固结时间，使浆液在一定土层范围内凝固；在空隙地段增大注浆量，填满空隙后再继续正常喷浆。

（11）当处理既有建筑地基时，应采取速凝浆液或大间隔孔旋喷和冒浆回灌等措施，以防旋喷过程中地基产生附加变形和地基与基础间出现脱空现象，影响被加固建筑及邻近建筑。同时应对建筑物进行沉降观测。

（12）喷到桩高后应迅速拔出注浆管，用清水冲洗注浆管、输浆液管路等机具，防止凝固堵塞，采用的方法一般是把浆液换成水，在地面喷射，以便把泥浆泵、注浆管和软管内的浆液全部排除。

二、土坝劈裂灌浆

（一）水力劈裂原理

土坝劈裂灌浆是利用"水力劈裂原理"，对存在隐患或质量不良的土坝在坝轴线上钻孔、加压灌注泥浆形成新的防渗墙体的加固方法。土坝体沿坝轴线劈裂灌浆后，在泥浆自重和浆、坝互压的作用下，固结而成为与坝体牢固结合的防渗墙体，堵截渗漏；与劈裂缝贯通的原有裂隙及孔洞在灌浆中得到充填，可提高坝体的整体性；通过浆、坝互压和干松土体的湿陷作用，部分坝体得到压密，可改善坝体的应力状态，提高其变形稳定性。

位于河槽段的均质土坝或黏土心墙坝，其横断面基本对称，当上游水位较低时，荷载也基本对称，施以灌浆压力，土体就会沿纵断面开裂。如能维持该压力，裂缝就会由于其尖端的拉应力集中作用而不断延伸（即水力劈裂），从而形成一个相当大的劈裂缝。

劈裂灌浆裂缝的扩展是多次灌浆形成的，因此浆脉也是逐次加厚的。一般单孔灌浆次数不少于5次，有时多达10次，每次劈裂宽度较小，可以确保坝体安全。

基于劈裂灌浆的原理，只要施加足够的灌浆压力，任何土坝都是可灌的，但只在下列情况下才考虑采用劈裂灌浆：①松堆土坝；②坝体浸润线过高；③坝体外部、内部有裂缝或大面积的弱应力区（拉应力区、低压应力区）；④分期施工土坝的分层和接头处有软弱带和透水层；⑤土坝内有较多生物洞穴等。

（二）浆液的选择

根据灌浆要求，坝型、土料隐患性质和隐患大小等因素选择。

（三）劈裂灌浆施工

劈裂灌浆施工的基本要求是：土坝分段，区别对待；单排布孔，分序钻灌；孔底注浆，全孔灌注，综合控制，少灌多复。

1. 土坝分段，区别对待

土坝灌浆一般根据坝体质量、小主应力分布、裂缝及洞穴位置、地形等情况，将坝体区分为河槽段、岸坡段、曲线段及特殊坝段（裂缝集中、洞穴、塌陷和施工结合部位等），提出不同的要求，采用不同的灌浆方法施灌。

河槽段属平面应变状态，小主应力面是过坝轴线的铅直面，可采用较大孔距、较大压力进行劈裂灌浆。岸坡段由于坝底不规则，属于空间应力状态，坝轴线处的小主应力面可能是与坝轴线斜交或正交的铅直面，如灌浆导致贯穿上、下游的劈裂则是不利的，所以应压缩孔距，采用不大于 0.05MPa 的低压灌注，用较稠的浆液逐孔轮流慢速灌注，并在较大裂缝的两侧增加 2～3 排梅花形副孔，用充填法灌注。曲线坝段的小主应力面偏离坝轴线（切线方向），应沿坝轴线弧线加密钻孔，逐孔轮流灌注，单孔每次灌浆量应小于 5m³，控制孔口压力不大于 0.05MPa，轮灌几次后，每孔都发生沿切线的小劈裂缝，裂缝互相连通后，灌浆量才可逐渐加大，直至灌完，形成与弯曲坝轴线一致的泥浆防渗帷幕。

2. 单排布孔，分序钻灌

单排布孔是劈裂灌浆特有的布孔方式。单排布孔可以在坝体内纵向劈裂，构造防渗帷幕，工程集中，简便有效。

钻孔遵循分序加密的原则，一般分为三序。第一序孔的间距一般采用坝高的 2/3 左右，土坝高、质量差、黏性低时，可用较大的间距。当定向劈裂无把握时，可采用一序密孔，多次轮灌。

孔深应大于坝体隐患深度 2～3m。如果坝体质量普遍较差，孔深可接近坝高，但坝基为透水性地层时，孔深不得超过坝高的 2/3，以免劈裂贯通坝基，造成大量泥浆损失。孔径一般 5～10cm 为宜，太细则阻力大、易堵塞。钻孔采用干钻或少量注水的湿钻，应保证不出现初始裂缝，影响沿坝轴线劈裂。

3. 孔底注浆，全孔灌注

应将注浆管底下至离孔底 0.5～1.0m 处，不设阻浆塞，浆液从底口处压入坝体。泥浆劈裂作用自孔底开始，沿小主应力面向左右、上下发展。孔底注浆可以施加较大灌浆压力，使坝体内部劈裂，能把较多的泥浆压入坝体，更好地促进浆、坝互压，有利于增加坝体和浆脉的密度。孔底注浆控制适度，可以做到"内劈外不劈"。

浆液自管口涌出，在整个劈裂范围流动和充填，灌浆压力和注浆量虽大，但过程缓慢容易控制。全孔灌注是劈裂灌浆安全进行的重要保证。

4. 综合控制，少灌多复

如土坝坝体同时全线劈裂或劈裂过长，短时间内灌入大量泥浆，会使坝肩位移和坝顶裂缝发展过快，坝体变形接近屈服，将危及坝体安全。

要达到确保安全的目的，对灌浆必须进行综合控制；即对最大灌浆压力，每次灌浆量、坝肩水平位移量、坝顶裂缝宽度及复灌间隔时间等均应予以控制。非劈裂的灌浆控制压力应小于钻孔起裂压力，无资料时，该值可用 0.6～0.7 倍土柱重。

第一序孔灌浆量应占总灌浆量的 60% 以上，所需灌浆次数多一些。第二、三序孔主要起均匀帷幕厚度的作用；因坝体质量不均，并且初灌时吃浆量大，以后吃浆渐少，故每次灌入量不能按平均值控制，一般最大为控制灌浆量的 2 倍。坝体灌浆将引起位移，对大坝稳定不利。一般坝肩的位移最明显，应控制在 3cm 以内，以确保坝体安全。复灌多次后坝顶即将产生裂缝，长度应控制在一序孔间距内，宽度控制在 3cm 内，以每次停灌后裂缝能回弹闭合为宜。

为安全起见，灌浆应安排在低水位时进行，库水位应低于主要隐患部位。无可见裂缝的中小型土坝，可以在浸润线以下灌浆。每次灌浆间隔时间，对于松堆土坝，浸润线以上干燥的坝体部分，不宜少于 5d，浸润线以下的则不宜少于 10d。

三、锥探灌浆

锥探灌浆主要用于低土坝和堤防工程，利用锥探机机械作用于带锥形钻头的钻杆上，挤压土质堤坝成孔。然后用掺加灭蚁的浆液对土质堤坝内部缺陷进行微压灌注，对堤坝防渗加固、白蚁除治有良好的效果。

(1) 钻孔孔径在 25~35mm 之间，锥探钻孔的开孔位置与孔位误差一般不得大于 10cm。

(2) 造孔应保持铅直，孔深偏斜不得大于孔深的 2%，灌浆孔布置呈梅花形。应用干法造孔，不得用清水循环钻进。在吃浆量大的堤段，应增加复灌次数。

(3) 锥孔应当天锥、当天灌，灌浆时必须一次灌满，以防止孔眼搁置时间长、空隙堵塞，影响灌浆效果。

(4) 当浆液升至孔口，经连续复灌 3 次不再流动时，即可终灌。

第四节 化 学 灌 浆

化学灌浆是将一定的化学材料（无机或有机材料）配制成真溶液，用化学灌浆泵等压送设备将其灌入地层或缝隙内，使其渗透、扩散、胶凝或固化，以增加地层强度、降低地层渗透性、防止地层变形和进行混凝土建筑物裂缝修补的一项加固基础，防水堵漏和混凝土缺陷补强技术，即化学灌浆是化学与工程相结合，应用化学科学、化学灌浆材料和工程技术进行基础和混凝土缺陷处理（加固补强、防渗止水），保证工程的顺利进行或借以提高工程质量的一项技术。

一、施工要求

化学灌浆材料品种较多、性能各异。理想的化学灌浆材料其一般性能应符合下列要求。

(1) 浆液稳定性好，在常温常压下存放一定时间其基本性质不变。

(2) 浆液是真溶液，黏度小，流动性、可灌性好。

(3) 浆液的凝胶或固化时间可在一定范围内按需要进行调节和控制，凝胶过程可瞬间完成。

(4) 凝胶体或固结体的耐久性好，不受气温、湿度变化和酸、碱或某些微生物侵蚀的影响。

(5) 浆液在凝胶或固化时收缩率小或不收缩。

(6) 凝胶体或固结体有良好的抗渗性能。

(7) 固结体的抗压、抗拉强度高，不会龟裂，特别是与被灌体有较好的黏接强度。

(8) 浆液对灌浆设备、管路无腐蚀，易于清洗。

(9) 浆液无毒、无臭、不易燃、易爆，对环境不造成污染，对人体无害。

(10) 浆液配制方便，灌浆工艺操作简便。

二、化学灌浆施工工艺

化学灌浆材料种类较多，主要的有水玻璃类、丙烯酰胺类、丙烯酸盐类、聚氨酯类、环氧树脂类、甲基丙烯酸甲酸类等。常用的有聚氨酯类、环氧类、丙烯酸盐类、水玻璃类。下面介绍聚氨酯类化学灌浆施工工艺。

1. 裂缝（结构缝、施工缝）处理

裂缝（结构缝、施工缝）处理施工程序为：检查漏水部位—清理缝面污物—骑缝粘贴灌浆嘴（或打孔）—封缝—压水(风)试漏—修补、封闭漏水点—用风吹出缝内积水—灌丙酮—赶水（有渗水的裂缝）—紧接着灌浆（自下而上，出浓浆关闭）—并浆—灌浆结束后，用丙酮清洗灌浆泵和用具—浆液固化后凿除灌浆嘴（管），用丙酮清洗水泥砂浆封闭、抹平。

2. 灌浆

(1) 设备：对裂缝的处理，一般情况下进浆量是较少的，用手揿泵或压浆桶就可以了。手揿泵重轻，移动方便，价格便宜。泵上的压力表最好，压力表的量程不要太大，用大盘面小量程（0~1.5MPa）的压力表，压力控制。

(2) 浆桶、管路要干燥，不能有水这些东西，准备好了，就可以灌浆了。

(3) 灌浆：自下而上进行，在灌浆过程中要注意，当有孔出浓浆时，就扎紧孔口出浆管，继续灌注。在规定的压力下并浆10~20min，直到灌浆结束。对没有出浆的孔要进行补灌。

3. 浆液的贮存

(1) 浆液要贮存在阴凉干燥处，避高温、潮湿。

(2) 现场使用，桶盖打开后，倒浆时，当一桶浆未倒完，要及时盖紧桶盖，防止水气进入桶内，影响浆液贮存稳定性。因为浆液对水气（空气中的）很敏感。对灌浆中未灌完的剩余浆液，要用空桶收集起来，下次再用，不要倒回原浆的桶中，防止剩余浆液在灌浆中有水气进入影响原桶浆的稳定。

4. 施工安全要求

施工操作员要戴防护手套和防护眼镜，操作中要防止浆液溅入眼内，万一不慎将浆液溅入眼内，应立即用大量清水冲洗。在冲洗时，水源不宜正对角膜，以免眼内受到冲击损伤，可用手挡住直射水洗，淋洗溅入眼内的浆液。冲洗后速到医院检查治疗。

在地下工程中作业时，应根据现场的条件及工作量和大小，恰当采取通风措施，引进新鲜空气。因丙酮等溶剂是易燃物品，操作现场严禁使用明火。

第八章

防 渗 墙 施 工

第一节 概 论

一、防渗墙的种类

防渗墙的种类可按墙体结构形式、墙体材料、布置方式和成槽方法分类。

(1) 按墙体结构形式可分为槽孔型混凝土防渗墙、高压喷射灌浆防渗墙、深层搅拌防渗墙、水泥土防渗墙等类型。其中，槽孔型混凝土防渗墙和高压喷射灌浆防渗墙在水利水电工程中应用最为广泛。

(2) 按墙体材料可分为普通混凝土防渗墙、钢筋混凝土防渗墙、黏土混凝土防渗墙、塑性混凝土防渗墙和灰浆防渗墙。

(3) 按布置方式可分为嵌固式防渗墙、悬挂式防渗墙和组合式防渗墙。

(4) 按成槽方法可分为钻挖、铣挖成槽防渗墙、射水成槽防渗墙、链斗成槽防渗墙和锯槽防渗墙。

二、防渗墙适用范围

防渗墙的用途广泛，既可防水、防渗，又可挡土、承重；既可用于大型深基础工程，也可用于小型的基础工程；既可作为临时建筑物，也可作为永久建筑物。作为一种重要的防渗手段，防渗墙在水利水电工程中通常应用于下列几种情况：堤坝坝基的渗流控制，围堰防渗与土石坝加固，防冲墙、承重墙等。

三、施工工艺流程

不同型式的混凝土防渗墙其施工工艺流程不尽相同，但大体上都包括施工准备、槽孔建造、墙体材料填筑等主要施工程序。混凝土防渗墙施工工艺流程如图 8-1 所示。

(一) 施工准备的内容

混凝土防渗墙施工准备主要包括下列内容。

(1) 收集、研究有关施工要求、施工条件的文件、图纸、资料和标准。

(2) 根据批准的设计文件和施工合同，编制施工组织设计和施工细则。

(3) 施工场地准备。

(4) 设置防渗墙中心线定位点、水准基点和导墙沉陷观测点。

(5) 修建导墙和施工平台。

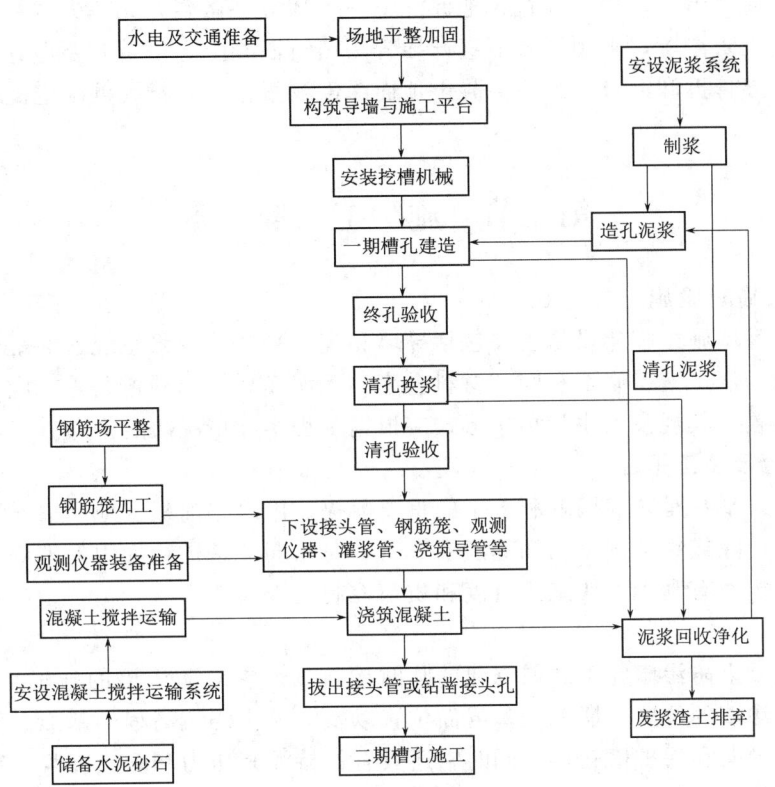

图 8-1 混凝土防渗墙施工工艺流程

(6) 修建和安装施工辅助设施。

(7) 进行墙体材料和固壁泥浆的配合比试验，并选定施工配合比和原材料。

(8) 补充地质勘探。设计阶段的勘探孔密度一般不能满足防渗墙施工的需要，为保证墙底嵌岩质量，应在原有勘探孔的基础上进行补充勘探，加密勘探孔。

(9) 当防渗墙中心线上有裸露的或已探明的大孤石时，在修建导墙和施工平台之前应予以清除或爆破。

（二）槽孔建造

槽孔建造是混凝土防渗墙施工中的主要工序，它受地层等自然条件影响最大，是影响工期、工程成本，甚至决定工程成败的重要因素。防渗墙施工技术的进步主要体现在造孔水平上。

按照施工组织设计选定的造孔设备组合和槽孔划分布置，进行槽孔建造。根据实际情况，及时、准确填好造孔记录。槽孔造孔至设计深度时，进行终孔验收，验收前需要填写单孔基岩顶面鉴定表，验收合格后，签发终孔验收合格证。终孔验收合格后，进行清孔换浆，清孔换浆经验收合格并签发清孔合格证后，方可进入下一阶段工作。

（三）墙体材料填筑

墙体材料填筑是防渗墙施工的关键工序，虽然所占时间不长，但其对成墙质量至关重要，一旦失败，整个槽段将全部报废，处理起来对工期、效益、质量均影响巨大，因此应当高度重视，周密组织，精心准备，把握好每一个环节，做到万无一失。

对于混凝土防渗墙，采用泥浆下直升导管法填筑混凝土。填筑时要做好导管下设及开浇情况记录、导管拆卸记录、孔内混凝土顶面深度测量记录和槽孔混凝土浇筑指示图等观测记录工作。

第二节 施 工 准 备

一、施工临时设施

混凝土防渗墙施工临建设施主要包括导墙和施工平台、泥浆系统、混凝土系统、供水供电系统、现场值班室、修配车间、材料仓库、水泥库和场内外道路等，应尽量靠近防渗墙施工现场布置。其规模大小、结构形式应根据工程实际情况决定。

（一）导墙及施工平台

导墙和施工平台是防渗墙顺利施工的重要前提。修筑之前根据地质情况进行必要的地基处理，如：挖除或钻孔预爆已知的浅层孤石，对软弱地基进行加固处理等，保证导墙和施工平台的稳定，有利于加快施工进度和质量控制。

1. 导墙

导墙是混凝土防渗墙施工之前修建的临时构筑物，它对防渗墙的施工是必不可少的。导墙是确定防渗墙的位置、墙深、基岩面位置以及混凝土浇筑高程的基准。导墙的主要作用是槽孔开挖导向和保护槽孔口；同时它还具有保持泥浆压力和阻止废浆、废水倒流槽孔的作用。在吊放钢筋笼、下设导管、接头孔拔管、处理孔内事故及埋设观测仪器等作业中，导墙起定位与支承的作用。

导墙的结构形式和断面尺寸根据地质条件、施工方法、施工荷载、槽孔深度和施工工期等因素确定。导墙的承载能力应能满足各种施工荷载的要求。

由于导墙要承受土压力、附加荷载等临时荷载，因此要求其具有一定的强度和刚度，并建在稳定的地基上。混凝土防渗墙施工一般采用钢筋混凝土导墙或混凝土导墙；当墙深较小、造孔难度不大时，也可根据实际情况采用预制混凝土构件导墙或现场组装的钢结构导墙。

（1）结构形式。混凝土导墙的断面形状有直角梯形、L形、Γ形和[形等（图8-2）。目前经常使用的是直角梯形钢筋混凝土导墙。

直角梯形导墙抵抗集中、冲击荷载的能力较强，主要适用于用冲击钻机造孔的防渗墙工程。当孔口发生局部坍塌时，这种导墙不易断裂，能避免钻机翻倒，有利施工安全。

L形导墙适宜于表土强度较低的情况。因为这种导墙底面积较大，承载能力强，稳定性好，不易向槽口缩窄的方向变形，但施工稍复杂。

Γ形导墙适用于表土强度较高，且地面荷载又较大的情况。这种导墙利于维系槽口地面的平整和稳定，施工较方便。其缺点是适应地基变形的能力较差，当孔口发生局部坍塌时，易发生变形和位移，甚至破坏。

[形导墙兼有上述两种形式的优点，既可承担较大的地面荷载，又利于槽口土体的保护。但由于结构复杂，使用较少。

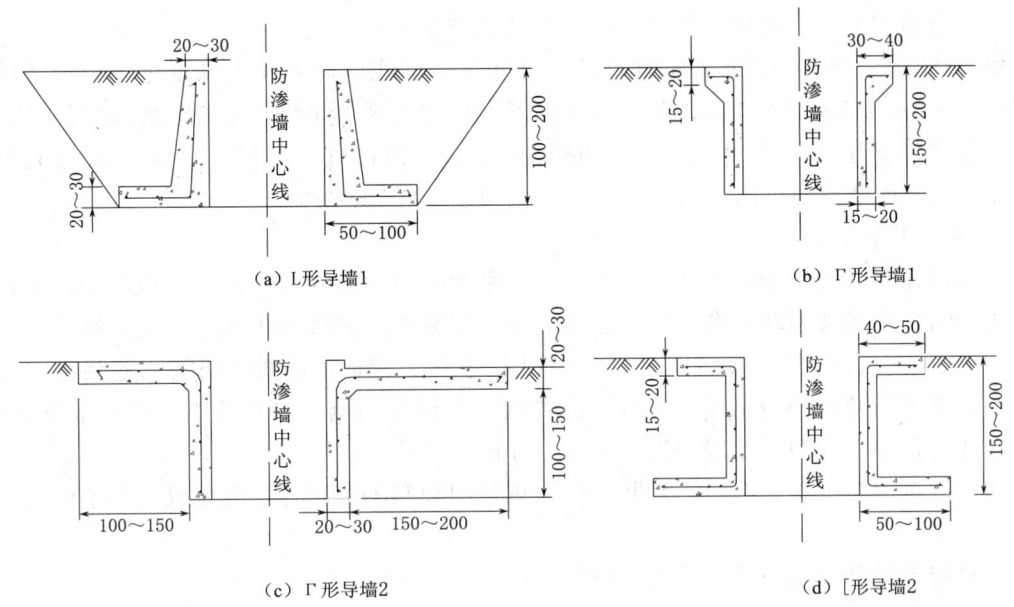

图 8-2 混凝土导墙型式示意图（单位：cm）

混凝土导墙一般要配置必要的钢筋，特别是底部和顶部要设置足够的纵向受力钢筋；混凝土的强度要根据地质条件、施工荷载和施工工期等因素确定，一般为 15~20MPa；对于超深（孔深不小于 80m）且需采用接头管施工的防渗墙，应提高导墙的配筋率及混凝土强度，必要时可将导墙高度增加至 2.5~3.0m。

导墙一次浇筑的长度应不小于 20m，各段之间宜采用斜面搭接的方式连接，且接缝位置尽量设在槽段中部，纵向钢筋必须连接起来，成为一个整体；在两导墙间每隔一定距离有必要加以顶撑，以防止导墙变形；导墙后应回填黏土，并夯密实，以免槽内泥浆冲刷掏空。

（2）断面尺寸及质量要求。导墙高度宜在 1.0~2.0m 之间，其顶部应高出地面 5~10cm。导墙墙顶的高程要考虑地下水位和洪水的影响，一般应高于施工期的地下水位 2m。槽口宽度，在用抓斗、液压铣槽机建造槽孔时，一般大于设计墙厚 50~100mm；在用冲击钻机建造槽孔时，一般大于设计墙厚 100~200mm。

导墙轴线应与防渗墙轴线重合，其允许偏差为 ±15mm；导墙内侧面竖直；墙顶高程允许偏差为 ±20mm。需要吊放钢筋笼的防渗墙，其导墙轴线允许偏差 ±10mm，顶面高程允许偏差 ±10mm。

（3）地基加固。应根据不同的地质条件，对导墙下的地基进行加固处理，避免或减少防渗墙施工时发生孔口坍塌事故。

1）对松散土砂层或壤土层，可采碾压置换法，即先清除导墙下部松散底层，然后在沙土中掺入一定量的水泥或膨润土，再进行分层碾压。碾压厚度一般在 0.5~0.8m；置换厚度在 6m 以内即可。这样，既可提高地层承载力，又可防止孔口坍塌。

2) 对软弱土地层可采用深层搅拌桩、高压旋喷桩或粉喷桩，桩长不小于6m。加固施工应注意控制质量，桩体不能进入防渗墙造孔范围内。

3) 对于孤、漂石大量存在的地层，应沿防渗墙轴线两侧开挖，开挖范围防渗墙轴线两侧各6~8m，至少开挖至导墙底3.0m以下，再按土坝填筑要求进行分层碾压回填。该部分土料选择黏粒含量为10%~25%的砂质壤土最为适宜，经碾压后黏聚力一般可达10kPa以上，内摩擦角可达20°以上，承载力可达100~450kPa。

2. 施工平台

根据造孔和混凝土浇筑工艺的要求，施工平台可以布置在导墙的一侧或两侧。平台宽度取决于钻孔机械类型和布置方式、施工方法、泥浆系统和混凝土浇筑系统布置等，一般宽度为18~32m。如果防渗墙是在原有大坝上施工，一般要将坝顶削低，直至达到防渗墙施工所要求的宽度；但也有在坝坡上设置施工平台的实例。如果施工平台的地基软弱，应对地基进行加固处理，处理深度应不小于6m。

施工平台由钻机工作平台、倒浆平台、排浆沟和施工道路等部分组成，其结构与布置的要点如下。

（1）施工平台要求平坦、坚固、稳定。

（2）施工平台应尽可能修筑在原地基上。若必须修筑在填土地基上，则应保证填筑质量。填筑的施工平台地基若为砂砾石，则其密度应不小于$1.9g/cm^3$；若为黏土地基，则其干密度应大于$1.5g/cm^3$。否则应进行加固处理。

（3）施工平台高程应略低于导墙墙顶，而且能顺畅排水、排浆、排渣。钻机平台向外应有0.2%~0.5%的坡度；倒浆平台向外应有2%~3%的坡度。

（4）根据机具类型和施工方法，造孔设备可布置于防渗墙一侧，也可"骑墙"布置，一般多采用一侧的布置形式。当采用冲击钻机单独造孔时，钻机可布置于防渗墙的一侧，垂直于防渗墙轴线。此时在钻机工作平台上需要平行于防渗墙轴线设置2道（4条）轨距610mm的轻轨（24kg/m），以便钻机沿防渗墙轴线方向移动。在槽孔的另一侧设置倒浆平台、排浆沟、场内交通运输道路等。倒浆平台一般宜用15~20cm厚的浆砌块石筑成，并以厚5~10cm的混凝土板保护；其宽度不宜小于3.5m。冲击钻单独造孔施工平台布置如图8-3所示。当采用钻抓法造孔时，抓斗一般与钻机对面布置。由于抓斗主机需要在倒浆平台上行走，所以倒浆平台的宽度需要适当增加，护面的混凝土板和垫石层也需要适当加厚。

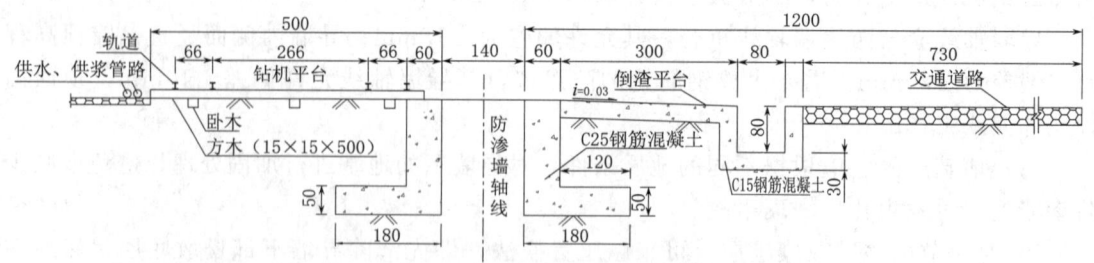

图8-3 适用于ZZ-6A型冲击钻机的施工平台（单位：cm）

(二) 施工用水

防渗墙施工用水最好利用施工现场已有的供水系统。另建供水系统时选择水源必须考虑以下几点。

(1) 水量充沛可靠，最好就近选择河水或库水。
(2) 水质符合施工技术要求。
(3) 取水、输水、净水设施安全、经济。
(4) 施工、运转、管理和维护方便。

(三) 泥浆系统

泥浆系统是防渗墙施工的关键设施，由制浆站、供浆管路和泥浆回收净化设施等组成。

制浆站的位置应尽量靠近防渗墙施工现场，并应尽量设置在地势较高的位置，以便自流供浆。制浆站场地应尽量开阔、平坦，以便运输、存储土料。

当使用黏土泥浆时，制浆站主要包括黏土料场、配料平台、制浆平台、储浆池、试验室、送浆管路、供水管路等设施。

1. 黏土料场

若采用当地黏土制浆，黏土储料场的面积由防渗墙施工强度和来料及运输条件决定，至少应满足 3d 的黏土需要量，并储备一定数量的堵漏用黏土。

2. 膨润土堆场

若采用膨润土制浆，料场最大储存量可根据进料周期和每日耗量计算。其面积可按每 $1m^2$ 场地储存 2~3t 计算。泥浆耗量的计算方法同上，每 $1m^3$ 泥浆需用膨润土 60~80kg。膨润土应堆放在与上料平台邻近的棚场内。

3. 配料平台

配料平台为黏土进入搅拌机前的称量及喂料场所，设在搅拌机平台的上面。当土料堆场低于配料平台时，可以采用皮带运输机或卷扬机向配料平台运送黏土。配料平台的面积与制浆平台的面积相同，由泥浆搅拌机的类型和数量确定。

4. 制浆平台

在制浆平台上一般可采用"一"字形布设泥浆搅拌机。若采用当黏土制浆，需使用 $2m^3$ 或 $4m^3$ 卧式双轴泥浆搅拌机制浆，工效分别为 $18m^3$/台班和 $36m^3$/台班；若采用膨润土制浆，需使用高速泥浆搅拌机制浆，工效分别为 64~$120m^3$/台班。

5. 储浆池

储浆池应布置在制浆平台的旁边，其底部应布设供搅动池内泥浆用的压缩空气管路。储浆池的容量应能满足 1~2d 造孔施工的用浆量。此外还应有一个浆池专门贮存清孔置换泥浆，该池的容积应不小于最大槽孔容积。

二、供浆管路

供浆管路应按照短、平整、顺直和少用阀门的原则布置。

有条件时可利用地形高差自流供浆。无条件时须在制浆站安装送浆泵并铺设 ϕ100~150mm 的供浆管路向施工平台送浆。供浆干管一般布置在钻机的后面。

三、泥浆回收和净化系统

采用冲击钻造孔抽筒出渣时，浆液不便回收，即使在浇筑混凝土时，一般也只能回收槽孔中浆液的70%，接近混凝土表面的浆液常常被水泥所污染。当采用循环式钻机造孔时，泥浆经处理后可重复使用，可采用各种型号的泥浆净化机净化泥浆。

泥浆净化机一般设置在施工平台上，与造孔设备配套使用。经过净化的泥浆直接输入正在施工的槽孔内。

第三节 混凝土防渗墙墙体材料

一、墙体材料的性能和特点

（一）墙体材料性能

防渗墙墙体材料根据其抗压强度和弹性模量，可以分为刚性材料和柔性材料。

刚性材料一般抗压强度大于5MPa，弹性模量大于2000MPa，有普通混凝土（包括钢筋混凝土）、黏土混凝土、粉煤灰混凝土等；柔性材料一般抗压强度小于5MPa，弹性模量小于2000MPa，有塑性混凝土、自凝灰浆、固化灰浆等。

（二）墙体材料特点

墙体材料应符合防渗墙的使用及施工要求。

（1）混凝土具有适宜的强度。防渗墙混凝土是在泥浆下浇筑的，墙体混凝土的强度要比机口取样的试件强度有所降低，因此在进行混凝土配合比设计时，应适当提高混凝土的配制强度；根据经验，提高幅度以20%~25%为宜。防渗墙不宜使用速凝和早强型混凝土，以免对混凝土浇筑和墙段连接施工造成困难。

（2）较低的弹性模量。防渗墙应能较好地适应地基或坝（堰）体的变形，因此，当强度一定时，防渗墙墙体材料的弹性模量原则上越低越好，也即弹性模量与抗压强度的比值越小越好。

（3）良好的抗渗性能。早期采用的防渗墙混凝土抗渗等级常常达到W4~W8，相当于渗透系数小于10^{-8}cm/s。近些年来，随着塑性混凝土的使用，一般要求渗透系数为10^{-7}~10^{-6}cm/s级即可。

（4）较好的抗侵蚀性能，以保证防渗墙能有足够的使用寿命。

（5）重度不小于2100kg/m³，不要采用表观密度过小的骨料。

（6）混凝土拌和物应具有良好的工作性能，包括以下几方面。

1）较大的流动性。一般要求防渗墙混凝土的入孔坍落度为18~22cm，扩散度34~40cm；坍落度保持15cm以上的时间不小于1h。

2）较好的黏聚性和保水性。混凝土在浇筑过程中能保持均匀、不离析。施工中一般要求在2h内泌水量不大于混凝土体积的1.5%。

3）初凝时间不小于6h，终凝时间不宜大于24h。凝结缓慢有利于槽孔混凝土的连续浇筑。

二、普通混凝土

防渗墙用普通混凝土是指胶凝材料除水泥外，原则上不加掺合料的高流动性混凝土。

(一) 主要性能

普通混凝土的水泥用量一般不小于 $350kg/m^3$,水灰比不宜大于 0.6,砂率不宜小于 40%。随着技术的发展,为节省水泥或改善混凝土的性能,现在也有在普通混凝土中加入粉煤灰等活性掺和料的。普通混凝土经常用在除防渗之外,还兼有挡土、承重等作用的防渗墙工程上。

根据防渗墙的使用要求,普通混凝土的性能主要有抗压强度、抗渗性能等,其他如抗拉强度、弹性模量等与抗压强度具有一定的相关性。

1. 抗压强度

抗压强度是混凝土的重要力学指标,一般以 28d 龄期为基准。根据抗压强度可以评定混凝土的质量,推定抗拉强度、弹性模量等其他力学指标。影响混凝土强度的因素很多,最重要的是拌制混凝土的水泥的品种、标号、水灰比和混凝土的龄期。

2. 抗渗性能

反映混凝土抗渗性能的指标有两种,即抗渗等级(P)和渗透系数(K),实际应用更多采用抗渗等级(P)。

影响混凝土抗渗性能的因素有水泥的掺量、品种、含气量、水灰比和龄期,其中影响最大的是水灰比和龄期,掺加引气剂也有助于提高混凝土抗渗性能。

(二) 配合比设计

防渗墙墙体材料主要是各种不同配合比和性能指标的混凝土,砂浆和灰浆材料也可看成广义的混凝土。混凝土施工配制强度的计算,有均方差(σ)法和离差系数(CV)法两种方法。均方差和离差系数都是反映混凝土离散性的指标;一个是绝对值,一个是相对值,两者没有本质的区别。目前一般建筑结构混凝土的施工规范中规定采用均方差法计算混凝土的配制强度。防渗墙混凝土与一般建筑结构混凝土有所不同,大部分防渗墙墙体材料的抗压强度在 15MPa 以下,且变化范围很大,最低设计强度只有 0.3MPa,其施工配制强度计算宜采用离差系数法,但当防渗墙混凝土的强度等级在 10MPa 以上时,也可采用均方差法。

三、其他混凝土

(一) 黏土混凝土

为降低弹性模量,在胶凝材料中掺用了一定数量黏土的高流动性混凝土叫黏土混凝土。黏土的掺加量一般为水泥和黏土总重量的 12%~20%,最多不大于 25%。黏土混凝土的早期强度较低,后期强度增长较多,通常 180d 强度可达到 28d 强度的 1.5 倍。黏土混凝土拌和物具有良好的和易性。

配制黏土混凝土的水泥用量不宜小于 $350kg/m^3$,水灰比不宜大于 0.65,砂率不宜小于 36%。一般要求所掺黏土的塑性指数不小于 17,黏粒含量不低于 40%,含砂量小于 5%,有机物含量小于 3%。黏土混凝土对砂石料的含泥量要求可适当放宽,砂的含泥量不大于 8%即可。

(二) 塑性混凝土

以黏土、膨润土等混合材料取代普通混凝土中大部分水泥的低强度、低变形模量和大极限变形的高流动性水下浇筑混凝土,称塑性混凝土。

塑性混凝土拌和物的密度一般为 2100～2300kg/m³，泌水率不超过 3%，和易性很好，坍落度和扩散度随时间的增长而减少，但在 3h 内变化不大。初凝 8h 左右，终凝 48h 左右。

塑性混凝土抗压强度的设计值一般不大于 5MPa，早期强度增长较慢，后期增长速率较高，通常 60d 和 180d 强度可达 28d 强度的 1.5 倍和 1.8 倍；其抗拉强度一般为抗压强度的 1/12～1/7。塑性混凝土的变形模量一般不超过 2000MPa，与抗压强度基本上呈直线关系；其无侧限极限应变可达到 0.33%～0.70%（普通混凝土的极限应变为 0.08%～0.3%）；其破坏渗透比降可达 300 以上；其渗透系数随时间的增长而降低。

塑性混凝土的水泥用量为 80～150kg/m³，膨润土用量不宜小于 40kg/m³，水泥与膨润土的合计用量不宜少于 160kg/m³，胶凝材料总用量（包括土料、粉煤灰等）不宜小于 240kg/m³，砂率不宜小于 45%；宜采用一级配骨料，当采用二级配骨料时，小石与中石的用量比不宜小于 1.0。评价塑性混凝土配合比设计的标准是：在强度一定的条件下，弹性模量与抗压强度的比值（弹强比）大小，比值越小越好。塑性混凝土的弹强比一般为 200～400，大大低于普通混凝土。

（三）自凝灰浆和固化灰浆

自凝灰浆和固化灰浆都是以护壁泥浆为基本浆材，在泥浆中加入水泥等固化材料后凝固而成防渗墙墙体材料。所不同的是，自凝灰浆在制浆时就加入固化材料和缓凝剂，在造孔挖槽时它起护壁作用，在造孔结束后的一定时间内自行凝固成墙；而固化灰浆是在单槽造孔结束后才在护壁泥浆中加入固化材料。为了不影响造孔，对自凝灰浆的稠度有所限制，因此其密度和强度也相对较小。自凝灰浆和固化灰浆具有水泥土的性质。使用自凝灰浆和固化灰浆作为防渗墙墙体材料，省去或简化了浇筑工序，具有泥浆废弃少、墙段连接施工简便、接缝质量高、造价较低、便于拆除等优点。

自凝灰浆常用的配合比是：每 1m³ 固化体用水泥 100～300kg、膨润土 40～60kg、水 850kg 左右，也有加掺合料（如砂、粉煤灰、石粉等）的，缓凝剂一般采用糖蜜或木质素磺酸盐类材料。

自凝灰浆凝固后的无侧限抗压强度为 0.2～0.4MPa。当灰水比为 0.2～0.4 时，变形模量为 40～300MPa，无侧限极限应变为 0.6%～1.0%，当侧限压力为 0.1～0.3MPa 时，极限应变为 3%～5%，这与土层和砂砾石层十分接近。自凝灰浆的渗透系数为 10^{-7}～10^{-5}cm/s，破坏渗透比降大于 200。

第四节　混凝土防渗墙施工机械

一、钻机

防渗墙造孔钻机与一般桩基础施工相同。

二、抓斗挖槽机

抓斗挖槽机（简称抓斗）适用的地层比较广泛，除大块的漂卵石、基岩以外，一般的覆盖层均可。不过当地层的标准贯入度 N 值大于 40 时，使用抓斗的效率很低。对含有大漂石的地层，需配合采用重锤冲击才可完成钻进。

抓斗挖槽也用泥浆护壁，但泥浆不再有悬浮钻渣的功能，用量较少。

抓斗结构比较简单，易于操作维修，运转费用较低，在较软弱的冲积层中造墙被广泛应用。抓斗可挖掘宽度为 30~150cm。

根据抓斗结构和工作原理的不同，抓斗分为钢绳抓斗和液压抓斗。

抓斗由斗体和主机两大部分组成。主机是一台履带式起重机，钢绳抓斗履带起重机单绳的起重力应不小于 120kN；液压抓斗的履带起重机应当配置液压系统。许多抓斗自身配有测斜和纠斜装置，能够通过传感器和液压系统感知和纠正斗体的偏斜。

近年来，国产 SG 系列液压抓斗已经在国内市场得到大量推广应用，取得了良好的效果。SG 系列液压抓斗如图 8-4 所示，主要技术参数见表 8-1。

图 8-4　SG 系列液压抓斗

表 8-1　　　　　　SG 系列液压抓斗主要技术参数表

型号	SG30	SG35	SG40A	SG-46	SG-50	SG-60
成槽宽度/m	0.35~1.2	0.3~1.5	0.34~1.5	0.35~1.2	0.3~1.5	0.6~1.5
成槽深度/m	60	70	70	75	80	100
最大提升力/kN	300	350	400	460	500	600
卷扬机单绳拉力/kN	160	200	220	2×230	2×250	2×300
发动机额定输出/kW	194	194	250	263	263	298
系统压力/MPa	30	30	30	33	30	33
系统流量/(L/min)	2×260	2×260	2×280	2×380	2×380	2×380
抓斗重量（不含斗体）/t	9~15	9~18	9~18	15~22	15~26	15~30
主机重量/t	49.5	53	55	69	87.1	92.1
发动机最大转速	2200	2200	1900	1900	1900	1800
履带外侧距离	3200~4300	3200~4300	3000~4300	3300~4400	3400~4600	3450~4600
履带板宽度	800	800	800	800	800	800
牵引力/kN	500	500	500	500	700	700
行走速度/(km/h)	2.0	2.0	2.0	1.5	1.5	1.5

钢丝绳抓斗较多采用 HS 系列液压履带式吊车配以专用斗体，可以根据工程需要设计斗体的重量、结构形式等参数，使其具有更好的适用性。在西藏旁多水利枢纽大坝防渗墙施工中，经过改装的 HS 系列钢丝绳抓斗施工深度达到了 158m，是目前国内国际已完成工程施工中抓斗造孔的最大深度。HS 系列钢丝绳抓斗主机主要技术参数见表 8-2。

表8-2　　　　　　　　HS 系列钢丝绳抓斗主机主要技术参数表

型号	HS843 HD	HS855 HD	HS875 HD
成槽宽度/m	0.3～1.5	0.3～1.5	0.3～1.5
成槽深度/m	90	130	130
最大起重能力/t	60	90	100
卷扬机单绳拉力/kN	200	250	300
发动机额定输出/kW	400	450/670	450/670
最大工作压力/MPa	35	35	35
主机重量/t	60	90	96.4

为适应浅墙和薄墙施工的需要，近年有些单位生产了步履型和轨道型的抓斗，这种简易抓斗不用配备履带式起重机，降低了施工成本。

三、槽孔掘进机

槽孔掘进机（液压铣槽机、双轮铣等）适用于均质的地层，包括比较坚硬的岩层。但不适用于漂卵石地层或在疏松层内夹有大块石（卵石）的地层。

槽孔掘进机的构造和工作原理。槽孔掘进机成套设备（图8-5）由起重机、掘进头、泥浆站三大部分组成。槽孔掘进机造孔施工的工艺流程如图8-6所示。泥浆站包括制浆站、储浆池、筛分除砂设备。

槽孔掘进机的型号规格很多，可挖掘槽孔的宽度（墙厚）为0.4～3.2m，一次挖槽长度2.2～3.2m，挖槽深度最大已达到150m。在疏松的地层，槽孔掘进机挖槽速度极快，在砂层或砂卵石层一般可达20m²/h，最快40m²/h。

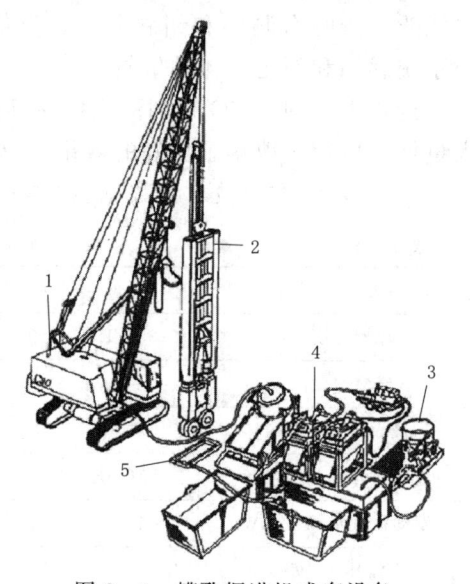

图8-5　槽孔掘进机成套设备
1—起重机；2—掘进头；3—制浆机；
4—泥浆处理系统；5—槽孔

四、其他造孔机械

为适应堤防防渗工程的需要，近年来开发了多种施工浅槽孔薄防渗墙的钻孔机械。

1. 射水成槽机

该机以高压射水冲击破坏土体，土渣与水混合回流溢出地面，或反循环抽出，经矩形成槽箱修整后形成槽孔。造孔过程中采用自然泥浆固壁，成槽后用直升导管法浇筑混凝土成墙。射水成槽机主要由正反循环泵组、成型器和拌和浇筑机组成。CSF30型射水成槽机主要适用粒径不大于10cm的细颗粒地层，其成墙深度不超过30m、厚度不超过0.5m、垂直偏差小于1/300。一般工效为100～120m²/(台·日)，高峰时可达150～200m²/(台·日)。

2. 锯槽机

锯槽机是通过锯管的上下往复运动，以锯齿锯取土体，形成连续的沟槽，再浇筑墙体

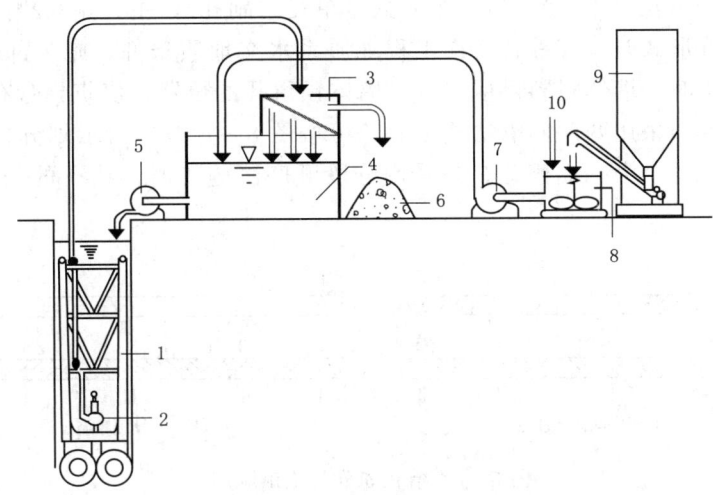

图 8-6 槽孔掘进机造孔施工的工艺流程
1—槽孔掘进机；2—泥浆泵；3—除砂装置；4—泥浆罐；5—供浆泵；6—筛除的钻渣；
7—补浆泵；8—泥浆搅拌机；9—膨润土储料桶；10—水源

材料成墙。该种机械适宜于含少量砾石，最大粒径不大于 80mm、标贯击数 N 不大于 30 的地层，以及对墙底高程无严格要求的悬挂式帷幕。当槽底有起伏不平的岩面、陡坡时，施工难度大。

锯管上下运动的频率决定锯槽机工作的平稳性和锯槽效率。根据经验，锯管运动的频率以 25～30 次/min 为宜。锯槽机适宜的施工深度为 15～30m，最大成槽深度 50m，成槽宽度为 0.1～0.4m。在 20m 以内借助辅助的推力装置可以取得较快的锯进效果，一般锯槽效率为 120～360m²/(台·日)。

锯槽成墙所用的材料一般为固化灰浆，便于实现连续施工。

3. 链斗式挖槽机

悬臂式链斗挖槽机是通过串联的链条及链条上的链斗，对地层进行连续挖掘和排出钻渣，形成沟槽。挖掘好的沟槽中可以浇筑混凝土或其他墙体材料，也可以铺设土工膜。

该设备适于在沙壤土中施工，土层中夹杂的卵石粒径应小于 130mm。其最大挖槽深度 12m，槽宽 0.15～0.30m。挖掘的槽孔宽度一致，连续性好，工效较高，平均工效 450～600m²/d。

第五节　混凝土防渗墙造孔

一、槽孔划分

槽孔开挖的设备和方法，应根据地层情况、墙体结构型式及设备性能进行选择，必要时可选用多种设备组合施工。

防渗墙一般需要分成若干个单元墙段逐个施工。浇筑单元墙段前须在地基中钻挖槽形孔，简称槽孔。槽孔一般由若干个独立的钻孔（单孔）相连而形成的，也可只有一个单孔。先施工奇数号单孔（主孔），后施工偶数号单孔（副孔），主、副孔相间布置。

确定槽孔划分形式时，应综合考虑工程地质系水文地质条件、施工部位、成槽方法、机具性能、成槽历时、墙体材料供应强度、墙体预留孔的位置、浇筑导管布置原则及墙体平面形状等因素。当采用两序间隔法施工时，可按图 8-7（a）所示划分槽段。其中先施工的为一期槽孔，其余为二期槽孔。当采用分段顺序法施工时，槽孔的划分则如图 8-7（b）所示。

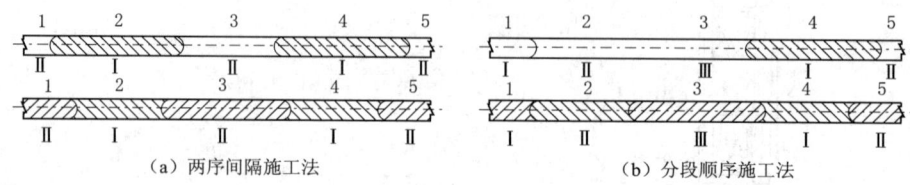

图 8-7 槽孔划分与施工顺序

1、2、3—槽孔编号；Ⅰ、Ⅱ、Ⅲ—槽孔施工序号

二、成槽方法

根据地层条件、设计要求和工期等因素选择成槽方法。目前国内外常用的成槽方法有钻劈法（主孔钻进，副孔劈打）、钻抓法（主孔钻进，副孔抓取）、抓取法（主、副孔均用抓斗直接抓取）、铣削法（液压铣槽机铣削）、多头回转钻机成槽法、射水成槽法、锯槽法等。各种成槽方法的适用条件参见表 8-3。

表 8-3 造孔成槽方法适用条件参照表

造孔成槽方法	地层适应性							墙深/m	墙厚/cm	备注
	黏性土	壤土	砂砾	卵石	漂石	软岩	硬岩			
钻劈法	○	○	○	○	○	○	△	≤70	60～120	
钻抓法	○	○	○	○	△	△	△	≤70	30～120	重锤配合
抓取法	○	○	○	△	△	△	×	≤50	30～100	重锤配合
铣削法	○	○	○	×	○	○	△	≤50	60～120	
多头钻法	△	○	○	△	×	×	×	≤50	50～100	
射水法	○	○	△	×	×	×	×	≤20	20～40	
锯槽法	○	○	×	×	×	×	×	≤20	15～30	

注 ○—好；△—较差；×—差。

成槽施工时，为维持孔壁稳定，保持槽内足够的泥浆静压力，固壁泥浆面应保持在导墙顶面以下 300～500mm。

（一）钻劈法成槽

钻劈法属于传统的槽孔建造方法，其设备是冲击钻机或冲击反循环钻机，多用于砂卵石或含漂石地层中，对地层适应性强，但工效较低。开孔钻头直径应大于终孔钻头直径，终孔钻头直径应满足设计墙厚要求。采用钻劈法成槽时，主孔长度即为墙厚，副孔长度一般为主孔直径的 1.5 倍。成槽方法是先钻凿主孔，后劈打副孔；劈打副孔时在相邻的两个主孔中放置接砂斗接出大部分劈落的钻渣。由于在劈打副孔时有部分（或全部）钻渣落入主孔内,因此需要重复钻凿主孔,此作业称作"打回填"。当采用常规冲击钻机造孔时,钻凿主孔和打回填都是用抽砂筒出渣的。当采用冲击反循环钻机造孔时,主要用砂石泵抽吸出渣,有时也要用抽砂筒出渣(如开孔时)。钻劈法施工的副孔在防渗墙轴线方向上的长度,黏性土地层为$(1.0\sim1.25)d$(d为主孔直径,即槽孔宽度),砂壤土和砂卵石地层为$(1.2\sim1.5)d$。

由于钻头是圆形的,在主、副孔钻完之后,其间会留下一些残余部分,称作"小墙"。这需要找准位置,从上至下把它们清除干净(俗称"打小墙")。至此就可以形成一个完整的、宽度和深度满足要求的槽孔。

钢绳冲击钻机在钻进软弱地层时要"轻打勤放",即采用小冲程(500~800mm)、高频次(45次/min)、勤放少放钢绳的钻进方法;对于坚硬地层,可采用加重平底十字钻头、高冲程(1000mm)、低频次(40次/min)的重打法,配合采用高密度泥浆或向孔内投放黏土球,以及勤抽砂等综合办法,以加大钻头的冲击力和泥浆的悬浮力,并使钻头能经常冲击到地层的新鲜层面。

(二)钻抓法成槽

钻抓法由钻机和抓斗配合施工,适用于多数复杂地层,总体工效高于钻劈法成槽。钻机可以是冲击钻机、冲击反循环钻机或回转钻机等,抓斗可以采用液压抓斗或机械抓斗。

钻抓法是目前水利水电工程防渗墙施工中广泛使用的造孔成槽方法,如图8-8所示。此法一般使用冲击钻机钻凿主孔(也称导孔),抓斗抓取副孔,可以两钻一抓,也可以三钻两抓、四钻三抓形成长度不同的槽孔。这种方法能充分发挥两种机械的优势;冲击钻机的凿岩能力较强,可钻进不同地层,先钻主孔为抓斗开路;抓斗抓取副孔的效率较高,所形成的孔壁平整。抓斗在副孔施工中遇到坚硬地层时,随时可换上冲击钻机或重凿克服。此法一般比单用冲击钻机成槽提高工效1~3倍,地层适用性也较强。主孔的导向作用能有效地防止抓斗造孔时发生偏斜。

(三)抓取法成槽

抓取法为纯抓斗施工。目前在国内属于较新的槽孔建造工艺,多适用于细颗粒软弱地层,工效相对较高,但成槽精度稍低。施工设备可以是液压抓斗或机械抓斗。机械抓斗配以重凿也可用于复杂地基处理,甚至嵌岩施工。抓取法成槽可以单抓成槽,也可以多抓成槽。

(1)单抓成槽。此法即一次抓取一个槽孔。如抓斗最大开度为B,则一期槽长为B,二期槽长一般为$(B-2\times S)$m。S为抓二期槽时把一期槽已经浇筑的混凝土两端面切去的长度,以保持一、二期墙段的可靠连接。当端面为平面时,$S=0.1\sim0.2$m;当端面为弧面时,$S=0.3\sim0.5$m。

(2)多抓成槽。此法分主、副孔施工,每个槽孔由三抓或多抓形成。主孔的长度等于抓斗的最大开度,副孔的长度宜为主孔长度的1/2~2/3。

(四)铣削法成槽

铣削法是用液压铣槽机铣削地层形成槽孔的一种方法,是最新的槽孔建造方法,多用于砾石以下细颗粒松散地层和软弱岩层。铣削法施工效率高、成槽质量好,但成本较高。

用液压铣槽机成槽，一般是先铣两个主孔，再铣中间的副孔形成一期槽孔，副孔长度宜为主孔长度的 1/2～2/3。二期槽孔为一钻成槽，以便于两期墙段搭接，其槽长比铣槽机的长度略小，如图 8-9 所示。需要时一期槽孔也可以一钻成槽。

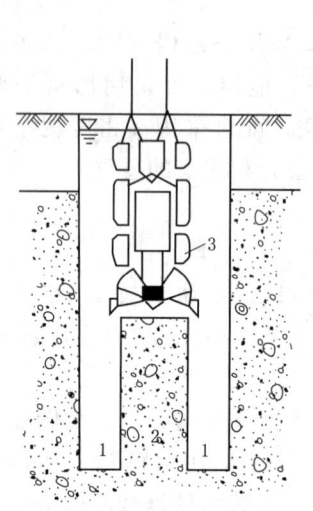

图 8-8 钻抓法成槽工艺图
1—用冲击钻机钻凿的主孔；2—副孔，用抓斗挖掘；
3—抓斗

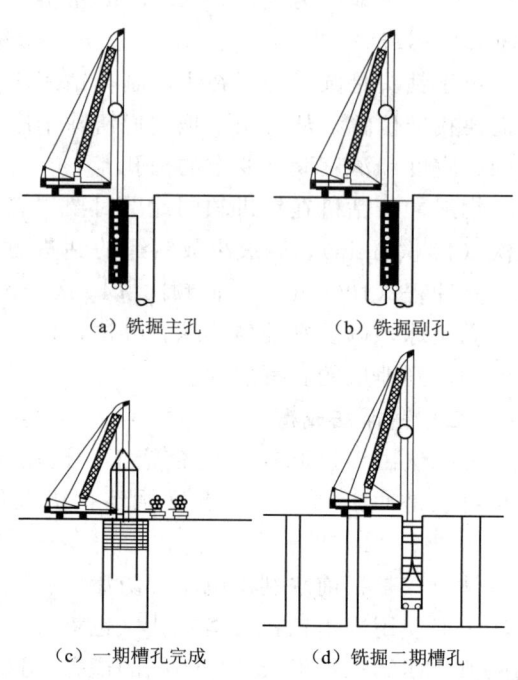

图 8-9 液压铣槽机造孔成槽示意图

（五）其他成槽方法

多头钻的造孔成槽方法一般是先钻三个主孔（每孔长 2.5m），然后再钻两个副孔（长 0.5m），最后形成一个长 8.5m 的槽孔。

在小型水利水电工程中还使用射水成槽机、链斗式挖槽机、锯槽机等成槽的施工方法。射水成槽的主、副孔安排与液压铣槽机基本相同。链斗挖槽和锯槽形成的是连续的沟槽，然后用模袋混凝土等特制的隔离装置将其分隔为单元槽孔，再进行混凝土浇筑。

三、清孔换浆

槽孔钻挖完成后，总会有部分土渣悬浮于泥浆中或沉淀槽底，将这部分土渣清除的工作称为清孔。清孔换浆方法主要有抽筒出渣法、泵吸排渣法、潜水泵排渣法、气举排渣法，根据地层特点、槽孔建造工艺综合确定。

（一）抽筒出渣法

钢绳冲击钻机采用这种出渣方式。该法操作简便，但效率低、泥浆损耗大，清渣效果也较差，一般在泥浆质量较好、槽孔较浅的情况下采用。

（二）泵吸排渣法

此法用设置在地面的砂石泵通过排渣管将孔底的泥渣吸出［图 8-10（a）］，经泥浆净化系统除去粒径 65μm 以上颗粒，再返回到槽内使用。该方法效率高、效果好、节约泥浆。

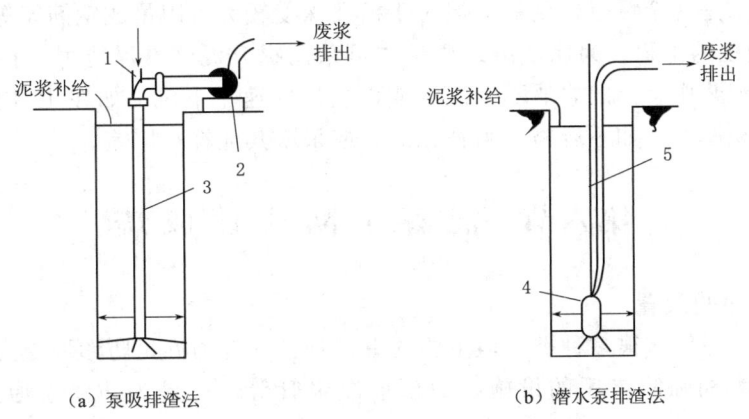

(a) 泵吸排渣法　　(b) 潜水泵排渣法

图 8-10　泵吸排渣和潜水泵排渣示意图
1—接合器；2—砂石泵；3—导管；4—潜水砂石泵；5—软管

排渣泵应选用特制的反循环砂石泵，这种泵有三个特点：耐磨；吸程大，有利克服孔内出浆管的摩擦力；叶片少（一般为 2 片），大石渣容易通过。冲击反循环钻机本身已配备有适宜的砂石泵。

（三）潜水泵排渣法

当孔深较小或槽孔内已下设钢筋笼时，可用立式潜水砂石泵进行清孔换浆。潜水砂石泵上装有潜水电机，清孔时须先连接上长度超过孔深的电缆和排渣软管，然后下设到孔底[图 8-10（b）]，将混有钻渣的泥浆抽出孔外。另外，多头钻机、液压铣槽机上均配置有潜水砂石泵，其清渣方式也属于潜水泵排渣法。

（四）气举排渣法

此法的原理是借助气举排渣器将液气混合，利用密度差来升扬排出孔底的泥浆和沉渣（图 8-11）。

压缩空气从风管进入混合器，在排渣管内形成一种密度小于管外泥浆的液气混合物，在内外液体压力差和压缩空气动能的联合作用下沿着排渣管上升，从而使孔内泥浆携带孔底沉渣跟随上升、排出孔外。排渣管底端距沉渣面宜为 0.2~0.3m。

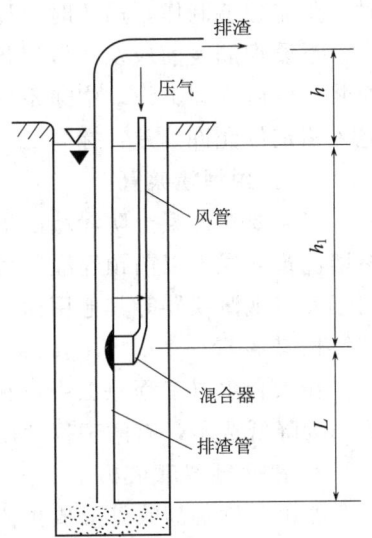

图 8-11　气举法排渣示意图

气举排渣效率与淹没比 $\alpha = h_1/(h + h_1)$、风压、风量和空气提升器的型式有关。淹没比大，风压高；风量大，则效率高。风管安装的型式有并列式和同心式，并列式优于同心式。

孔深 50m 内泵吸反循环排渣效率优于气举排渣法；孔深超过 50m 时，气举排渣法优于泵吸反循环法。但孔深 10m 以内，气举排渣法效果很差，不宜采用。孔深超过 50m

后，一般不加长风管，而采用加长尾管的办法。

混凝土防渗墙施工技术规范规定：清孔验收合格后，应于4h内开浇混凝土。通常情况下，这一要求是完全可以做到的。但对于槽孔深度较大且因吊放钢筋笼等实际上不能在4h内开浇混凝土的工程。为保证浇筑质量，可采用提升泥浆悬浮能力等措施，保证混凝土浇筑过程中泥浆中悬浮的岩屑不会沉淀或以极慢的速率下沉。如在4h内不能开浇，则需重新测量淤积厚度，如不合格，须补充清孔或采取其他补救措施。

第六节　混凝土防渗墙成墙

一、预埋件的放置

防渗墙的预埋件有很多种类，但主要的有三种：一是为满足防渗墙受力要求而设置的钢筋笼；二是为加强防渗用的设施，如预埋灌浆管等；三是为防渗墙原型观测所用的仪器。

（一）钢筋笼

根据受力情况不同，有的防渗墙需要全部设置钢筋，有的只在顶部或底部设置钢筋。由于防渗墙位于地下，且浇筑前槽孔内始终充满泥浆，故钢筋的设置须采用先预制成钢筋笼然后整体吊装的方法。

钢筋笼最好按单元槽段的深度做成一个整体；当防渗墙很深或受到起重能力的限制时，则需分节制作，吊放时再逐节连接。

下设钢筋笼前应及时做好各项准备工作，严格检查槽孔孔形并试下小型钢筋笼。清孔换浆合格后立即下设，中途不应中断，尽量缩短下设时间，以减少孔底淤积的增加。钢筋笼入槽定位允许偏差：标高±50mm、垂直墙轴线方向±20mm、沿轴线方向±50mm。

（二）预埋灌浆管

当需要对混凝土防渗墙以下的基岩进行帷幕灌浆时，为了避免在墙内钻孔，可以在防渗墙浇筑混凝土以前预埋灌浆管，也可以埋管后再拔出形成预留孔。预埋管和预留孔也可用于安装观测仪器等其他用途。

1. 灌浆管

在水利水电工程施工中，在防渗墙内预埋灌浆管的情况较多。多使用钢管作为预埋管，为降低成本，有的工程使用塑料管。

2. 拔管预留灌浆孔

拔出预埋的灌浆管形成预留孔，可以节省管材；另外，有的专用预留孔不允许管子留在孔中。拔管法都用钢管作为管模，有两种施工方法。

（1）热拔法。埋管前在管模外面涂刷一层5mm厚的热熔性材料（一般为石蜡和松香），管模埋入混凝土后加热钢管，熔化涂料，拔出管模。

（2）冷拔法。管模不做专门处理，直接埋入混凝土中，待底部混凝土初凝后开始起拔管模，渐至拔出。管模起拔时间的控制是成败的关键，过早可能形不成孔洞，太迟可能管模拔不出来。采用普通混凝土一般浇筑3h以后可以活动管模，4.5h后可以开始跟随浇筑速度起拔，并保持比混凝土浇筑滞后一定的时间，即混凝土的脱管龄期。掺加粉煤灰等外加剂时起拔管模的时间延迟至6～7h。此外，管模的底部还须安装一个既能防止混凝土进入管内，又不妨碍泥浆进出的特制管靴。

（三）观测仪器埋设

在防渗墙墙体内埋设观测仪器进行原型观测，可以监测墙体的受力和变形状况，了解防渗墙的工作状态，判断工程运行安全，验证设计并为科学研究等提供基础资料。

二、混凝土浇筑

（一）浇筑导管安装

1. 导管的结构

导管有三种连接方式，即法兰盘连接、丝扣连接和柔性键连接。法兰盘连接用橡胶垫止水，另外两种都用O形密封圈止水。法兰盘连接的优点是结构简单、容易制作；缺点是接卸麻烦、费时费工，且起管阻力较大。丝扣连接的速度快于法兰盘连接，但接头较笨重。操作最简便的是钢丝绳柔性键连接，应优先选用。不论何种连接形式，均应保证连接牢固和密封可靠。导管应能承受1.2～1.5MPa的压力，导管及其接头均需进行水压试验，合格后方可使用。

混凝土浇筑导管的内径不应小于最大骨料粒径的6倍，一般为200～250mm，有条件时采用较大直径的导管有利于浇筑施工的顺利进行。导管的内径必须完全一致，否则容易造成堵管事故。导管可用钢板卷制，也可用无缝钢管制作；管壁厚度一般为3～5mm，单节长度一般有2m、1.5m、1.0m、0.5m、0.3m等数种。

2. 导管配置

配置导管时要在每套导管的下部设置几节长度为0.3～1.0m的短管，以便在接近浇筑完毕时能根据需要随时拆卸、提升导管。因为在防渗墙混凝土的终浇阶段，导管内外的压力差较小，浇注不畅，经常满管；所以此时导管的埋深不能过大，又不能提出混凝土面，短管即可解决此问题，但底节不能用短管。底节导管是专用的，长度一般为2.5～3.0m，其下端不带法兰盘或其他形式的连接件。最上面一节导管也应采用长度0.3～0.5m的短管，以便开浇后能及时拆除该管节，使管底能尽早离开孔底部位，缩短混凝土出口不畅的时间。其他部位的管节长度一般为1.5～2.5m，这种长度的导管用量最多。

开浇时导管底口距孔底应控制在15～25cm范围内。导管上端伸出孔口的长度应尽量减少，能在连接件下面插入支承架即可，一般为30cm左右。单根导管的计划长度根据该导管所在位置的孔深和上述配管要求确定。采用法兰盘连接时，单根导管的实际长度等于各管节的累计长度加上胶垫的累计厚度。采用其他连接形式时，单根导管的实际长度等于各管节长度之和，O形密封圈不增加导管的长度。

导管的顶端配有混凝土进料漏斗，其高度要便于混凝土的卸料。漏斗的容积要足以保证卸料时混凝土不会溢出。

3. 导管的布设

导管应布置在防渗墙中心线上，间距一般不宜大于4.0m，导管距槽孔两端或接头管的距离宜为1.0～1.5m，据此确定不同长度槽孔需要设置导管的根数。当采用一级配混凝土或浇筑速度较快（上升速度3m/h以上）时，最大导管间距可放宽到5.0m。此外，当槽孔底面高差大于25cm时，导管应布置在其控制范围的最低处，并从最低处开始浇筑。

　　导管的下设和提升可以使用造孔钻机，也可以使用吊车。使用钻机的优点是提动导管比较灵活，可随时活动导管；缺点是提升力和提升高度较小，占用钻机的造孔时间。吊车的提升能力较大，一般不容易发生埋管事故，但活动导管的速度较慢。用钻机提管时，最好每台钻机固定位置，只提一根导管。

　　单元槽孔造孔结束之后，即可按照各套导管的配置计划和起吊设备能提起的高度，在地面预先分段连接并编号，以减少下管时的连接时间。下设导管最好用吊车，这样可以加快下管速度。下设导管之前应做好提管设备就位、导管运至现场、管位标示、摆放支承架、专用器材清点等准备工作，各套导管要按下设顺序排放在孔口附近。下设导管应有专人负责指挥和记录，起吊和连接都要注意安全，忙而不乱，紧张有序地进行。由于下管有时间限制，特别是要下钢筋笼和接头管的槽孔，时间更为紧张。因此，应尽可能同时下设各套导管。整根导管连接完毕后，应先放到孔底后再提起 15～25cm；这是避免发生下管错误最可靠的办法。

　　防渗墙混凝土浇筑导管的安装方法如图 8-12 所示。

（二）混凝土的拌制和运输

　　保持一定的浇筑速度对于保证防渗墙的浇筑质量十分重要，为了避免各种故障对浇筑速度的不利影响，混凝土的拌和及运输能力应不小于最大计划浇筑强度的 1.5 倍。混凝土的拌和、运输应保证浇筑施工能连续进行。若因故

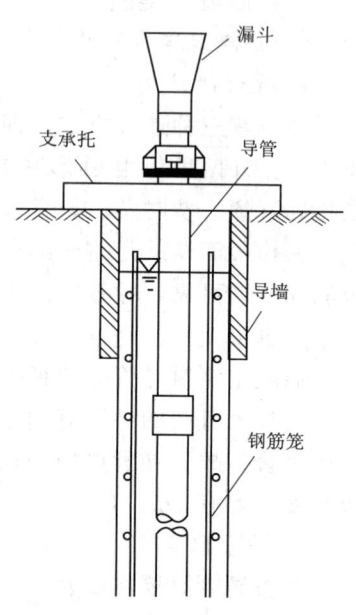

图 8-12　防渗墙混凝土浇筑导管的安装方法

中断，中断时间不宜超过 40min；否则将会对混凝土的浇筑造成很大困难，甚至发生浇筑无法继续进行的重大事故。

　　1. 混凝土的拌制

　　防渗墙混凝土的拌和可采用各种类型的混凝土搅拌机。有条件时，应利用工地现有的大型自动化拌和系统和骨料生产系统，以提高拌和速度和拌和质量。施工单位自行拌制混凝土时，可使用小型自动化搅拌站或临时搭建的简易搅拌站，应尽量避免采用人工上料的拌和方法。

　　混凝土拌和配料，必须按照试验室发出的配比单准确计量，误差不得超过规定的标准。第一盘（车）混凝土应取样检测其坍落度和扩散度，不合规定要求时，应及时调整配合比；以后每隔 3～4h 检测一次。当采用非自动化搅拌机拌制混凝土时，每次的纯拌时间应不少于 2min，以保证均匀。塑性混凝土宜采用强制式搅拌机拌和，并适当延长搅拌时间。

　　2. 混凝土的运输

　　在选择混凝土的运输方法时，应保证运至孔口的混凝土具有良好的和易性。混凝土的运输包括水平运输和垂直提升，因为运至施工现场的混凝土需要先放进具有一定高度的分

料斗中，而不能与单根导管对口浇筑。

水平运输一般应采用混凝土搅拌运输车，必要时可与混凝土泵相配合。用其他车辆运输混凝土会发生离析，容易引发浇筑事故，不能保证浇筑质量。

（三）混凝土浇筑过程控制

1. 开浇阶段的控制

开始浇筑混凝土前，须在导管内放入一个直径比导管内径略小的、能被泥浆浮起的胶球作为导管塞，以便将最初进入导管的混凝土和管内的泥浆隔离开来。其他形式的导管塞容易造成开浇事故，不能保证开浇质量，不宜采用。为确保开浇后首批混凝土能将导管下口埋住一定深度（至少30cm），应计算和备足一次连续浇入的混凝土方量，其中包括导管内的混凝土量。为了润湿导管和防止混凝土中骨料卡球，浇注混凝土前宜先向每根导管内注入少量的砂浆，砂浆的水灰比一般为 0.6∶1。

当槽孔为平底时，各根导管应同时开浇；当槽孔底部有坡度或台阶时，开浇的顺序为先深后浅。开浇可采用满管法，也可采用直接跑球法。满管法是指管底至孔底的距离较小，塞球不能直接逸出管底，待混凝土满管后稍提导管才能逸出的开浇方法。直接跑球法是指管底至孔底的距离较大，塞球能直接逸出管底的开浇方法。采用满管法时，导管不能提得过高，管内混凝土面开始下降后立即将导管放回原位。

首批混凝土浇筑完毕后，要立即查看导管内的混凝土面位置，以判断开浇是否正常。若混凝土面在导管中部，说明开浇正常；过高则可能管底被堵塞；过低则可能发生导管破裂或导管脱出混凝土面事故。开浇成功后应迅速加大导管的埋深，至埋深不小于 2.0m 时，及时拆卸顶部的短管，尽早使管底通畅。

2. 中间阶段的控制

最上面的一节短管拆除后，混凝土浇筑进入中间阶段。此阶段的特点是导管内外的压力差较大，下料顺畅，混凝土面上升速度快。中间阶段主要有以下控制点。

（1）导管埋深。导管埋入混凝土的深度不宜小于 2m、不宜大于 6m，特别是要防止导管提出混凝土面，造成断墙事故；相邻导管底部高差不宜超过 3.0m。当采用接头直径较小的导管或浇筑速度较快时，最大埋深可适当放宽。

控制导管埋深的主要方法如下。

1）浇筑过程中经常测量混凝土面的深度并做记录，根据混凝土面深度、导管埋深要求和管节长度确定拆管长度和拆管时间。

2）及时提升、拆卸导管并做记录，各根导管拆下的管节要分开堆放，以便与记录核对；每次拆管后均应核对所拆管节的长度和位置是否与配管记录一致。

3）在浇筑指示图上标明不同时间的混凝土面位置和管底位置，直观了解导管埋深。

4）及时记录实浇方量，并与同一混凝土面深度的计算方量相比较，分析判断浇筑是否正常。若按所测混凝土面计算出的方量大大超过实浇方量，则说明混凝土内混入大量泥浆或没有测到真正的混凝土面，导管的实际埋深可能不够或已脱出混凝土面，必须查明原因，采取相应的补救措施。

5）经常观察导管内混凝土面的位置是否正常，若管内混凝土面过低，则应查明原因，并加大导管埋深。

（2）混凝土面上升速度。混凝土面的上升速度应不小于 2m/h，这是最低的要求，一般应争取达到 3m/h 以上。浇筑速度越快，对浇筑质量越有利，浇筑速度过低有多种不利的影响，并可能引发重大质量事故。如采用混凝土防渗墙对病险水库进行加固处理，则应适当放慢浇筑速度，一般应控制在 6m/h 以内，以避免流态混凝土的侧压力对坝体稳定造成不良影响。

保证浇筑速度的主要措施有：

1）采用自动化和机械化程度较高的混凝土搅拌、运输方法。
2）严格控制混凝土质量，防止发生浇筑事故。
3）加强施工机械的维护保养，避免浇筑中断。
4）尽量减少混凝土的中间倒运环节。
5）轮流拆卸各根导管。

（3）混凝土质量。防渗墙的浇筑事故往往是由于混凝土的质量问题引起，所以在浇筑施工过程中必须严格控制混凝土的质量，层层把关，处处设防。由于原材料、骨料含水量、配料、搅拌、运输以及施工组织等方面的原因，混凝土的和易性难免出现波动。入孔混凝土的坍落度要控制在 18～22cm 的范围内，且不得存在严重离析现象；和易性不好的混凝土绝对不能使用。控制入孔混凝土的质量可采取以下措施：

1）采用和易性较好、坍落度损失较小的配合比。
2）采用自动化程度较高、生产能力较强的搅拌系统和搅拌运输车供应混凝土。
3）及时对砂石骨料的含水量和超逊径进行检测，加强原材料的质量控制。
4）加快浇筑速度，避免浇筑中断，新拌混凝土要在 1h 以内入孔。
5）定时检查新拌混凝土的坍落度，开浇时一定要检查，不合格的混凝土不运往现场。
6）设专人检查运至现场的混凝土的和易性，不合格的混凝土不要放进分料斗。
7）槽孔口应设置盖板，放料不要过猛、过快，避免混凝土由管外撒落槽孔内。

（4）混凝土面高差。槽孔浇筑过程中要注意保持混凝土面均匀上升，各处的高差应控制在 0.5m 以内。混凝土面高差过大会造成混凝土混浆、墙段接缝夹泥、导管偏斜等多种不利后果。防止混凝土面高差过大的主要措施有：

1）尽量同时浇筑各根导管。
2）注入各根导管的混凝土量要基本均匀。
3）导管的平面布置应合理，要考虑槽孔两端孔壁的摩擦阻力。
4）准确测量各点的混凝土面深度，根据混凝土面上升情况及时调整各导管的混凝土注入量。
5）尽量缩短提升、拆卸导管的时间。
6）各根导管的埋深应基本一致。
7）避免发生堵管、铸管等浇筑事故。

3. 终浇阶段的控制

当混凝土面上升至距孔口只剩 5m 左右时，槽孔浇筑进入终浇阶段。此阶段的特点是槽孔内的泥浆越来越稠，导管内外的压力差越来越小，导管内的混凝土面越来越高，经常满管，下料不畅，需要不断地上下活动导管。此时用测锤已很难测准混凝土面。终浇阶段的主要施工要求是全面浇到预定高程，避免产生墙顶欠浇、高差过大、混凝土混浆过多、墙段接缝夹泥过厚等缺陷。由于泥浆下浇筑的混凝土表面混有较多的泥浆和沉渣，因此一般都要求混凝土终浇高程高出设计墙顶高程至少 0.5m，以后再把这部分质量较差的混凝土凿除。

终浇阶段的控制措施主要有：
（1）适当加大混凝土的坍落度，避免坍落度小于 20cm 的混凝土进入导管。
（2）及时拆卸导管，勤拆少拆，适当减少导管埋深。
（3）经常上下活动导管。
（4）增加测量混凝土面深度的频次，及时调整各根导管的混凝土注入量。
（5）采用带有取样盒的硬杆探测混凝土面。
（6）槽内插入软管，用清水和分散剂稀释孔内泥浆。

三、混凝土防渗墙接头施工

混凝土防渗墙一般由各单元墙段连接而成，墙段间的接缝是防渗墙的薄弱环节。如果连接不好，就有可能产生集中渗漏，降低防渗效果。对接头的基本要求是接触紧密、渗径较长和整体性较好。按施工方法不同，防渗墙接头可分为钻凿法、接头管（板）法、双反弧法、切（铣）削法等施工方法。按连接形式，常用的有平面接触型、弧面接触型、平面弧面组合型、榫槽型、多齿型。此外，还有外包塑性混凝土形成工字形接缝（如小浪底工程左岸坝基防渗墙）和骑缝镶止水带等特殊连接形式。不同的连接形式有不同的防渗效果。接头形式往往与造孔施工的方法和机具有关。

（一）钻凿法

钻凿法即施工二期墙段时在一期墙段两端套打一钻的连接方法，其接缝呈半圆弧形，一般要求接头处的墙厚不小于设计墙厚。钻凿法墙段连接只适用于有冲击钻机参加施工的情况。墙体材料的设计抗压强度不宜超过 15MPa，防渗墙墙体材料的设计抗压强度一般都在此范围内；设计强度较高时，应采取措施控制墙体材料的早期强度，7d 的强度不宜超过 5MPa。钻凿法施工程序示意图如图 8-13 所示。

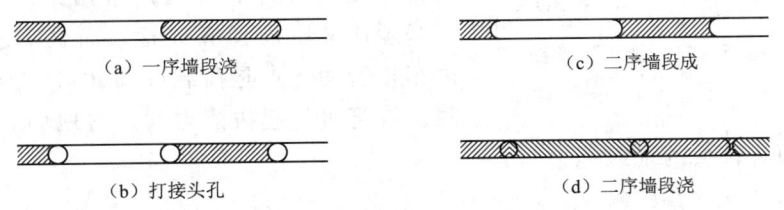

图 8-13 钻凿法施工程序示意图

钻凿法的优点是：结构简单、施工简便、对地层和孔深的适应性较强，造价较低；其缺点是：接头处的刚度较低、需重复钻凿接头孔、费工费时、浪费墙体材料，特别是孔形、孔斜不易控制。以往国内水利水电工程的地下混凝土防渗墙多采用这种墙段连接方法，而且绝大多数取得了良好的防渗效果，防渗墙的防渗效率一般都在 95% 以上。

为了避免对已浇筑墙体造成不利影响，一般要求接头孔在槽孔浇筑结束后 24h 开钻；

对于塑性混凝土，待凝时间应更长一些。为了便于开孔，可提前形成一个2～3m深的导向坑。

接头孔偏斜对墙段连接处的墙厚有不利影响。由于墙体混凝土与四周地层的硬度不同，所以钻孔时极易发生偏斜。特别是深度较大的接头孔，钻孔时间越长混凝土的强度越高，越容易发生偏斜，越往下越难打。所以施工接头孔时，既要严格控制孔斜，又要抓紧时间、加快进度。

(二) 接头管法

1. 特点和适用范围

接头管法所形成的墙段接缝形式与钻凿法相同，都是半圆弧形，只是施工方法不同。接头管法的施工程序是：在浇筑一期槽孔前，在槽孔的两端下设接头管，开浇一定时间后，逐步拔出接头管而形成接头孔，然后将该接头孔作为相邻二期槽孔的端孔（图8-14）。这种方法避免了重复钻凿接头孔所造成的工时和材料浪费，并具有接触面光滑、接缝紧密（缝宽可以控制在1mm以下）、孔斜易控制、搭接厚度有保证等优点，但要有专门的设备，施工工艺较为复杂，特别是在防渗墙深度较大的情况下。

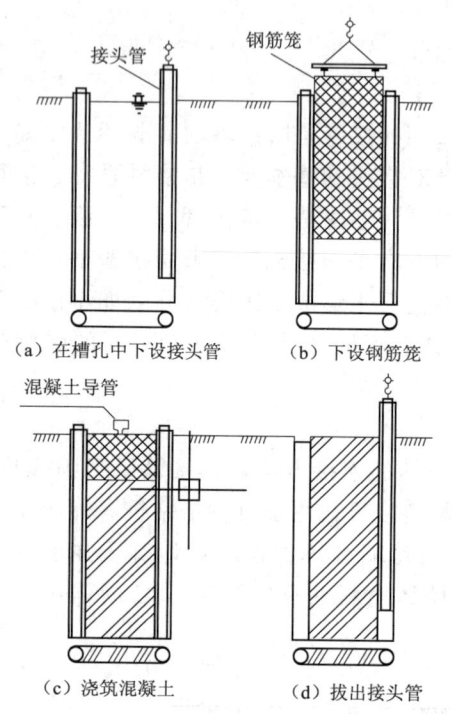

图8-14 拔管法接头施工示意图

2. 拔管方法

采用接头管法，必须严格控制浇筑及拔管过程；对地基、导墙的承载能力以及下管部位的孔形也有一定的要求，特别是墙深较大时。孔深、孔径不同，拔管成孔的机具和方法也不完全相同，需视具体情况而定。当孔深、孔径较小时，一般是槽孔浇完后再拔管，以吊车作为主要拔管设备，液压拔管机备用；当孔深、孔径较大时，就必须用液压拔管机拔管，而且需要边浇边拔。吊车拔管的优点是荷载远离孔口，但拔管能力有限；拔管机的起拔能力大，占地面积小，但导墙和孔口地基须有较大的承载能力。

3. 拔管工艺及过程控制

拔管成孔施工需要有较高的技术能力、管理水平和较多的实际经验，其成败的关键是正确选择并适当控制混凝土的脱管龄期。起拔早了会造成混凝土孔壁坍塌，不能成孔；起拔晚了会造成铸管事故，甚至危及孔口的安全。防渗墙混凝土能成孔的最小脱管龄期与混凝土的特性、孔径、孔深、浇筑速度、温度等因素有关，一般为5～8h，甚至更长，必须通过试验确定，并在开浇时取样复核。混凝土的脱管龄期并不等于混凝土的初凝时间，而是混凝土在一定压力作用下能够成形的时间（相当于混凝土强度达到0.1～0.2MPa所需要的时间）。还必须指出，混凝土的龄期应从浇筑导管底口高于此部位后（此点的混凝土已处于静止状态后）开始计算。室内试验的条件和结果往往与实际情况有很大的出入，因此，在混凝土开浇时必须取样成型 6～8 块抗压强度试件，3～4h 后每隔 0.5～1.0h 拆模一块，观察其凝结及成型情况。当其强度达到足以承受单人独脚在其上站立的程度时，可将该试块的龄期定为最小脱管龄期。

为了掌握接头管外各接触部位混凝土的实际龄期，必须详细掌握混凝土的浇筑情况，因此，施工前应绘制能够全面反映混凝土浇筑、导管提升、接头管起拔过程的记录表。该记录表上既有各种施工数据，又有多条过程曲线，能直观地判断各部位混凝土的龄期、应该脱管的时间和实际脱管龄期。在施工中应及时、准确地记录施工过程。浇筑施工与拔管施工应紧密配合，浇筑速度不宜过快。开浇 3h 后开始微动，此后活动接头管的间隔时间不应超过 30min，每次提升 1～2cm，以破除混凝土的黏结力。微动的时间不宜过早，也不宜过于频繁，否则对混凝土的凝结和孔壁稳定不利。当管底混凝土的龄期达到确定的脱管龄期后，就可以按照混凝土的浇筑速度逐步起拔接头管。

由于确定的脱管龄期不一定十分准确，实际脱管龄期也不可能与确定的脱管龄期完全一致，所以在拔管过程中必须随时注意观察拔管阻力、管内泥浆面的变化情况及管底活门的启闭情况，随机应变，及时调整拔管时间和拔管速度。当拔管时底门开启，拔管后管内浆面下降，说明已脱管的部分成孔正常；否则说明管底混凝土跟进，不能正常成孔。这时应检查底门是否能正常开启，如活门无问题，说明拔管时间过早，应延长混凝土的脱管龄期，暂停拔管。当压力表反映的拔管阻力过小时，应暂停拔管或降低拔管速度；当成孔正常但拔管阻力过大时，应适当加快拔管速度。

在拔管施工的最后阶段应注意及时向管内注满泥浆，并适当降低拔管速度，最后一节管在孔内应停留较长的时间，以防止孔口坍塌。接头管提出之前，应测量实际成孔深度，并做记录。

参 考 文 献

[1] 水利电力部水利水电建设总局. 水利水电工程施工组织设计手册 [M]. 北京：中国水利水电出版社，1990.
[2] 全国水利水电施工技术信息网. 水利水电工程施工手册——地基与基础工程 [M]. 北京：中国电力出版社，2002.
[3] 中国水利学会地基与基础工程专业委员会. 水利水电地基与基础工程 [M]. 北京：中国水利水电出版社，2015.
[4] 高钟璞，等. 大坝基础防渗墙 [M]. 北京：中国电力出版社，2000.
[5] 《水利水电工程施工实用手册》编委会. 混凝土防渗墙工程施工 [M]. 北京：中国环境出版社，2017.
[6] 韩新华. 中小型水利工程防渗墙施工技术 [M]. 杭州：浙江大学出版社，2014.
[7] 郭麒麟，马明，黄金城，等. 地下防渗墙施工技术研究及应用 [M]. 武汉：中国地质大学出版社，2007.